CC430 无线传感网络平台基础与实践

林凡强　马晓茗　谢兴红　编著

北京航空航天大学出版社

内 容 简 介

本书从实践应用入手，以具体实验过程和实验现象为主线，以德州仪器(TI)公司的CC430系列无线射频芯片CC430F6137为例，依次介绍了CC430系列单片机片内外设的功能、应用以及操作实例，介绍了TI公司超低功耗无线协议SimpliciTI的工作原理及应用设计。同时还以CC430为基础构建了无线传感网络，实现了温度、湿度以及气敏等传感器的信息采集和传输，设计了无线传感网络的信息节点电路板。全书共分3篇，分别为CC430介绍篇、CC430片内外设基础篇、无线传感网络应用篇。全书实用性强，书中内容均来自实际应用，给出的示例程序都使用C语言编写，均在配套电路板上进行了调试。另外，作者还可以提供与本书配套的无线传感网络实验平台，读者可以在此基础上轻松构建以CC430为核心的无线传感网络应用平台。

本书的配套光盘中包含了书中所有的程序代码和完整的硬件电路图，代码部分注释详细，便于阅读和理解。本书可以作为高校电子技术、通信、计算机、物联网工程及自动化仪表等专业本专科生和研究生的教学参考用书，也可作为大学生电子设计竞赛和工程技术人员开发设计的实用手册。

图书在版编目(CIP)数据

CC430无线传感网络平台基础与实践 / 林凡强，马晓茗，谢兴红编著. —北京：北京航空航天大学出版社，2012.10

ISBN 978-7-5124-0961-3

Ⅰ.①C… Ⅱ.①林…②马…③谢… Ⅲ.①无线电通信—传感器 Ⅳ.①TP212

中国版本图书馆CIP数据核字(2012)第223772号

CC430无线传感网络平台基础与实践

林凡强　马晓茗　谢兴红　编著

责任编辑　卫晓娜

*

北京航空航天大学出版社出版发行

北京市海淀区学院路37号(邮编100191)　http://www.buaapress.com.cn

发行部电话：(010)82317024　传真：(010)82328026

读者信箱：emsbook@gmail.com　邮购电话：(010)82316936

涿州市新华印刷有限公司印装　各地书店经销

*

开本：710×1 000　1/16　印张：17.25　字数：378千字

2012年10月第1版　2012年10月第1次印刷　印数：4 000册

ISBN 978-7-5124-0961-3　定价：39.00元(含光盘1张)

若本书有倒页、脱页、缺页等印装质量问题，请与本社发行部联系调换。联系电话：(010)82317024

前 言

CC430系列单片机是美国TI(德州仪器)公司近年来推出的16位高性能混合信号处理器,是一种非常优秀的低功耗微控制器。该系列器件集成了TI最新的MSP430F5XXX内核和CC1101无线收发器,推出了全新的CC430技术平台,该平台有助于推动短距离无线网络技术在消费类电子产品市场及工业市场的大规模应用,并为基于MCU的应用提供了低功耗单芯片射频(RF)解决方案。

CC430平台与MSP430F5XX等所有MSP430平台的指令集完全兼容,可以使产品轻松实现升级,并允许在整个产品系列中进行充分选择,实现广泛应用。CC430平台具有丰富的外设集,包括16位ADC及低功耗比较器等智能化高性能数字与模拟外设。通过集成集成型高级加密标准AES加速器等,加速了无线数据加密与解密功能的设计进程,实现更安全的告警与工业监控系统。该平台的应用开发可以采用TI提供的RF参考设计、SmartRF Studio软件、RF封包嗅探器,开发环境有Code Composer Essentials(CCE)和IAR集成开发环境(IDE)。本书以IAR公司提供的Embedded Workbench集成开发环境为例,对书中涉及的程序进行说明。

本书共分为3篇,分别为:介绍篇、基础篇和应用篇。

第1篇:介绍篇,包括第1、2、3章,共3章。

第1章介绍CC403平台的基本概念及其应用前景。

第2章介绍CC430系列单片机的结构特点。

第3章介绍CC430系列单片机内部RF收发器CC1101的特点及原理。

通过学习本篇章节,读者可以对CC430单片机及其应用有一个初步了解。

第2篇:基础篇,包括第4、5、6、7章,共4章。

第4章介绍CC430集成开发环境的使用和软件调试。

第5章介绍常用电子元器件的应用。

第6章介绍CC430芯片片内外设的应用及程序设计。

第7章介绍TI提供的Smart RF Studio软件在CC430系统中的应用。

通过学习本篇章节,读者能掌握使用IAR集成开发环境编写CC430单片机片内外设的程序,并了解TI的Smart RF Studio软件的使用方法。

第3篇:实践篇,包括第8、9、10、11章,共4章。

第8章介绍以CC430F6137为核心的系统电路板组成、各单元电路,以及相关电路的程序设计。

第9章简单介绍无线射频电路在系统电路设计中的设计规范以及天线的选择和使用。

第10章介绍无线传感网络协议栈SimpliciTI的基础原理、框架、各协议层应用及其数据结构，以及在CC430系统中的移植。

第11章介绍无线传感网络协议SimpliciTI的具体应用和其他几种常用协议。

通过本篇章节的学习，读者可以掌握以CC430为核心构建无线传感网络，编写传感器节点程序，使用SimpliciTI协议栈构建网络。

本书具有以下主要特色：

● 本书主要以CC430F6137为例，该器件是CC430系列单片机中内部资源最齐全的型号，有很好的代表性。

● 书中示例用C语言编写，在配套电路板上进行了调试。

● 配套光盘中，包含了书中相关章节的程序代码和系统电路图。

● 本书以设计为主线，分3篇，共计11章，由浅入深进行叙述，读者容易理解和掌握。

● 作者参考TI提供的参考电路，设计了MSP430系列的全系列通用仿真器——MSP43-UIF。通过实际应用，仿真器工作可以采用2-Wire和4-Wire两种方式，支持以这两种方式仿真的芯片的仿真和程序下载。

本书由林凡强负责编写，马晓茗在程序和电路调试环节做了大量工作，谢兴红在本书的编写过程中提出了许多宝贵的意见，给予了大量帮助，陈晓美、刘美静在资料的收集、整理、书中图表绘制等方面做了大量工作，在此向他们表示最诚挚的感谢！

感谢成都理工大学信息科学与技术学院信息综合技术实验室提供的实验室环境，及孙旭老师给予的帮助。

感谢杭州利尔达科技有限公司在设计中提供的支持和关心。

最后，感谢家人在编写本书过程中给予的支持和理解。

由于作者水平有限，书中难免有疏忽，另加时间仓促，难免存在不足之处，欢迎广大读者批评和指正，作者邮箱：linfq@cdut.edu.cn。

林凡强

2012年6月于成都理工大学

目录

第1篇 介绍篇

第1章 概 述 …… 3
1.1 CC430平台介绍 …… 3
1.2 CC430平台的应用 …… 4
第2章 CC430单片机内核 …… 5
2.1 CC430系列单片机应用选型 …… 5
2.1.1 CC430系列单片机应用选型 …… 5
2.1.2 CC430系列单片机的特点 …… 6
2.1.3 CC430F613x系列单片机 …… 8
2.1.4 CC430F612x系列单片机 …… 10
2.1.5 CC430F513x系列单片机 …… 16
2.2 CPU的结构和特点 …… 21
2.3 处理器工作模式 …… 23
第3章 CC430无线收发器 …… 25
3.1 CC1101射频收发器 …… 25
3.2 CC1101结构原理与寄存器 …… 25
3.3 CC1101与微控制器接口 …… 26

第2篇 基础篇

第4章 编程及调试平台介绍 …… 31
4.1 CC430集成开发调试环境 …… 31
4.2 EW430的项目组织 …… 31
4.3 IAR设置与调试 …… 32
第5章 常用电子元器件应用 …… 35
5.1 电阻器、电容器、电感器 …… 35
5.1.1 电阻器 …… 35
5.1.2 电容器 …… 38

5.1.3 电感器…………………………………………………… 41
5.2 二极管、三极管、场效应管……………………………………… 42
5.2.1 二极管…………………………………………………… 42
5.2.2 三极管…………………………………………………… 43
5.2.3 场效应管………………………………………………… 46
5.3 LED、数码管、液晶……………………………………………… 47
5.3.1 LED …………………………………………………… 47
5.3.2 数码管…………………………………………………… 48
5.3.3 LED 点阵 ……………………………………………… 50
5.4 继电器、蜂鸣器 ………………………………………………… 51
5.4.1 继电器…………………………………………………… 51
5.4.2 蜂鸣器…………………………………………………… 53
5.5 键 盘…………………………………………………………… 55
5.5.1 按键的分类……………………………………………… 55
5.5.2 按键的特点与去抖……………………………………… 55
5.6 传感器…………………………………………………………… 57
5.6.1 传感器的类别…………………………………………… 57
5.6.2 传感器的应用…………………………………………… 57
5.7 晶闸管、电荷泵、光耦合器……………………………………… 58
5.7.1 晶闸硅…………………………………………………… 58
5.7.2 电荷泵…………………………………………………… 59
5.7.3 光耦合器………………………………………………… 61
第6章 内部资源介绍 ……………………………………………… 63
6.1 系统控制模块…………………………………………………… 63
6.1.1 系统控制模块的特点…………………………………… 63
6.1.2 系统复位框图…………………………………………… 63
6.1.3 器件初始状态…………………………………………… 65
6.2 中断……………………………………………………………… 65
6.2.1 中断的介绍……………………………………………… 65
6.2.2 中断分类………………………………………………… 66
6.2.3 中断向量………………………………………………… 66
6.3 系统工作模式…………………………………………………… 67
6.3.1 工作模式分类…………………………………………… 67
6.3.2 工作模式详解…………………………………………… 67

6.3.3 低功耗模式的应用原则 …… 69
6.4 存储器分配 …… 69
6.5 特殊功能寄存器 …… 70
6.5.1 中断允许寄存器 …… 71
6.5.2 中断标志寄存器 …… 71
6.5.3 复位引脚控制寄存器 …… 72
6.6 看门狗定时器 …… 72
6.6.1 看门狗介绍 …… 72
6.6.2 看门狗的操作模式 …… 72
6.6.3 看门狗定时器的中断 …… 73
6.6.4 看门狗寄存器 …… 74
6.6.5 看门狗编程实例 …… 74
6.7 系统时钟 …… 77
6.7.1 系统时钟的介绍 …… 77
6.7.2 UCS 模块操作 …… 78
6.7.3 UCS 寄存器 …… 78
6.7.4 UCS 编程实例 …… 79
6.8 Flash 及 RAM 应用 …… 81
6.8.1 Flash 应用 …… 81
6.8.2 RAM 的应用 …… 83
6.9 数字 I/O 口操作 …… 84
6.9.1 数字 I/O 口介绍 …… 84
6.9.2 数字 I/O 口应用实例 …… 85
6.10 DMA 控制器 …… 88
6.10.1 DMA 控制器介绍 …… 88
6.10.2 DMA 控制器应用实例分析 …… 89
6.11 系统内部 32 位硬件乘法器 …… 94
6.11.1 硬件乘法器 …… 94
6.11.2 硬件乘法器应用实例分析 …… 94
6.12 定时器应用 …… 94
6.12.1 Timer_A 介绍 …… 94
6.12.2 Timer_A 应用实例分析 …… 96
6.13 内部实时时钟 …… 97
6.13.1 RTC_A 的介绍 …… 97

6.13.2 RTC_A 应用实例分析 …… 97
6.14 UART 通信接口 …… 102
6.14.1 UART 模式 …… 102
6.14.2 UART 应用实例分析 …… 102
6.15 SPI 接口 …… 103
6.15.1 SPI 模式 …… 103
6.15.2 SPI 应用实例分析 …… 105
6.16 I^2C 接口 …… 106
6.16.1 I^2C 模式 …… 106
6.16.2 IIC 应用实例分析 …… 107
6.17 比较器 B …… 115
6.17.1 比较器 B 的介绍 …… 115
6.17.2 比较器 B 应用实例分析 …… 116
6.18 ADC 在电压表中的应用 …… 116
6.18.1 ADC12_A 介绍 …… 116
6.18.2 ADC12_A 应用实例分析 …… 118
6.19 LCD_B 模块 …… 123
6.19.1 LCD_B 控制器介绍 …… 124
6.19.2 LCD_B 驱动方式 …… 125
6.19.3 LCD_B 控制寄存器 …… 126
第 7 章 无线 RF 内核 …… 129
7.1 SmartRF Studio 初始化寄存器 …… 129
7.1.1 SmartRF Studio 软件介绍 …… 129
7.1.2 SmartRF Studio 的操作 …… 130
7.1.3 输出文件说明 …… 131
7.2 无协议方式通信程序设计 …… 136
7.2.1 程序设计流程图 …… 136
7.2.2 主函数说明 …… 136
7.2.3 相关函数介绍 …… 139

第 3 篇 应用篇

第 8 章 开发平台介绍和应用 …… 145
8.1 开发平台的组成 …… 145

8.2 核心板功能介绍 …… 146
8.2.1 供电方式 …… 146
8.2.2 JTAG 接口 …… 147
8.2.3 复位电路和时钟电路 …… 148
8.2.4 天线匹配网络 …… 149
8.3 主板功能介绍 …… 149
8.3.1 电源 …… 150
8.3.2 按键电路 …… 150
8.3.3 LCD 显示电路 …… 150
8.3.4 EEPROM 电路 …… 157
8.3.5 报警电路 …… 169
8.3.6 UART 串口 …… 170
8.3.7 SD 卡电路 …… 172
8.4 传感器节点电路功能介绍 …… 172
8.4.1 温度传感器 DS18B20 电路 …… 174
8.4.2 温湿度传感器 DHT11 电路 …… 183
8.4.3 气敏传感器 MQ-2 …… 189
8.4.4 红外热释电传感器 …… 190
8.4.5 其他传感器 …… 191
第 9 章 RF 硬件电路的设计 …… 192
9.1 PCB 设计规范 …… 192
9.1.1 元器件的布局 …… 192
9.1.2 PCB 走线 …… 192
9.2 天线匹配电路设计 …… 193
9.3 天线的选型 …… 194
9.3.1 天线的种类 …… 194
9.3.2 天线的形状 …… 194
第 10 章 SimpliciTI 协议介绍及协议移植 …… 197
10.1 SimpliciTI 简介 …… 197
10.2 SimpliciTI 的特点 …… 198
10.3 设备类型和网络结构 …… 198
10.3.1 设备类型 …… 198
10.3.2 网络结构 …… 198
10.4 SimpliciTI 的工作模式 …… 200

10.5 SimpliciTI 协议栈的软件结构 …… 200
10.5.1 协议层 …… 200
10.5.2 网络协议的应用 …… 202
10.6 数据结构 …… 206
10.6.1 MCU 相关的数据结构 …… 206
10.6.2 SimpliciTI 数据帧相关的数据结构 …… 206
10.7 SimpliciTI 协议的接口函数 …… 208
10.7.1 SimpliciTI 底层接口 …… 208
10.7.2 SimpliciTI 应用层接口 …… 209
10.8 SimpliciTI 接收数据处理机制 …… 210
10.9 SimpliciTI 支持的两种网络拓扑结构 …… 211
10.9.1 直接点对点通信 …… 211
10.9.2 星型链接的网络拓扑结构 …… 220
10.9.3 AP 作为轮询 …… 231
10.9.4 ED 中继级联 …… 240
10.10 SimpliciTI 协议的移植 …… 244
第 11 章 无线传感器网络协议的应用 …… 248
11.1 无线传感网络介绍 …… 248
11.2 无线传感网络到物联网 …… 249
11.3 物联网当前市场应用 …… 250
11.4 SimpliciTI 协议的应用 …… 251
11.4.1 温度传感器网络的应用 …… 251
11.4.2 烟雾报警器网络应用 …… 253
11.4.3 无线温湿度监测系统 …… 255
11.4.4 低功耗无线灯光控制系统 …… 256
11.5 其他协议介绍 …… 260
11.5.1 6LoWPAN 协议栈 …… 260
11.5.2 Wireless MBUS 协议栈 …… 262
11.5.3 DASH7 协议栈 …… 263
附录 原理图 …… 264
参考文献 …… 266

第 1 篇　介绍篇

本篇主要介绍 CC430 单片机的结构和应用前景，分为 3 章，分别从 CC430 单片机内核和 CC430 无线收发器——CC1101 等方面来叙述。在本篇的基础知识上，读者便能对后续章节进行循序渐进的学习，掌握基于 CC430 构成的无线传感网络平台的电路与程序实践，并可以构建满足自己需求的系统。

- 概　述
- CC430 单片机内核
- CC430 无线收发器

第1章 概 述

1.1 CC430 平台介绍

单片机就是在一块芯片上集成了 CPU、主要外设和内存的微型计算机。随着技术的发展和进步，以及市场对产品功能和要求的不断提高，使得作为单片嵌入式系统核心的单片机，朝着多功能、多选择、高速度、低功耗、低价格、大容量和强 I/O 功能等方面发展。

CC430 系列单片机充分利用了 TI 公司业内领先的射频专业技术和超低功耗的 MSP430 微处理 器，提供了低于 1GHz 的强劲的 RF 协议/应用处理器。它有众所周知且简单易用的 MSP430 工具套件及 RF 设计工具(如 SmartRF Studio)，能够实现快速高效的设计。

全新的 CC430 技术平台基于 TI MSP430F5xx MCU 与低功耗 RF 收发器设计，有助于推动短距离无线网络技术在消费类电子产品市场及工业市场的大规模应用，并为基于 MCU 的应用提供了低功耗单芯片射频(RF)解决方案。低功耗 RF 收发器可带来先进的高选择性与高阻塞性能，确保在噪声环境下实现可靠通信。MSP430F5xx MCU 令设计人员可以充分利用 25 MHz 的峰值执行性能，其功耗为 160 μA/MHz。在消费电子领域，如随身携带的智能手机等应用中，低功耗特性有助于省去更换电池的烦恼。而在工业场合，如斜拉桥的安全监控中，因为其节点众多，很难给每个节点传感器交流供电，芯片的低功耗特性显得尤为重要。CC430 平台可以使整个射频网络的节点功耗降低，从而通过车辆或风引起的振动等新能源实现对每个传感器的供电。

CC430 平台可与 MSP430F5xx 等所有 MSP430 平台的指令集完全兼容，能够轻松实现升级，并允许在整个产品系列中进行充分选择，实现广泛应用。CC430 平台具有丰富外设集，包括 16 位 ADC 及低功耗比较器等智能化高性能数字与模拟外设。通过集成集成型高级加密标准(AES)加速器等，加速了无线数据加密与解密功能的设计进程，实现了更安全的告警与工业监控系统。不仅如此，设计人员还可选择片上 LCD 控制器，从而进一步降低基于 LCD 应用的尺寸。与双芯片解决方案相比，CC430 平台降低了系统复杂性，封装尺寸比 PCB 空间缩小了 50%，其高集成度、小型化尺寸与良好的稳定性简化了 RF 设计，帮助工程师缩短了面向短距离无线市场产品的开发周期。

1.2　CC430平台的应用

德州仪器的CC430平台包括TI MSP430F5xx MCU与低功耗RF收发器两个模块，既可降低系统复杂性，又可简化RF设计。极低的电流消耗使采用电池供电的无线网络应用可工作长达10年以上。基于此款低功耗CC430平台，设计工程师还能实现用各种能量收集装置，比如太阳能、热量或振动，来提供电源。这些技术进步有助于设计者打破阻碍各种无线低功耗网络实施的壁垒，比如功耗、性能、尺寸、成本要求以及降低设计复杂性、简化开发等，帮助各类产品实现无线连接，从而将各种低功耗网络应用，比如工业远程监控、个人无线网络以及自动抄表等，推向前所未有的水平。另外，在工程领域，对桥梁等重点设施的状态监控，超低功耗的CC430可以实现对应力裂纹等工程隐患做到持续地防患于未然。除此之外，基于CC430系列单片机，设计者可采用能量自收集的电源，轻微机械振动产生的能量也能被转换为电能，供传感器系统维持运作，从而将重要的性能数据通过无线协议发送出去。RF网络节点信号传输可达百米，增加路由设备后，传输距离可达千米范围，实现远距离监控。

第 2 章　CC430 单片机内核

CC430 是 TI 提供的低功耗单芯片射频(RF)系列,通过 CC430 的应用使得射频设计变得小巧、简单、功能丰富和节能,如图 2.1 所示。CC430 有助于提高射频网络应用水平,这些应用包括工业及楼宇自动化、资产跟踪、能量收集、个人无线网络、警报和安全系统、运动/车身监控以及自动抄表基础设施(AMI)。

CC430 系列单片机充分利用了 TI 公司业内领先的射频专业技术和超低功耗 MSP430 单片机,提供了低于 1 GHz 的强劲的 RF 协议/应用处理器。它有众所周知且简单易用的 MSP430 工具套件及 RF 设计工具(如 SmartRF Studio),能够实现快速高效的设计。

图 2.1　CC430F6137 芯片图

2.1　CC430 系列单片机应用选型

2.1.1　CC430 系列单片机应用选型

TI 公司的 CC430 系列单片机包括 TI MSP430F5xx MCU 与低功耗 RF 收发器两个模块。应用 CC430 系列平台构建应用系统,进行总体设计时要考虑选型问题。选择 CC430 系列单片机型号应遵循以下原则:

- 选择最容易实现设计目标且性能/价格比高的机型;
- 在研制任务重,时间紧的情况下首先选择熟悉的机型;
- 欲选的机型在市场上要有足够的货源。

片上资源的集成的选型可以参考表 2.1。

表 2.1 片上资源选型表

Device	Program (KB)	SRAM (KB)	Timer_A	LCD_B	USCI		ADC12_A	Comp_B	I/O	Package Type
					Channel A:UART/LIN/IrDA/SPI	Channel B:SPI/I^2C				
CC430 F6137	32	4	5,3	96 seg	1	1	8 ext/ 4 int ch.	8 ch.	44	64RGC
CC430 F6135	16	2	5,3	96 seg	1	1	8 ext/ 4 int ch.	8 ch.	44	64RGC
CC430 F6127	32	4	5,3	96 seg	1	1	N/A	8 ch.	44	64RGC
CC430 F6126	32	2	5,3	96 seg	1	1	N/A	8 ch.	44	64RGC
CC430 F6125	16	2	5,3	96 seg	1	1	N/A	8 ch.	44	64RGC
CC430 F6137	32	4	5,3	N/A	1	1	6 ext/ 4 int ch.	6 ch	30	48RGZ
CC430 F6135	16	2	5,3	N/A	1	1	6 ext/ 4 int ch.	6 ch	30	48RGZ
CC430 F6133	8	2	5,3	N/A	1	1	6 ext/ 4 int ch.	6 ch	30	48RGZ

在选型时芯片封装也是一个重要的因素，其中 64-PIN QFN(RGC)封装的 CC430 系列芯片有 CC430F6137IRGC，CC430F6135IRGC，CC430F6127IRGC，CC430F6126IRGC 和 CC430F6125IRGC；48-PIN QFN (RGZ)封装的 CC430 系列芯片有 CC430F5137IRGZ，CC430F5135IRGZ 和 CC430F5133IRGZ。

2.1.2 CC430 系列单片机的特点

CC430 系列单片机的特点如下：

- 电源范围：1.8～3.6 V。
- 超低功耗：

  —活动模式(AM)：160 μA/MHz。

  —等待模式(LPM3 RTC Mode)：2.0 μA。

  —掉电模式(LPM4 RAM Retention)：1.0 μA。

  —无线接收模式：15 mA，250 kbps，915 MHz。

- 从等待模式快速唤醒时间小于 6 μs。
- 16 位 RISC 结构，可拓展存储器，系统时钟最高可配置 20 MHz。
- 灵活的电源管理系统。
- 统一的 FLL 时钟系统。
- 具有 5 个捕获/比较寄存器的 16 位定时器 TA0。
- 具有 3 个捕获/比较寄存器的 16 位定时器 TA1。
- 硬件实时时钟(RTC)。
- 两个通用通信接口：

  —USCI_A0 支持 UART、IrDA 和 SPI。

  —USCI_B0 支持 I^2C 和 SPI。
- 具有内部参考电压、采样保持和自动扫描的 12 位 A/D 转换器(CC430F613x 和 CC430F513x 有)。
- 比较器。
- 完整的 LCD 控制器，具有对比度可调，最大可配置 96 段(CC430F61xx 有)。
- 128 位 AES 安全加密/解密协处理器。
- 32 位硬件乘法器。
- 3 通道内部 DMA。
- 嵌入仿真模块(EEM)。
- 高性能低于 1 GHz 的无线收发器：

  —内部集成 CC1101。

  —输入电压范围：2.0～3.6 V。

  —频带为：300～348 MHz，389～464 MHz 和 779～928 MHz 共 3 个频率带。

  —可编程的数据传输速率：0.6～500 kBaud。

  —高灵敏度：(在 0.6 kBaud 时可精确到－117 dBm，在 1.2 kBaud 时可精确到－111 dBm，315 MHz，1%的误包率条件下)。卓越的接收机选择性和阻塞性能。所有支持频率下，高达 12 dBm 的可编程输出功率。

  —支持的调制方式有：2-FSK、2-GFSK、MSK、OOK 以及灵活的 ASK 波形整形。

  —提供对数据包导向系统的灵活支持；片上支持同步字检测、地址检查、灵活的数据包长度以及自动 CRC 处理。

  —支持发送前自动空闲信道评估(CCA)(用于载波监听系统)。

  —数字接收信号强度指示(RSSI)输出。

  —适于符合 EN 300 220(欧洲)和 FCC CFR Part 15(美国)的目标系统。

CC430 系列单片机同其他 MSP430 单片机一样，都集成了较丰富的片内外设。它们分别是看门狗(WDT)、模拟比较器 B、定时器 A (Timer_A)、串口 0/1(USART0/1)、硬件乘法器、液晶驱动器、10 位/12 位 ADC、I^2C 总线、直接数据存取

(DMA)、端口 1～6 (P1～P6)等外围模块的不同组合。其中，看门狗可以使程序失控时迅速复位；模拟比较器进行模拟电压的比较，配合定时器，可设计出 A/D 转换器；16 位定时器(Timer_A)具有捕获/比较功能，大量的捕获/比较寄存器，可用于事件计数、时序发生、PWM 等；有的器件更具有异步、同步及多址访问串行通信接口，可方便的实现多机通信等应用；具有较多的 I/O 端口，最多达 6×8 条 I/O 口线；P1、P2 端口能够接收外部上升沿或下降沿的中断输入；12 位硬件 A/D 转换器有较高的转换速率，最高可达 200 ksps ，能够满足大多数数据采集应用；能直接驱动液晶多达 160 段；实现两路的 12 位 D/A 转换；硬件 I²C 串行总线接口实现存储器串行扩展；以及为了增加数据传输速度，而采用直接数据传输(DMA)模块。CC430 系列单片机的这些片内外设为系统的单片解决方案提供了极大的方便。

上电复位后，首先由 DCOCLK 启动 CPU，以保证程序从正确的位置开始执行，保证晶体振荡器有足够的起振及稳定时间。软件可设置适当的寄存器控制位来确定最后的系统时钟频率。如果晶体振荡器在用做 CPU 时钟 MCLK 时发生故障，DCO 会自动启动，以保证系统正常工作；如果程序跑飞，可用看门狗电路将系统复位。

适应工业级运行环境，CC430 单片机的工作温度均为 －40～＋ 85 ℃，所设计的产品可以在工业环境下稳定运行。

2.1.3　CC430F613x 系列单片机

CC43F613x 系列单片机结构如图 2.2 所示。

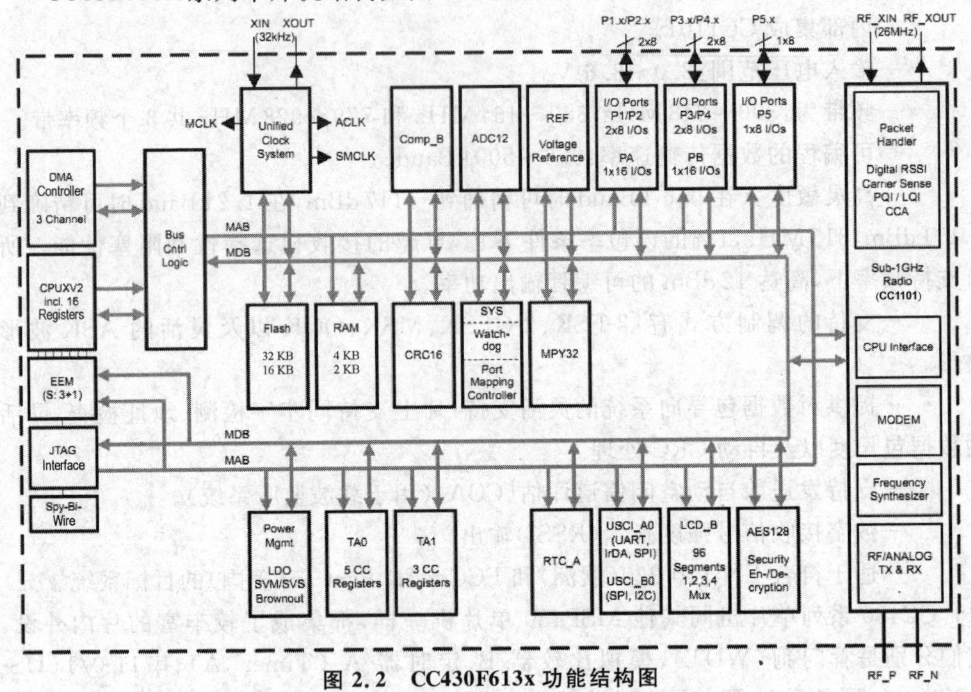

图 2.2　CC430F613x 功能结构图

64 引脚 CC43F613x 的引脚图如图 2.3 所示。

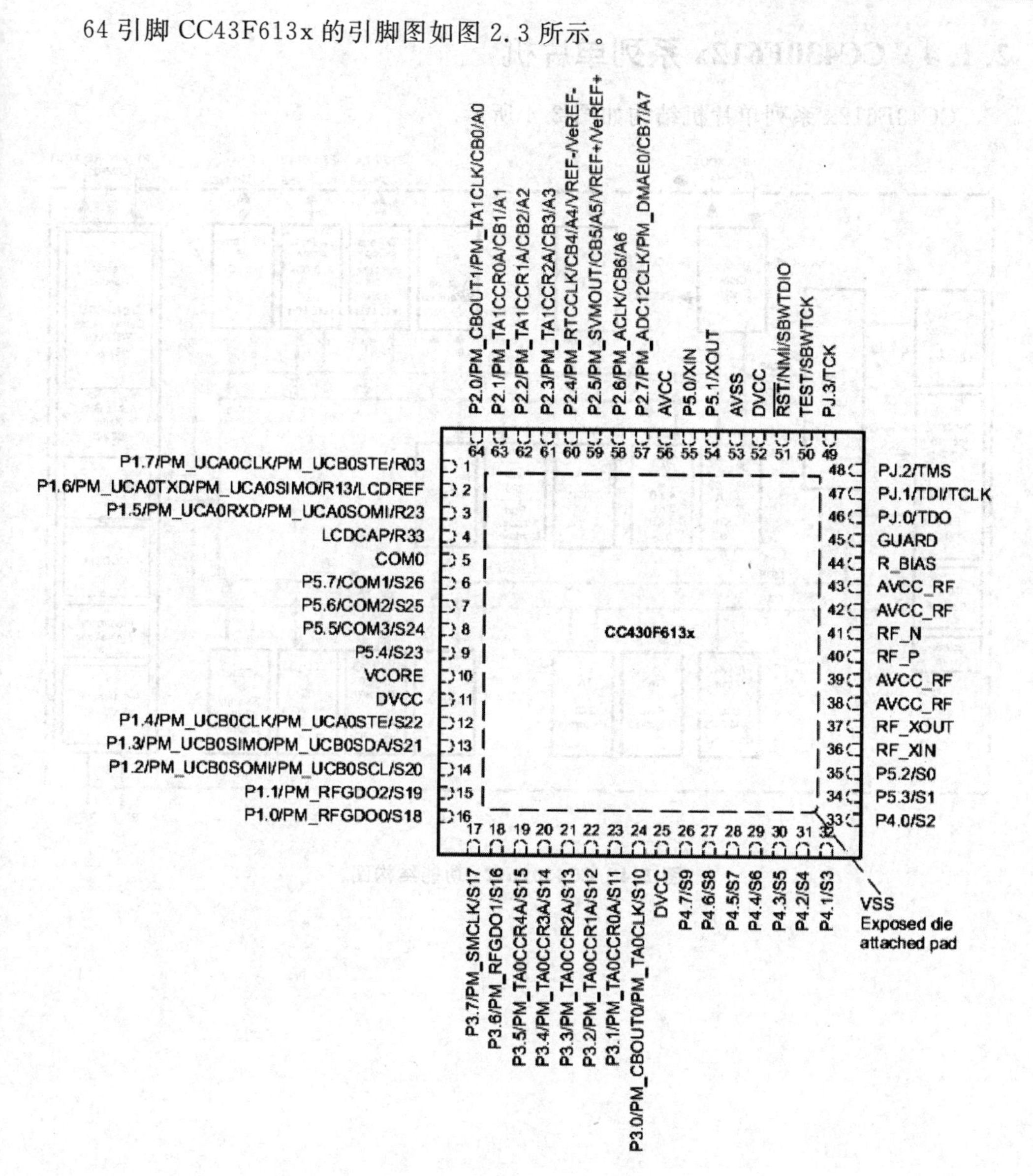

图 2.3 CC43F613x 的 64 引脚图

2.1.4　CC430F612x 系列单片机

CC43F612x 系列单片机结构如图 2.4 所示。

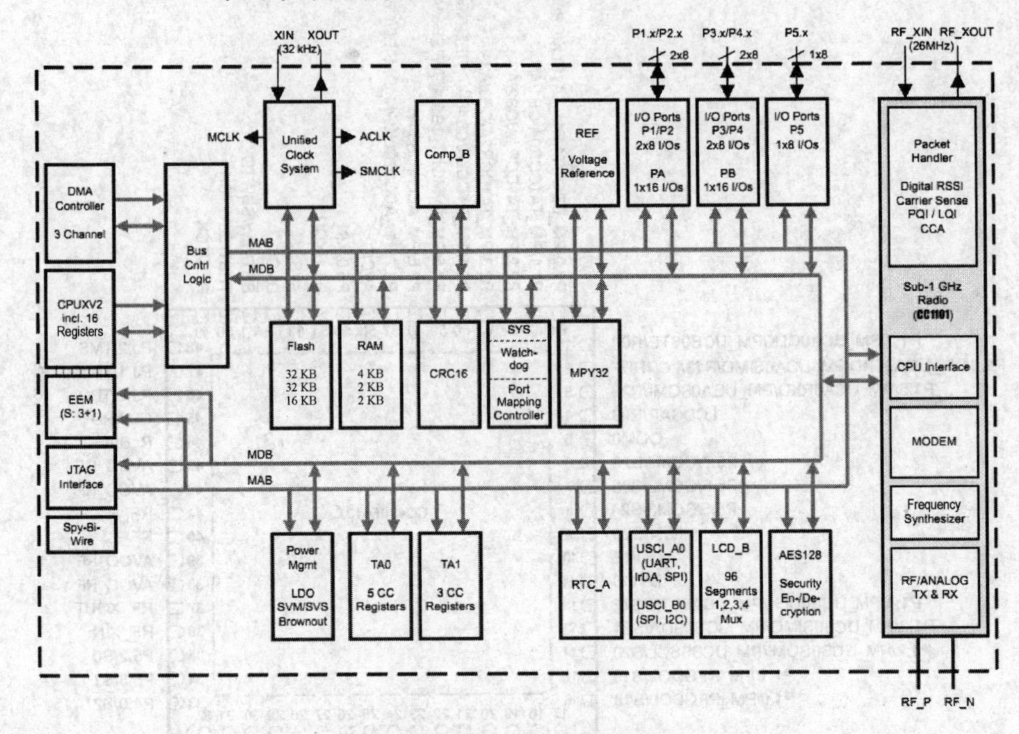

图 2.4　CC430F612x 功能结构图

64 引脚 CC43F612x 的引脚图如图 2.5 所示。

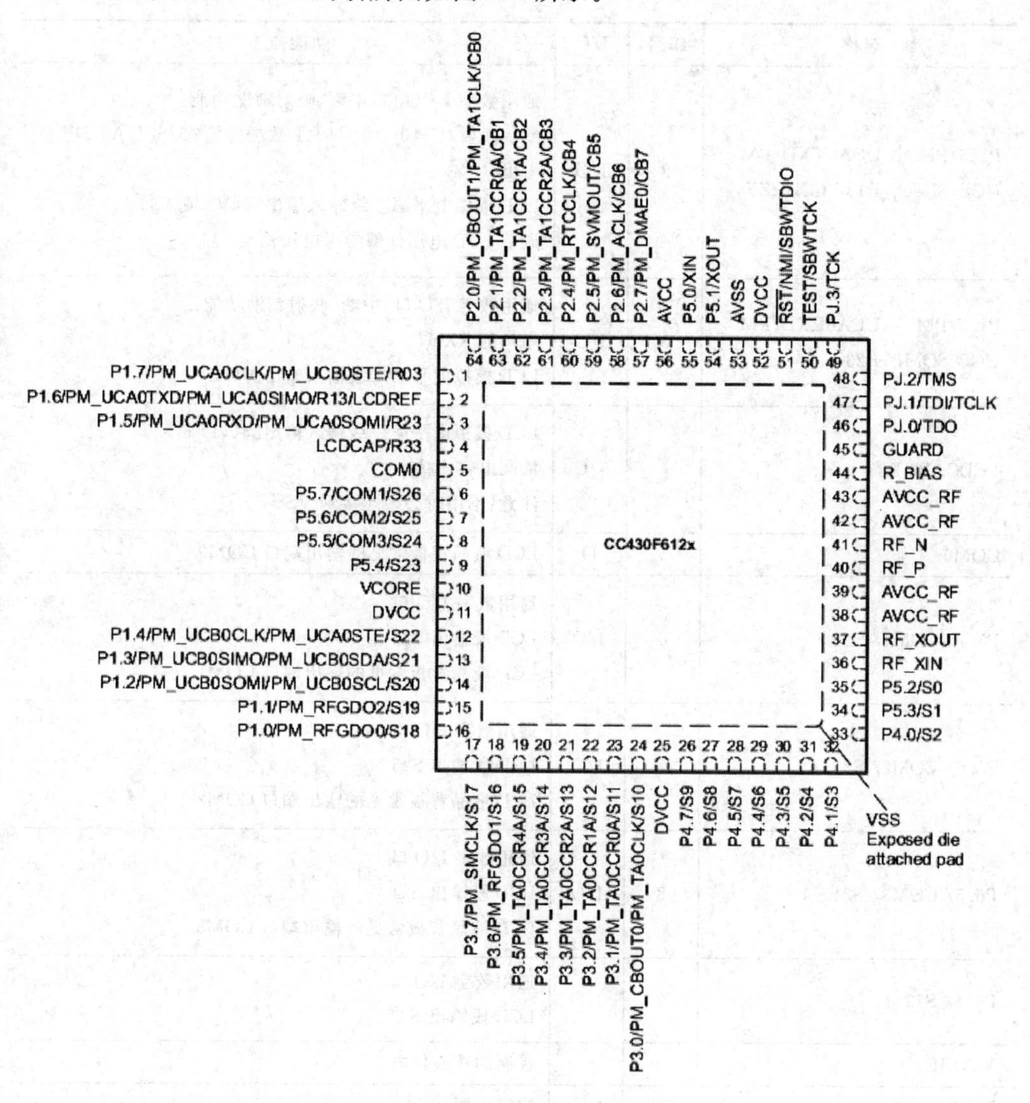

图 2.5 CC43F612x 的 64 引脚图

CC43F613x 和 CC43F612x 系列单片机引脚如表 2.2 所列。

表 2.2 CC43F613x 和 CC43F612x 系列单片机引脚表

名称	编号	I/O	功能描述
P1.7/PM _ UCA0CLK/PM _ UCB0STE/ R03	1	I/O	通用数字 I / O 口：中断、映射辅助功能 默认映射：USCI_A0 时钟输入/输出/ USCI_B0 SPI 从发送使能 LCD 输入/输出端口的最低模拟电压(V5)

续表 2.2

名称	编号	I/O	功能描述
P1.6/PM_UCA0TXD/PM_UCB0SIMO/ R13/ LCDREF	2	I/O	通用数字 I / O 口:中断、映射辅助功能 默认映射:USCI_A0 UART 数据传输; USCI_A0 SPI 从主出 LCD 模拟电平第三级输入输出脚(V3 或 V4) 调节 LCD 电压外部参考电压输入
P1.5/PM_UCA0RXD/PM_UCB0SOMI/ R23	3	I/O	通用数字 I/O 口:中断、映射辅助功能 串口的 RXD LCD 模拟电平第二级输入输出脚(v2)
LCDCAP/ R33	4	I/O	LCD 模拟电平第一级输入输出脚(v1) 液晶电容连接 注意:不用时必须连接到 VSS
COM0	5	O	LCD 液晶背板常见的输出端口 COM0
P5.7/ COM1/ S26	6	I/O	通用数字 I/O 口 LCD 段输出 S26 LCD 液晶背板常见的输出端口 COM1
P5.6/ COM2/ S25	7	I/O	通用数字 I/O 口 LCD 段输出 S25 LCD 液晶背板常见的输出端口 COM2
P5.5/ COM3/ S24	8	I/O	通用数字 I/O 口 LCD 段输出 S24 LCD 液晶背板常见的输出端口 COM3
P5.4/ S23	9	I/O	通用数字 I/O 口 LCD 段输出 S23
VCORE	10		控制的核心供电
DVCC	11		数字电源
P1.4/PM_UCB0CLK/PM_UCA0STE/ S22	12	I/O	通用数字 I / O 口,具有中断,映射辅助功能;默认映射:USCI_B0 时钟输入/输出/ USCI_B0 SPI 从发送使能 LCD 段输出 S22
P1.3/ PM_UCB0SIMO/ PM_UCB0SDA/ S21	13	I/O	通用数字 I / O 口,具有中断,映射辅助功能;默认映射:USCI_B0 SPI 口的 SIMO 从入主出 ;USCI_B0 I2C 的数据端口;LCD 段输出 S21

续表 2.2

名称	编号	I/O	功能描述
P1.2/ PM_UCB0SOMI/ PM_UCB0SCL/ S20	14	I/O	通用数字 I / O 口，具有中断，映射辅助功能；默认映射：USCI_B0 SPI 口的 SOMI 从出主入；USCI_B0 I2C 的时钟端口；LCD 段输出 S20
P1.1/ PM_RFGDO2/ S19	15	I/O	通用数字 I / O 口，具有中断，映射辅助功能；默认映射：射频端口 GDO2 输出；LCD 段输出 S19
P1.0/ PM_RFGDO0/ S18	16	I/O	通用数字 I / O 口，具有中断，映射辅助功能；默认映射：射频端口 GDO0 输出；LCD 段输出 S18
P3.7/ PM_SMCLK/ S17	17	I/O	通用数字 I / O 口，具有中断，映射辅助功能；默认映射：主系统时钟输出 SMLK；LCD 段输出 S17
P3.6/ PM_RFGDO1/ S16	18	I/O	通用数字 I / O 口，具有中断，映射辅助功能；默认映射：射频端口 GDO1 输出；LCD 段输出 S16
P3.5/ PM_TA0CCR4A/ S15	19	I/O	通用数字 I / O 口，具有中断，映射辅助功能；默认映射：TA0 的 CCR4 的比较输出，捕获输入；LCD 段输出 S15
P3.4/ PM_TA0CCR3A/ S14	20	I/O	通用数字 I/O 口：中断、映射辅助功能 默认映射：TA0 CCR3 的比较输出/捕获输入；LCD 段输出 S14
P3.3/ PM_TA0CCR2A/ S13	21	I/O	通用数字 I/O 口：中断、映射辅助功能 默认映射：TA0 CCR2 输出比较/捕获输入 LCD 段输出 S13
P3.2/ PM_TA0CCR1A/ S12	22	I/O	通用数字 I/O 口：中断、映射辅助功能 默认映射：TA0 CCR1 输出比较/捕获输入 LCD 段输出 S12
P3.1/ PM_TA0CCR0A/ S11	23	I/O	通用数字 I/O 口：中断、映射辅助功能 默认映射：TA0 CCR0 的比较输出/捕获输入；LCD 段输出 S11
P3.0/ PM_CBOUT0/PM_TA0CLK/S10	24	I/O	通用数字 I/O 口：中断、映射辅助功能 默认映射：比较器 B 输出；TA0 时钟输入；LCD 段输出 S10
DVCC	25		数字电源
P4.7/ S9	26	I/O	通用数字 I/O 口 LCD 段输出 S9
P4.6/ S8	27	I/O	通用数字 I/O 口 LCD 段输出 S8

续表 2.2

名称	编号	I/O	功能描述
P4.5/ S7	28	I/O	通用数字 I/O 口 LCD 段输出 S7
P4.4/ S6	29	I/O	通用数字 I/O 口 LCD 段输出 S6
P4.3/ S5	30	I/O	通用数字 I/O 口 LCD 段输出 S5
P4.2/ S4	31	I/O	通用数字 I/O 口 LCD 段输出 S4
P4.1/ S3	32	I/O	通用数字 I/O 口 LCD 段输出 S3
P4.0/ S2	33	I/O	通用数字 I/O 口 LCD 段输出 S2
P5.3/ S1	34	I/O	通用数字 I/O 口 LCD 段输出 S1
P5.2/ S0	35	I/O	通用数字 I/O 口 LCD 段输出 S0
RF_XIN	36	I	RF 晶体振荡器或外部时钟输入的输入端
RF_XOUT	37	O	RF 晶体振荡器的输出端子
AVCC_RF	38		无限模拟电源
AVCC_RF	39		无限模拟电源
RF_P	40	RF I/O	在接收模式下到 LNA 的正 RF 输入 在传输模式正从 PA 的 RF 输出
RF_N	41	RF I/O	在接收模式下到 LNA 的负 RF 输入 来自 PA 的负 RF 输出传输模式
AVCC_RF	42		无线模拟电源
AVCC_RF	43		无线模拟电源
RBIAS	44		无线电参考电流的外部偏置电阻
GUARD	45		数字噪声隔离电源的电源连接
PJ.0/ TDO	46	I/O	通用数字 I / O 口 测试数据输出口
PJ.1/ TDI/ TCLK	47	I/O	通用数字 I / O 口 测试数据输入或测试时钟输入

续表 2.2

名称	编号	I/O	功能描述
PJ.2/ TMS	48	I/O	通用数字 I / O 口 测试模式选择
PJ.3/ TCK	49	I/O	通用数字 I / O 口 测试时钟
TEST/ SBWTCK	50	I/O	测试模式引脚-选择数字 JTAG 的 I / O 引脚 SPY-BI 线输入时钟
RST/NMI/ SBWTDIO	51	I/O	低电平复位;非屏蔽中断输入;SPY-BI 线数据输入/输出
DVCC	52		数字电源
AVSS	53		ADC12 的模拟地面电源
P5.1/ XOUT	54	I/O	通用数字 I/O 口 输出端的晶体振荡器 XT1
P5.0/ XIN	55	I/O	通用数字 I/O 口 输入端的晶体振荡器 XT1
AVCC	56	I/O	模拟电源
P2.7/ PM_ADC12CLK/ PM_DMAE0/ CB7 (/A7)	57	I/O	通用数字 I / O 端口中断和映射 辅助功能 默认映射:ADC12CLK 输出 DMA 外部触发输入 比较器 B 输入 CB7 模拟输入 A7-12 位 ADC(仅限 CC430F613x)
P2.6/ PM_ACLK/ CB6 (/A6)	58	I/O	通用数字 I / O 端口中断和映射 辅助功能默认映射:ACLK 输出;比较器 B 输入 CB6;模拟输入 A6-12 位 ADC(仅限 CC430F614x)
P2.5/ PM_SVMOUT/ CB5 (/A5/ VREF+/ VeREF+)	59	I/O	通用数字 I / O 端口中断和映射 辅助功能;默认映射:SVM 的输出;比较器 B 输入 CB5;模拟输入 A5-12 位 ADC(仅限 CC430F614x);ADC 的参考电压输出(仅限 CC430F613x);外部参考电压输入到 ADC(仅限 CC430F613x)
P2.4/ PM_RTCCLK/ CB4 (/A4/ VREF-/ VeREF-)	60	I/O	通用数字 I / O 端口中断和映射 辅助功能;默认映射:RTCCLK 输出;比较器 B 输入 CB4;模拟输入 A4 -12 位 ADC(仅限 CC430F615x);ADC 的参考电压为两个来源,内部的负极;参考电压或外部参考电压(仅限 CC430F613x)
P2.3/ PM_ TA1CCR2A/ CB3 (/A3)	61	I/O	通用数字 I / O 端口中断和映射 辅助功能;默认映射的 TA1 CCR2 输出比较/捕获输入;比较器 B 输入 CB3;模拟输入 A3 -12 位 ADC(仅限 CC430F615x)

续表 2.2

名称	编号	I/O	功能描述
P2. 2/ PM _ TA1CCR1A/ CB2 (/A2)	62	I/O	通用数字 I / O 端口中断和映射 辅助功能；默认映射：TA1 CCR1 输出比较/捕获输入；比较器 B 输入 CB3；模拟输入 A2 -12 位 ADC(仅限 CC430F616x)
P2. 1/PM _ TA1CCR0A/CB1 (/ A1)	63	I/O	通用数字 I / O 端口中断和映射 辅助功能；默认映射：TA1 CCR0 输出比较/捕获输入；比较器 B 输入 CB3；模拟输入 A1 -12 位 ADC(仅限 CC430F617x)
P2. 0/ PM _ CBOUT1/ PM _TA1CLK/ CB0 (/A0)	64	I/O	通用数字 I / O 端口中断和映射 辅助功能；默认映射：比较器 B 输出；TA1 时钟输入；比较器 B 输入 CB0；模拟输入 A0-12 位 ADC(仅限 CC430F617x)
GND			接地端 裸露的芯片必须连接地面

2.1.5　CC430F513x 系列单片机

CC43F513x 系列单片机结构如图 2.6 所示。

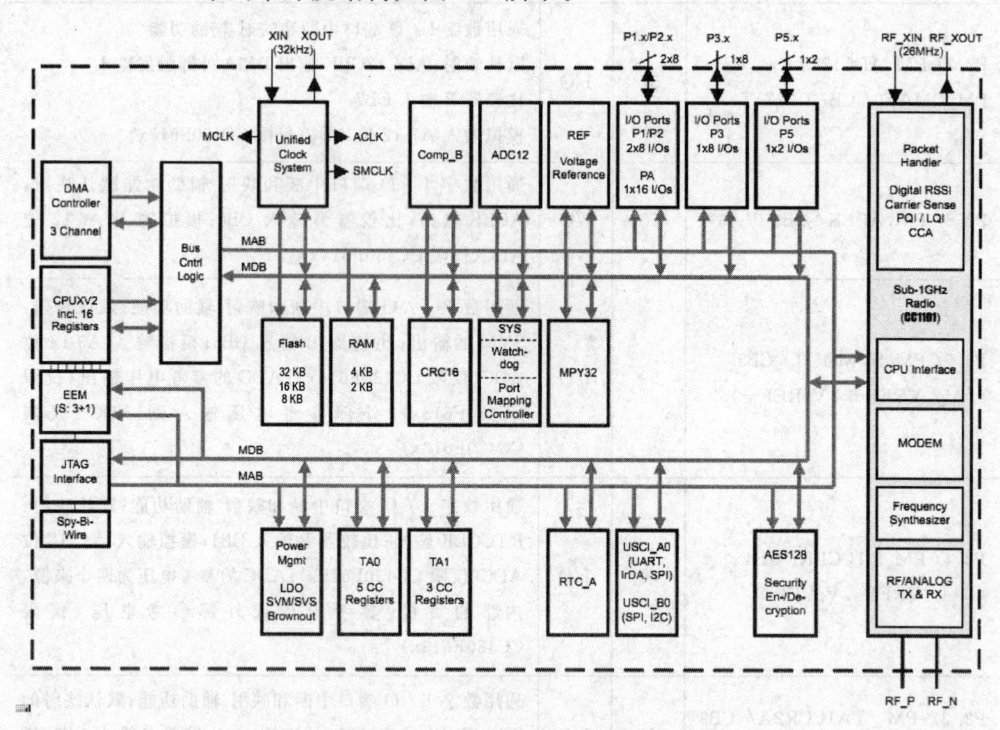

图 2.6　CC430F512x 功能结构图

48 引脚 CC43F512x 的引脚图如图 2.7 所示。

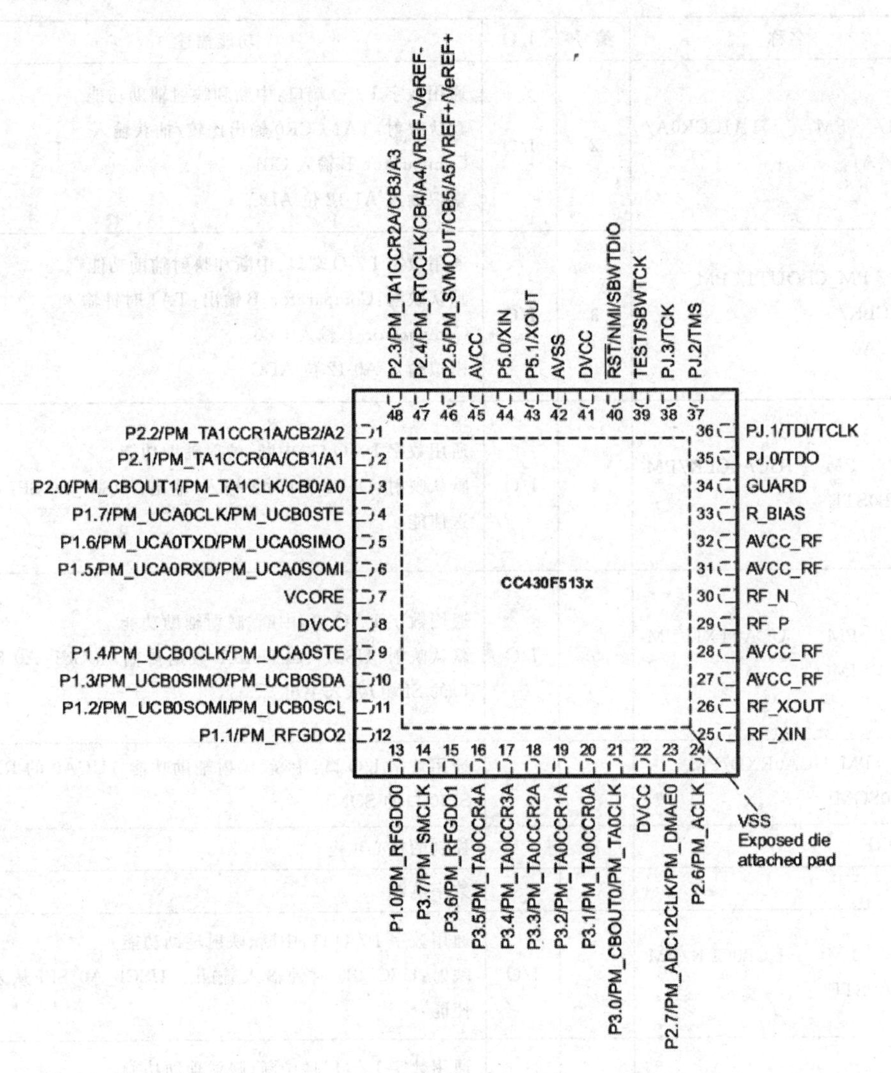

图 2.7　CC43F513x 的 48 引脚图

CC43F513x 系列单片机引脚如表 2.3 所列。

表 2.3　CC43F513x 系列单片机引脚表

名称	编号	I/O	功能描述
P2.2/ PM _ TA1CCR1A/ CB2/ A2	1	I/O	通用数字 I / O 端口：中断和映射辅助功能 默认映射：TA1 CCR1 输出比较/捕获输入 Comparator_B 输入 CB2 模拟输入 A2-12 位 ADC

续表 2.3

名称	编号	I/O	功能描述
P2.1/ PM _ TA1CCR0A/ CB1/ A1	2	I/O	通用数字 I / O 端口:中断和映射辅助功能 默认映射:TA1 CCR0 输出比较/捕获输入 Comparator_B 输入 CB1 模拟输入 A1-12 位 ADC
P2.0/ PM_CBOUT1/ PM_ TA1CLK/ CB0 /A0	3	I/O	通用数字 I / O 端口:中断和映射辅助功能 默认映射:Comparator_B 输出;TA1 时钟输入 Comparator_B 输入 CB0 模拟输入 A0-12 位 ADC
P1.7/ PM _ UCA0CLK/PM _UCB0STE	4	I/O	通用数字 I / O 口:中断、映射辅助功能 默认映射:USCI_A0 时钟输入/输出; USCI_B0 SPI 从发送使能
P1.6/ PM _ UCA0TXD/PM _UCB0SIMO	5	I/O	通用数字 I / O 口:中断、映射辅助功能 默认映射:USCI_A0 UART 数据传输; USCI_A0 SPI0 口的 SIMO 从入主出
P1.5/ PM_UCA0RXD/PM_ UCB0SOMI	6	I/O	通用数字 I/O 口:中断、映射辅助功能 ;UCA0 的 RXD;SPI0 口的 SOMI
VCORE	7		控制的核心供电
DVCC	8		数字电源
P1.4/ PM _ UCB0CLK/PM _UCA0STE	9	I/O	通用数字 I / O 口:中断、映射辅助功能 映射:USCI_B0 时钟输入/输出/ USCI_A0 SPI 从发送使能
P1.3/ PM _ UCB0SIMO/PM _UCB0SDA	10	I/O	通用数字 I / O 口:中断、映射辅助功能 默认映射:USCI_B0 SPI 的 SIMO 从入主出; USCI_B0 的 I2C 数据口
P1.2/ PM _ UCB0SOMI/PM _UCB0SCL	11	I/O	通用数字 I/O 口:中断、映射辅助功能 默认映射:USCI_B0 SPI 从出主入; UCSI_B0 I2C 时钟
P1.1/ PM_RFGDO2	12	I/O	通用数字 I/O 口 LCD 段输出 S23
P1.0/ PM_RFGDO0	13		控制的核心供电
P3.7/ PM_SMCLK	14		数字电源

续表 2.3

名称	编号	I/O	功能描述
P3.6/ PM_RFGDO1	15	I/O	通用数字 I / O 口:中断、映射辅助功能 映射:USCI_B0 时钟输入/输出/ USCI_A0 SPI 从发送使能
P3.5/ PM_TA0CCR4A	16	I/O	通用数字 I / O 口:中断、映射辅助功能 默认映射:USCI_B0 SPI 主从 out/USCI_B0 的 I2C 数据
P3.4/ PM_TA0CCR3A	17	I/O	通用数字 I/O 口:中断、映射辅助功能 默认映射:USCI_B0 SPI 从出主 in/UCSI_B0 I2C 时钟
P3.3/ PM_TA0CCR2A	18	I/O	通用数字 I/O 口:中断、映射辅助功能 默认映射:无线电 GDO2 输出
P3.2/ PM_TA0CCR1A	19	I/O	通用数字 I/O 口:中断、映射辅助功能 默认映射:无线电 GDO0 输出
P3.1/ PM_TA0CCR0A	20	I/O	通用数字 I/O 口:中断、映射辅助功能 默认映射:SMCLK 输出
P3.0/ PM_CBOUT0/ PM_TA0CLK	21	I/O	通用数字 I/O 口:中断、映射辅助功能 默认映射:无线电 GDO1 输出
DVCC	22	I/O	通用数字 I/O 口:中断、映射辅助功能 默认映射:TA0 CCR4 比较输出/捕获输入
P2.7/ PM _ ADC12CLK/PM _ DMAE0	23	I/O	通用数字 I/O 口:中断、映射辅助功能 默认映射:TA0 CCR3 的比较输出/捕获输入
P2.6/ PM_ACLK	24	I/O	通用数字 I/O 口:中断、映射辅助功能 默认映射:TA0 CCR2 输出比较/捕获输入
RF_XIN	25	I	RF 晶体振荡器或外部时钟输入的输入端
RF_XOUT	26	O	RF 晶体振荡器的输出端子
AVCC_RF	27		无限模拟电源
AVCC_RF	28		无限模拟电源
RF_P	29	RF I/O	在接收模式下到 LNA 的正 RF 输入 在传输模式从 PA 的正 RF 输出
RF_N	30	RF I/O	在接收模式下到 LNA 的负 RF 输入 来自 PA 的负 RF 输出传输模式
AVCC_RF	31		无线模拟电源
AVCC_RF	32		无线模拟电源
RBIAS	33		无线电参考电流的外部偏置电阻

续表 2.3

名称	编号	I/O	功能描述
GUARD	34		数字噪声隔离电源的电源连接
PJ. 0/ TDO	35	I/O	通用数字 I / O 口 测试数据输出口
PJ. 1/ TDI/ TCLK	36	I/O	通用数字 I / O 口 测试数据输入或测试时钟输入
PJ. 2/ TMS	37	I/O	通用数字 I / O 口 测试模式选择
PJ. 3/ TCK	38	I/O	通用数字 I / O 口 测试时钟
TEST/ SBWTCK	39	I/O	测试模式引脚—选择数字 JTAG 的 I / O 引脚 SPY-BI 线输入时钟
$\overline{RST}$/NMI/ SBWTDIO	40	I/O	复位输入低电平 非屏蔽中断输入 SPY-BI 线数据输入/输出
DVCC	41		数字电源
AVSS	42		ADC12 的模拟电源
P5. 1/ XOUT	43	I/O	通用数字 I/O 口 输出端的晶体振荡器 XT1
P5. 0/ XIN	44	I/O	通用数字 I/O 口 输入端的晶体振荡器 XT1
AVCC	45	I/O	模拟电源
P2. 5/ PM_SVMOUT/ CB5 /A5/ VREF+/ VeREF+	46	I/O	通用数字 I / O 端口:中断和映射辅助功能 默认映射:SVM 的输出 Comparator_B 输入 CB5 模拟输入 A5 -12 位 ADC ADC 的参考电压输出 外部参考电压输入到 ADC

续表 2.3

名称	编号	I/O	功能描述
P2.4/ PM_RTCCLK/ CB4 /A4/ VREF-/ VeREF-	47	I/O	通用数字 I / O 端口：中断和映射辅助功能 默认映射：RTCCLK 输出 Comparator_B 输入 CB4 模拟输入 A4 -12 位 ADC ADC 的参考电压为两个来源，内部的负极参考电压或外部参考电压
P2.3/ PM_TA1CCR2A/ CB3 /A3	48	I/O	通用数字 I / O 端口中断和映射 辅助功能 默认映射的 TA1 CCR2 输出比较/捕获输入 Comparator_B 输入 CB3 模拟输入 A3-12 位 ADC
GND			接地端 裸露的芯片必须连接地面

2.2 CPU的结构和特点

CC430系列单片机的CPU同MSP430系列单片机一样，采用16位精简指令系统，可实现最佳的性能，并得到更少的代码空间。外围模块通过数据、地址和控制总线与CPU相连，CPU可以很方便地通过所有对存储器操作的指令对外围模块进行控制。

● RISC架构；

● 正交体系；

● 完全的寄存器存取，包括程序计数器(PC)、状态寄存器(DR)和堆栈指针(SP)；

● 单周期寄存器操作；

● 大量的寄存器文件可减少对寄存器的访问次数；

● 20位地址总线允许直接存取整个寄存器地址空间而无需分页；

● 16位数据总线允许直接处理字宽度的参数；

● 常数发生器提供了最常用的6个立即数，这有助于减少代码量；

● 直接存储器到存储器的数据传送而无需中间的寄存器保持；

● 字节、字和20位地址字寻址。

CC430 CPU结构框图如图2.8所示。

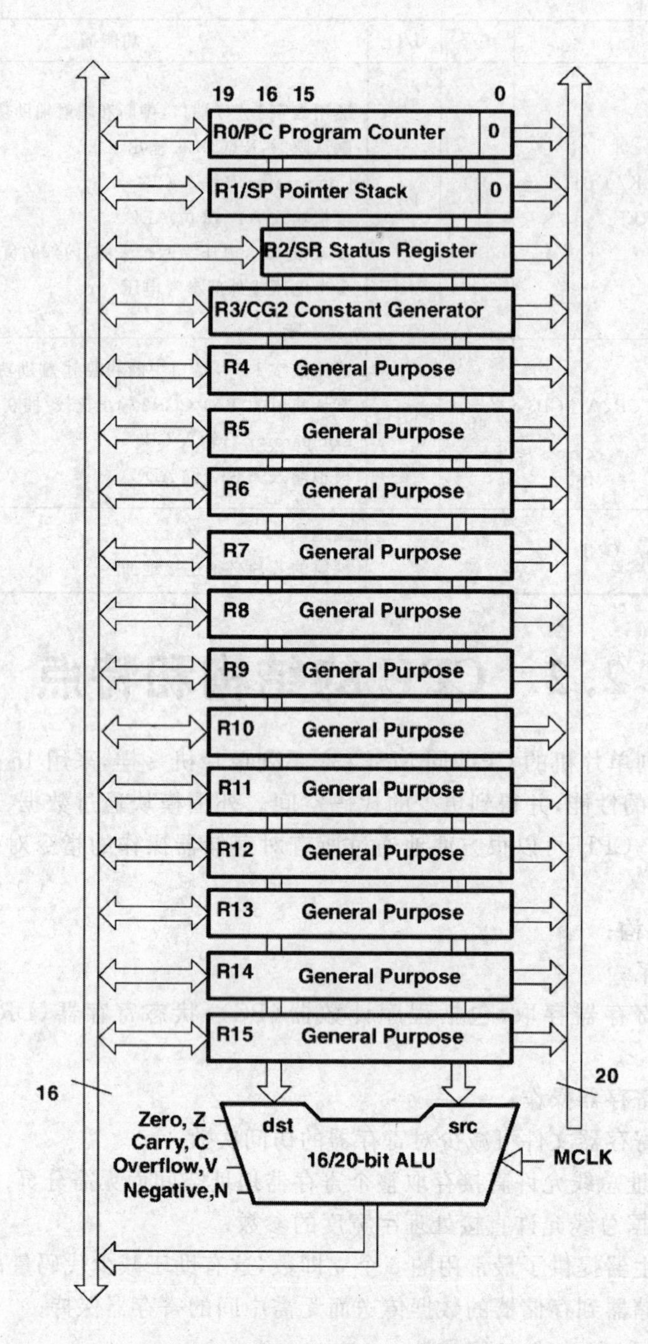

图 2.8 CC430 内部 CPU 结构框图

2.3 处理器工作模式

MSP430 具有一种活动模式和 5 种软件可选的低功耗运行模式，一个中断事件可以将芯片从 5 种低功耗模式中的任意一种唤醒，为请求服务从中断程序返回时恢复低功耗模式。而不同的模式是通过状态寄存器的 CPUOFF、OSCFF、SCG0、SCG1 等位来设置的。各个模式下的功耗和结构示意图分别如图 2.9 和图 2.10 所示。

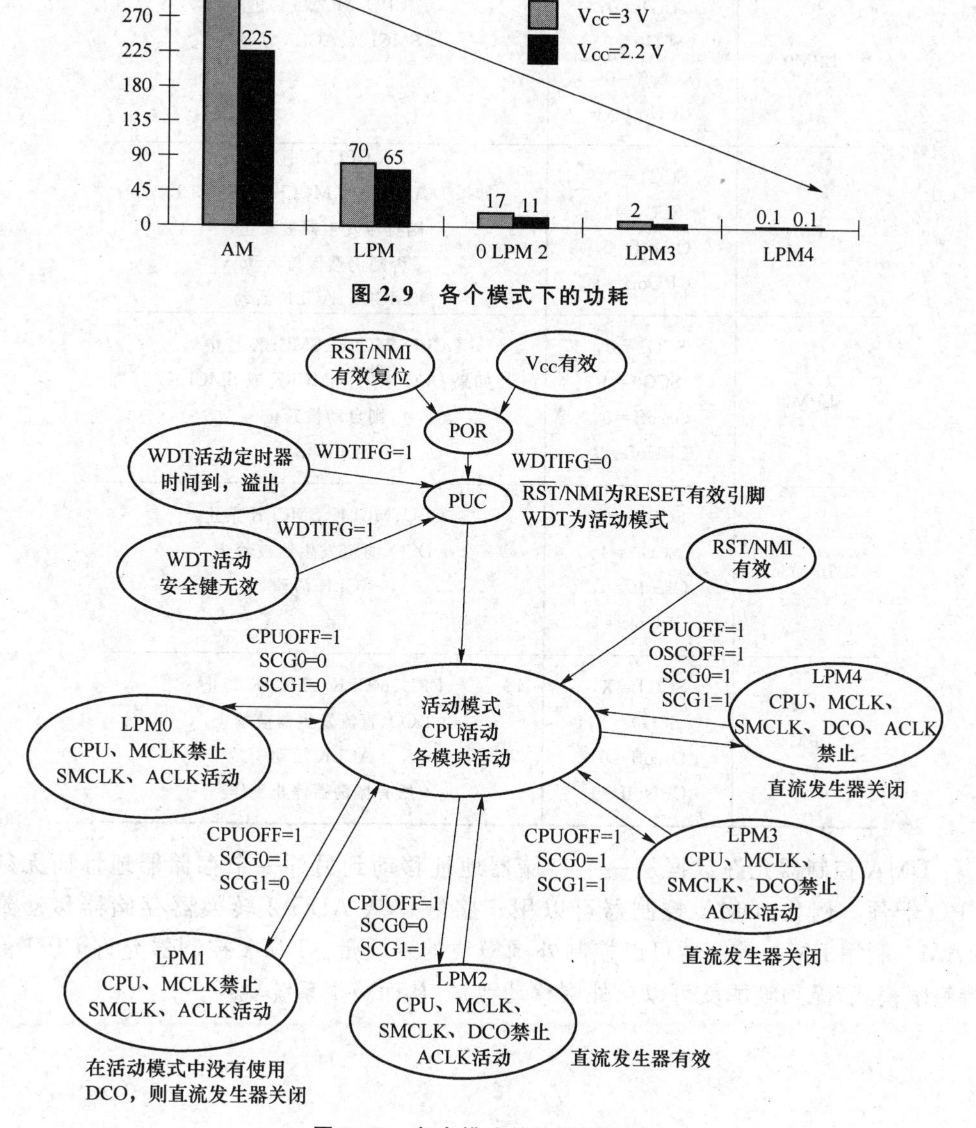

图 2.9 各个模式下的功耗

图 2.10 各个模式的结构示意图

各个工作模式、各控制位及时钟的状态如表2.4所列。

表2.4 各个工作模式、各控制位及时钟的状态

工作模式	控制位	CPU状态、振荡器及时钟状态
AM	SCG1=0, SCG0=0 Oscoff=0, CPUoff=0	CPU、MCLK、SMCLK、ACLK 均处于活动状态
LPM0	SCG1=0, SCG0=0 Oscoff=0, CPUoff=1	CPU、MCLK禁止 SMCLK、ACLK活动
LPM1	SCG1=0, SCG0=1 Oscoff=0, CPUoff=1	CPU禁止 如果DCO未用作MCLK或SMCLK, 则直流发生器被禁止, 否则仍然保持活动 SMCLK、ACLK活动
LPM2	SCG1=0, SCG0=1 Oscoff=0, CPUoff=1	CPU、MCLK、SMCLK禁止 如果DCO未用作MCLK或SMCLK, 则自动被禁止 ACLK活动
LPM3	SCG1=1, SCG0=1 Oscoff=0, CPUoff=1	CPU、MCLK、SMCLK禁止 DCO、直流发生器被禁止 ACLK活动
LPM4	SCG1=X, SCG0=X Oscoff=0, CPUoff=1	CPU、MCLK、SMCLK禁止 DCO、直流发生器被禁止 ACLK活动 所有振荡器停止工作

DMA控制器允许数据从一个存储器地址移动到另外一个存储器地址而无须CPU干预。例如,DMA控制器可以用于将数据从ADC12转换器存储器移动到RAM。利用DMA控制器可以控制外围模块的吞吐量。DMA控制器允许CPU保持睡眠模式,无须唤醒就可以从外围移动数据,从而减少系统功耗。

第3章 CC430无线收发器

3.1 CC1101 射频收发器

CC1101 是一款 Sub-1GHz 高性能射频收发器，设计旨在用于超低功耗射频应用，其主要针对工业、科研和医疗(ISM)以及 300～348 MHz、387～464 MHz 和 779～928 MHz 频带的短距离无线通信设备(SRD)。CC1101 特别适合用于那些针对中国 387～464MHz 和日本 ARIBSTD-T96 标准的短距离通信设备的无线应用。CC1101 在代码、封装和外引脚方面均与 CC1100 的 RF 收发器兼容。CC1100E、CC1101 以及 CC1100 均支持互补频带，可用于全球最为常用的开放式低于 1 GHz 频率的 RF 设计：

CC1100E：470～510 MHz 和 950～960 MHz；

CC1101：300～348 MHz，387～464 MHz 和 779～928 MHz；

CC1100：300～348 MHz，400～464 MHz 和 800～928 MHz。

CC1101 的 RF 收发器与一个高度可匹配的基带调制解调器集成到一起。该调制解调器支持各种调制方式，并且拥有高达 500 kBaud 的可配置数据速率。

CC1101 可提供对数据包处理、数据缓存、突发传输、空闲信道评估、链路质量指示以及无线唤醒的广泛硬件支持。

用户可以通过一个 SPI 接口控制 CC1101 的主要运行参数和 64 B 发送/接收 FIFO，也可以通过由 CC1101 构成的 USB Dongle 对环境中的无线信号进行监测。在典型系统中，CC1101 可与 TI 的 MSP430 超低功耗 MCU 等微控制器配合使用，还支持一些额外的无源组件。丰富的数字特性有助于加快开发进程，降低 MCU 的压力，即便在高数据传输率的要求下也游刃有余。

3.2 CC1101 结构原理与寄存器

CC1101 具有一个低功耗 IF 接收机。低噪声放大器(LAN)将收到的 RF 信号放大，并在求积分(I 和 Q)过程中降压转换至中频(IF)。在 IF 下，I/Q 信号被 ADC 数字化。自动增益控制(AGC)、精确信道滤波和调制解调位/数据包同步均以数字方式完成，基于 CC1101 射频模块的简化框图如图 3.1 所示。

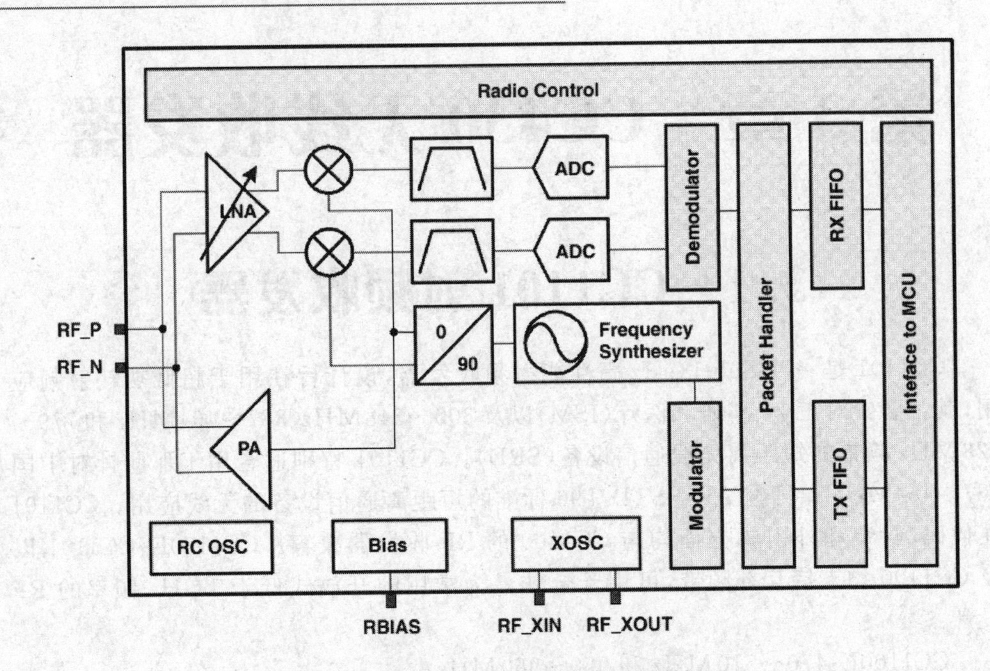

图 3.1　基于 CC1101 射频模块的简化框图

CC1101 的发送器部分基于 RF 频率直接合成。频率合成器包括一个完全片上 LCVCO 和一个 90°相位转换器，以在接收模式下向降压转换混频器生成 I 和 QLO 信号。

将一个晶体连接至 XOSC_Q1 和 XOSC_Q2。晶体振荡器产生合成器的参考频率，以及 ADC 和数字部件的时钟。

一个 4 线 SPI 串行接口用于配置和数据缓冲器存取。数字基带包括对信道配置、数据包处理以及数据缓冲的支持。

3.3　CC1101 与微控制器接口

在一个普通典型的系统中，用户也可以采用独立的 CC1101 射频芯片，该芯片与一个微控制器相连接，通常为 MSP430 系列单片机。该微控制器一般需满足下列条件，能将 CC1101 编程至不同的模式：

(1) 读取、写入缓冲数据；

(2) 通过 4 线 SPI 总线配置接口(SI、SO、SCLK 和 CSn)回读状态信息。

微控制器使用了 4 个引脚用于 SPI 配置接口(SI、SO、SCLK 和 CSn)的 I/O 引脚。CC1101 具有两个专用的可配置引脚(GDO0 和 GDO2)和一个共用引脚(GDO1)，该共用引脚能输出对控制软件有用的内部状态信息。这些引脚可用来对 MCU 产生中断。

GDO1与SPI接口的SO引脚共用一个引脚，因此GDO1/SO的默认设置为3状态输出。通过选择任意其他的编程选项，GDO1/SO引脚将变成为一般引脚。当CSn为低电平时，此引脚的功能将始终与一般SO引脚一样。在同步和异步串行模式下，处于发送模式时，GDO0引脚被用作串行TX数据输入引脚。

GDO引脚还可以用作片上模拟温度传感器，通过使用外部ADC测量GDO0引脚的电压便可计算出温度。在默认的PTEST寄存器设置为(0x7E)情况下，只有频率合成器被开启，该温度传感器输出才算有效。要在IDLE状态下使用该温度传感器，就必须向PIEST寄存器写入0xBF。退出IDLE状态以前，PTEST寄存器应被存储为默认值(0x7F)。

通过重复使用SPI接口，SI、SO、SCLK和CSn，CC1101实现了一种可选的无线控制方式。这个特性允许对无线电设备主要状态进行简单的3引脚控制：SLEEP、I-DLE、RX、和TX。利用MCSM0. PIN_CTRL_EN配置位即可激活这种可选功能。状态变化控制为：

(1)如果CSn为高电平，则根据表3.1将SI和SCLK设置为理想状态；

(2)当CSn为低电平时，SI和SCLK的状态被闭锁，并根据引脚配置内部产生一条指令选通脉冲。

表3.1 可选引脚控制编码

CSn	SCLK	SI	功 能
1	×	×	不受SCLK/SPI影响的芯片
↓	0	0	产生SPWD选通脉冲
↓	0	1	产生STX选通脉冲
↓	1	0	产生SIDLE选通脉冲
↓	1	1	产生SRX选通脉冲
0	SPI模式	SPI模式	SPI模式(处于SLEEP/XOFF下时，则唤醒进入IDLE状态)

只能用后者功能来改变状态。这就是说，如果SI和SCLK设置为RX且CSn电平固定，则RX不会被重新启动；当CSn为低电平时，SI和SCLK为一般的SPI功能。

所有引脚控制指令选通脉冲均被立即执行，但SPWD选通脉冲除外。SPWD选通脉冲一直延迟到CSn变为高电平为止。

采用CC430系列微控制器后，则可以最大程度简化系统的设计复杂性，电路板的尺寸也可以最小化。

第2篇　基础篇

本篇共4章。在前面介绍篇的基础上，本篇主要是介绍CC430单片机的基础应用，分别从常用工具及器件、CC430片内外设以及无线RF内核3个方面来说明。在模块说明中附有相关寄存器配置，以及完整的程序说明，经过本篇的学习，读者可以在学习中更灵活的运用C语言进行单片机系统的编程，进一步为后续应用篇打好基础。

- 编程及调试平台介绍
- 常用电子元器件应用
- 内部资源介绍
- 无线RF内核

第4章 编程及调试平台介绍

4.1 CC430 集成开发调试环境

CC430 的调试环境同 MSP430 一样，采用 IAR Embedded Workbench 调试编译环境。IAR Embedded Workbench（简称 EW）的 C/C++交叉编译器和调试器是当今世界上最完整的和最容易使用的专业嵌入式应用开发工具，由全球领先的嵌入式系统开发工具和服务的供应商 IAR Systems 提供。EW 对不同的微处理器提供一样的直观用户界面，EW 已经能支持 35 种以上 8 位、16 位、32 位 ARM 微控制器结构。IAREW 的主要特点如下：

- 高度优化的 IAR ARM C/C++ Compiler；
- IAR ARM Assembler；
- 一个通用的 IAR XLINK Linker；
- IAR XAR 和 XLIB 建库程序和 IAR DLIB C/C++运行库；
- 功能强大的编辑器；
- 项目管理器；
- 命令行实用程序；
- IAR C-SPY 调试器（先进的高级语言调试器）。

4.2 EW430 的项目组织

用户在开发过程中会有不同的需求，而 EW430 的项目管理模式可以满足不同的需求，允许设计者以树状体系结构组织项目，从而可以清晰表现文件之间的隶属关系。

在开发简单项目的的应用中，用户对于某种目标硬件可能创建 Debug（调试）和 Release（发行）两个目标版本。这两个目标版本共同包含项目核心源文件的公共组（common），每一个目标版本还包含一个单独的组，用来存放专用于该目标版本的源文件。

- I/O routine 隶属于 Release 版，包含发行代码的输入/输出程序源文件。
- I/O stubs 隶属于 Debug 版，包含输入/输出短程序，提供 C-SPY 调试。

4.3 IAR 设置与调试

IAR-EW430是一个方便快捷的集成开发环境，通过相应的环境设置，用户可以高效的对项目进行建立、编辑、编译、链接和调试。对于其安装方法在此就不再赘述。EW是按项目进行管理的，它提供了应用程序和库程序的项目模板。项目下面可以分级或分类管理源文件。允许为每个项目定义一个或多个编译链接（build）配置。在生成新项目之前，必须建立一个新的工作区（Workspace）。一个工作区中允许存放一个或多个项目，另外，用户最好建立一个专用的目录存放自己的项目文件。

双击桌面上的IAR Embedded Workbench图标，出现IAR EWARM开发环境窗口。具体的操作步骤如下：

1. 运行IAR EmbededWorkbench（见图4.1）

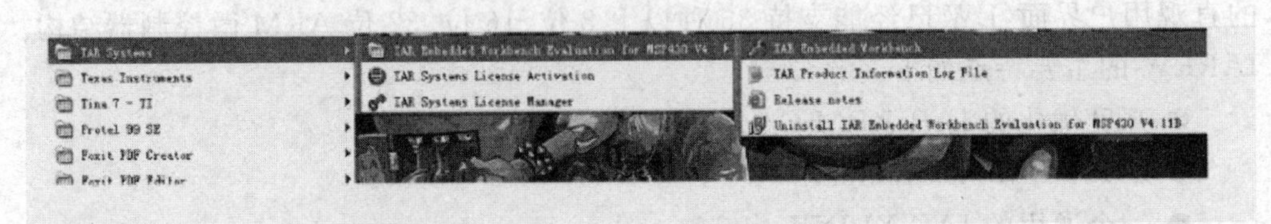

图4.1 运行IAR EmbededWorkbench

2. Project 的建立

（1）选择主菜单的File→New→Workspace命令，然后开启一个空白工作区窗口，如图4.2所示。

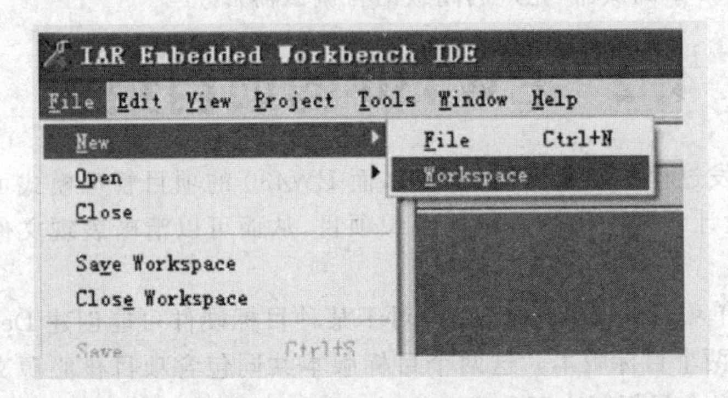

图4.2 添加新的工作区

（2）选择主菜单的Project→Create New Project命令，如图4.3所示。

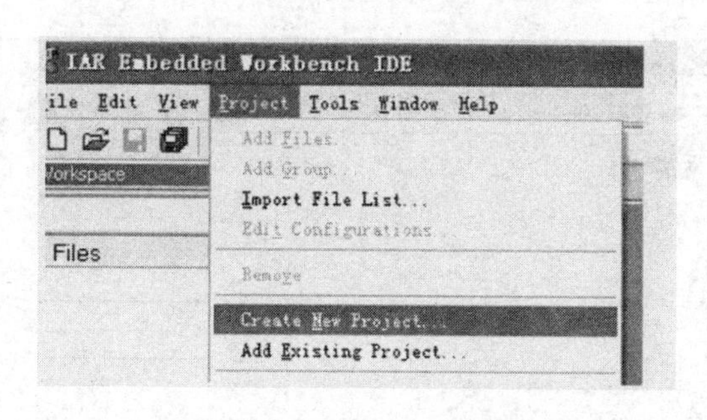

图 4.3　在新工作区添加项目

在弹出生成新项目窗口中，选择 Empty project 后，单击 OK 按钮，如图 4.4 所示。

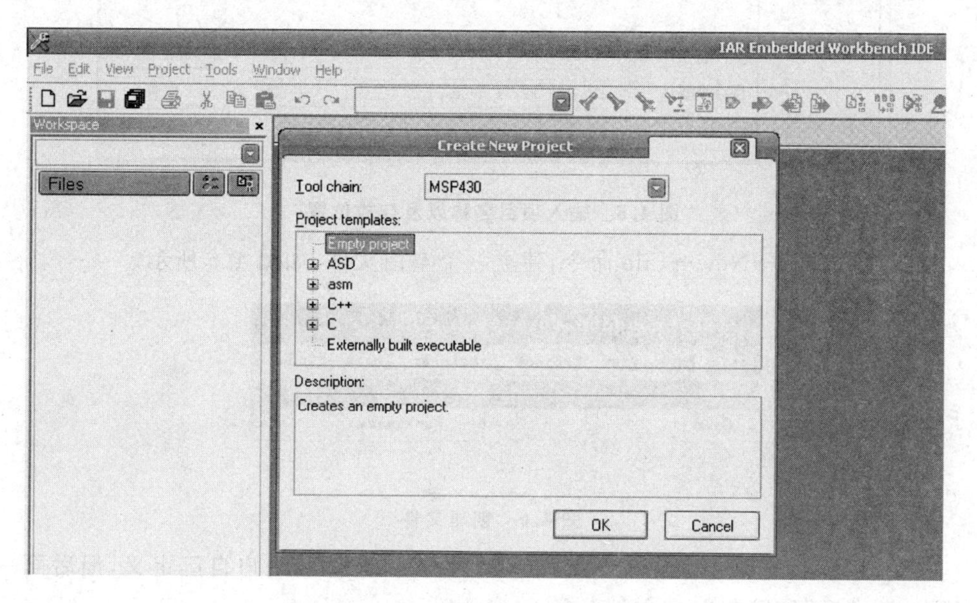

图 4.4　在新工作区创建项目

选择保存路径后，单击保存按钮，如图 4.5 所示。

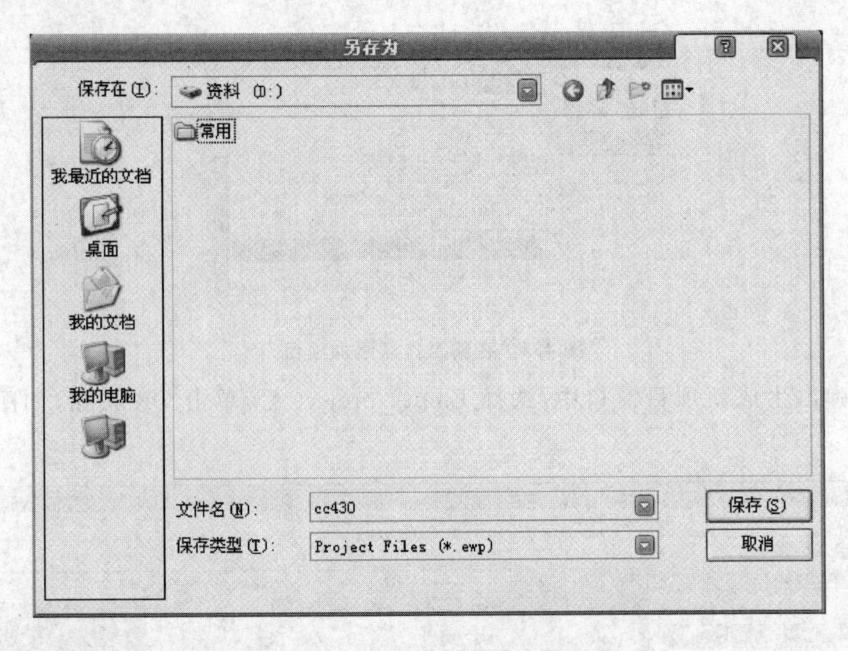

图 4.5 输入项目名称以及存放位置

(3) 选择 File→New→File 命令,建立一个空白文件,如图 4.6 所示。

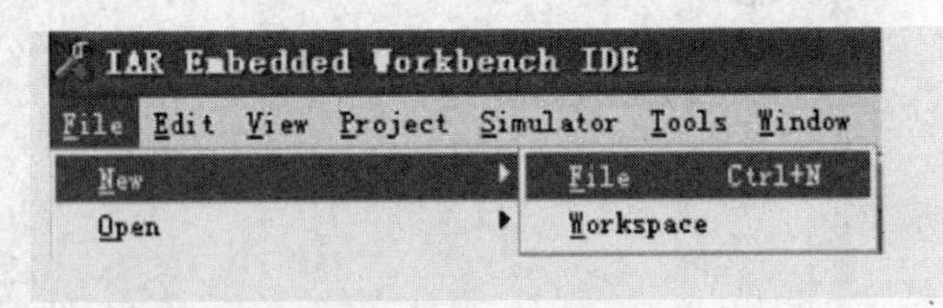

图 4.6 创建文件

写好代码后,选择主菜单的 File→Save 命令 。文件名用户自已定义,但后面一定要加 ".c"反缀,保存为 C 文件。

右击工程名,使用 Add→Add Files 命令,将写好的程序添加进去。

第5章 常用电子元器件应用

电子电路由元器件组成,常用的元器件有电阻器、电容器、电感器和各种半导体器件(如二极管、三极管)等。因此电子系统的设计人员必须对这些元器件的结构、功能、主要参数、性能和使用方法深入了解和熟练掌握。在工业控制、智能仪器、家用电器等领域,单片机应用系统需要配接数码管、显示器、键盘等外接器件,所以本章简要对一些电子元器件的有关知识加以简要介绍,便于读者查阅。

5.1 电阻器、电容器、电感器

5.1.1 电阻器

电阻器(简称电阻)在电路中常用R加数字表示,是电路元件中应用最广泛的一种。它的主要应用有分流、限流、分压、偏置、滤波(与电容器组合使用)、阻抗匹配利用热敏电阻测温控温等。电阻器在电子设备中占元器件的30%以上,其质量的好坏对电路工作的稳定性有很大的影响。常用电阻器的外形和图形符号如图5.1所示。

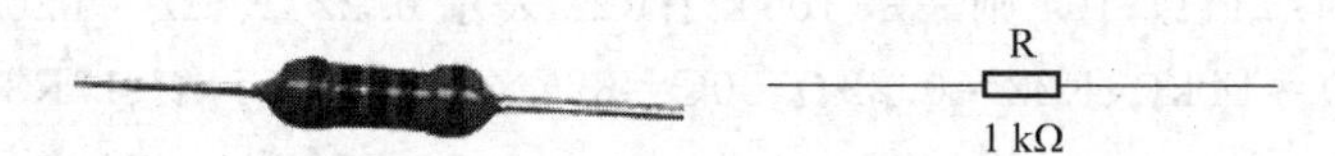

图5.1 常用电阻器的外形及其图形符号

1. 电阻器的分类

电阻器按结构可分为固定式和可调式两大类。固定式电阻器一般称为“电阻”。可调式电阻可分为滑线式变阻器和电位器。其中应用广泛的是电位器。电位器是一种具有3个接头的可调电阻器,其阻值在一定范围内可调。

固定式电阻器即电阻,按其制作材料和工艺的不同,可分为以下几类:

(1) 线绕电阻器:通用线绕电阻器、精密线绕电阻器、大功率线绕电阻器、高频线绕电阻器。

(2) 薄膜电阻器:碳膜电阻器、合成碳膜电阻器、金属膜电阻器、金属氧化膜电阻器、化学沉积膜电阻器、玻璃釉膜电阻器、金属氮化膜电阻器。

(3) 实心电阻器:无机合成实心碳质电阻器、有机合成实心碳质电阻器。

(4) 敏感电阻器:压敏电阻器、热敏电阻器、光敏电阻器、力敏电阻器、气敏电阻器、湿敏电阻器。

电位器是一种机电元件,靠电刷在电阻体上的滑动,取得与电刷位移成一定关系的输出电压。按照其制作材料的不同可以分为以下几类:合成碳膜电位器、有机实心电位器、绕线电位器、金属膜电位器、导电塑料电位器等。

2. 电阻器的型号命名方法

国产电阻器的型号由4部分组成(不适用敏感电阻):

第一部分:主称,用字母表示,表示产品的名字,如R表示电阻,W表示电位器。

第二部分:材料,用字母表示,表示电阻体用什么材料组成,T－碳膜、H－合成碳膜、S－有机实心、N－无机实心、J－金属膜、Y－氮化膜、C－沉积膜、I－玻璃釉膜、X－线绕。

第三部分:分类,一般用数字表示,个别类型用字母表示,表示产品属于什么类型,1－普通、2－普通、3－超高频、4－高阻、5－高温、6－ 精密、7－精密、8－高压、9－特殊、G－高功率、T－可调。

第四部分:序号,用数字表示,表示同类产品中不同品种,以区分产品的外型尺寸和性能指标等,例如:RT11型普通碳膜电阻a1。

3. 电阻器阻值标示方法

(1) 直标法是将电阻器的标称值用数字和文字符号直接标在电阻体上,其允许偏差用百分数表示,未标偏差值的即为±20%。

(2) 数码标示法主要用于贴片等小体积电路,在3位数码中,从左至右第1,2位数表示有效数字,第3位表示10的倍幂或者用R表示(R表示0.),如:472表示47×10^2 Ω(即4.7kΩ);104则表示100kΩ;R22表示0.22Ω、122＝1200Ω＝1.2kΩ、1402＝14000Ω＝14kΩ、R22＝0.22Ω、50C＝324×100＝32.4kΩ、17R8＝17.8Ω、000＝0Ω、0＝0Ω。

(3) 色环标注法使用最多,普通的色环电阻器用4环表示,精密电阻器用5环表示,紧靠电阻体一端头的色环为第一环,露着电阻体本色较多的另一端头为末环。

现举例如下:

如果色环电阻器用4环表示,前面两位数字是有效数字,第3位是10的倍幂,第四环是色环电阻器的误差范围,见图5.2。

如果色环电阻器用5环表示,前面3位数字是有效数字,第四位是10的倍幂,第五环是色环电阻器的误差范围,见图5.3。

(4) SMT精密电阻的表示法,通常也是用3位标示。一般用2位数字和1位字母表示,两个数字是有效数字,字母表示10的倍幂,但是要根据实际情况到精密电阻查询表里出查找。

4. 电阻器的功能

电阻器的主要职能是阻碍电流流过,应用于限流、分流、降压、分压、负载与电容配合作滤波器及阻匹配等。数字电路中的功能有上拉电阻和下拉电阻。

一般情况下电阻在电路中有两种接法:串联接法和并联接法。

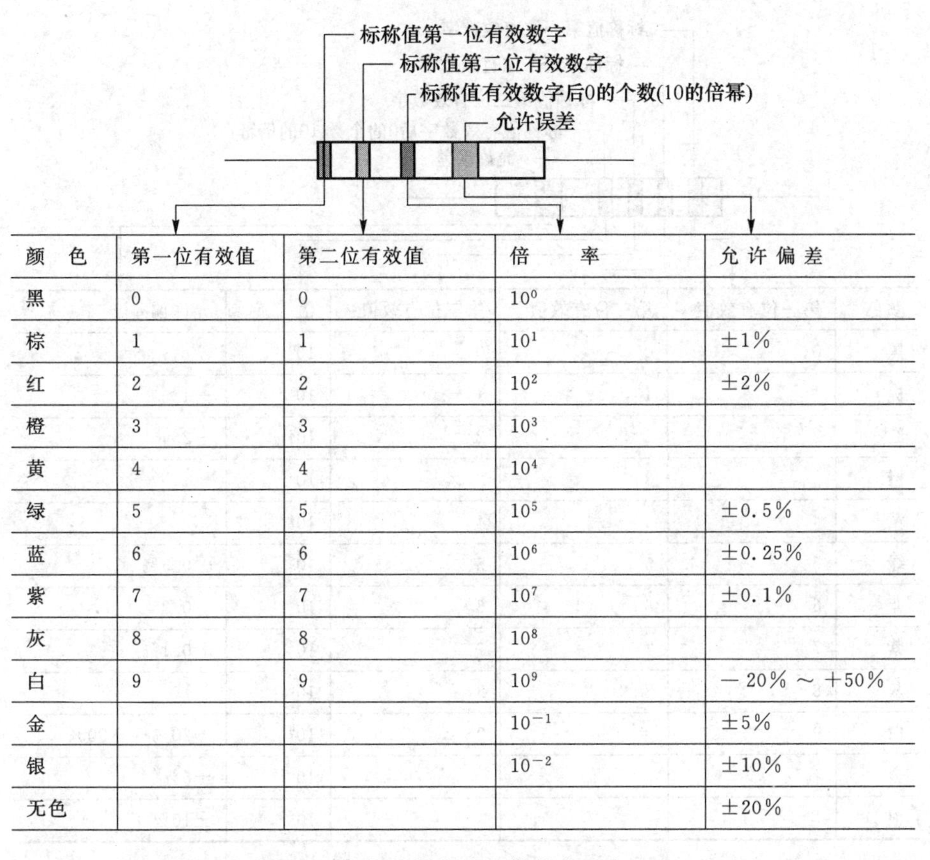

颜　色	第一位有效值	第二位有效值	倍　　率	允许偏差
黑	0	0	10^0	
棕	1	1	10^1	±1%
红	2	2	10^2	±2%
橙	3	3	10^3	
黄	4	4	10^4	
绿	5	5	10^5	±0.5%
蓝	6	6	10^6	±0.25%
紫	7	7	10^7	±0.1%
灰	8	8	10^8	
白	9	9	10^9	－20%～＋50%
金			10^{-1}	±5%
银			10^{-2}	±10%
无色				±20%

图5.2　两位有效数字阻值的色环表示法

多个电阻的串并联的计算方法：

串联：R总串＝R1＋R2＋R3＋……＋Rn

并联：1/R总并＝1/R＋2/R＋3/R……＋1/Rn

5. 主要性能参数

(1) 标称阻值：电阻器上面所标示的阻值。

(2) 允许误差：标称阻值与实际阻值的差值跟标称阻值之比的百分数称阻值偏差，它表示电阻器的精度。允许误差与精度等级对应关系如下：±0.5%－0.05、±1%－0.1(或00)、±2%－0.2(或0)、±5%－Ⅰ级、±10%－Ⅱ级、±20%－Ⅲ级。

(3) 额定功率：在正常的大气压力90～106.6kPa及环境温度为－55～＋70℃的条件下，电阻器长期工作所允许耗散的最大功率。线绕电阻器额定功率系列为(W)：1/20、1/8、1/4、1/2、1、2、4、8、10、16、25、40、50、75、100、150、250、500，非线绕电阻器额定功率系列为(W)：1/20、1/8、1/4、1/2、1、2、5、10、25、50、100。

(4) 额定电压：由阻值和额定功率换算出的电压。

(5) 最高工作电压：允许的最大连续工作电压。在低气压工作时，最高工作电压

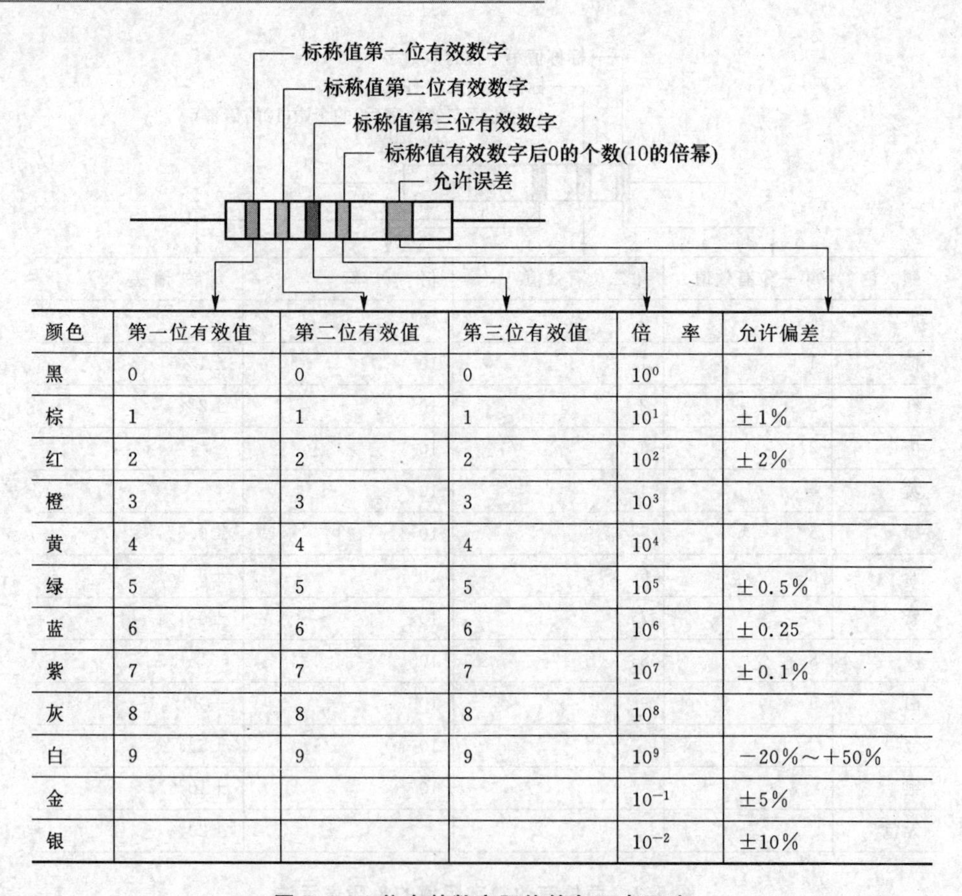

颜色	第一位有效值	第二位有效值	第三位有效值	倍　率	允许偏差
黑	0	0	0	10^0	
棕	1	1	1	10^1	±1%
红	2	2	2	10^2	±2%
橙	3	3	3	10^3	
黄	4	4	4	10^4	
绿	5	5	5	10^5	±0.5%
蓝	6	6	6	10^6	±0.25
紫	7	7	7	10^7	±0.1%
灰	8	8	8	10^8	
白	9	9	9	10^9	−20%～+50%
金				10^{-1}	±5%
银				10^{-2}	±10%

图 5.3　3 位有效数字阻值的色环表示法

较低。

(6) 温度系数：温度每变化 1℃所引起的电阻值的相对变化。温度系数越小，电阻的稳定性越好。阻值随温度升高而增大的为正温度系数，反之为负温度系数。

(7) 老化系数：电阻器在额定功率长期负荷下，阻值相对变化的百分数，它是表示电阻器寿命长短的参数。

(8) 电压系数：在规定的电压范围内，电压每变化 1 V，电阻器的相对变化量。

(9) 噪声：产生于电阻器中的一种不规则的电压起伏，包括热噪声和电流噪声两部分，热噪声是由于导体内部不规则的电子自由运动使导体任意两点的电压不规则变化。

5.1.2　电容器

电容器(电容)是衡量导体储存电荷能力的物理量。在电路中常用 C 加数字表示，如：C5 表示编号为 5 的电容。它是一种储能元件，在电路中用于调谐，滤波，耦合，旁路，能量转换和延时等。常见的单位有：毫法(mF)、微法(μF)、纳法(nF)、皮法

(pF);单位换算是:1 F=103 mF=106 μF=109 nF=1012 pF;1 pF=10^{-3} nF=10^{-6} μF=10^{-9} mF=10^{-12} F。

常用的外形及符号如图5.4所示。

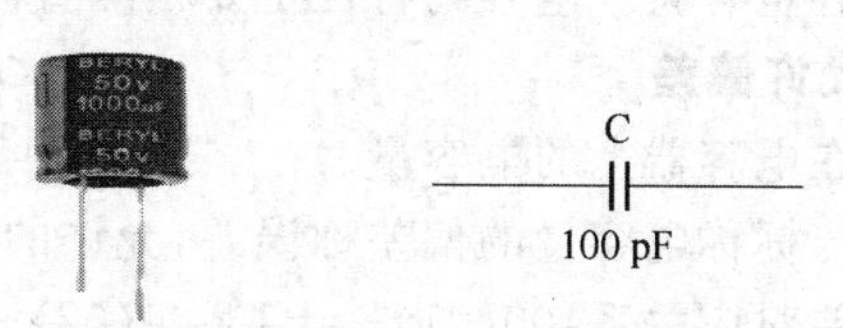

图5.4 常用电容器的外形及图形符号

国产电容器的型号一般由4部分组成(不适用于压敏、可变、真空电容器),依次分别代表名称、材料、分类和序号。

第一部分:名称,用字母表示,电容器用C。

第二部分:材料,用字母表示。

第三部分:分类,一般用数字表示,个别用字母表示。

第四部分:序号,用数字表示。

用字母表示产品的材料:A—钽电解、B—聚苯乙烯等非极性薄膜、C—高频陶瓷、D—铝电解、E—其他材料电解、G—合金电解、H—复合介质、I—玻璃釉、J—金属化纸、L—涤纶等极性有机薄膜、N—铌电解、O—玻璃膜、Q—漆膜、T—低频陶瓷、V—云母纸、Y—云母、Z—纸介。

1. 电容的分类

(1) 按照结构分三大类:固定电容器、可变电容器和微调电容器;

(2) 按电解质分类有:有机介质电容器、无机介质电容器、电解电容器和空气介质电容器等;

(3) 按用途分有:高频旁路、低频旁路、滤波、调谐、高频耦合、低频耦合、小型电容器;

- 高频旁路:陶瓷电容器、云母电容器、玻璃膜电容器、涤纶电容器、玻璃釉电容器;
- 低频旁路:纸介电容器、陶瓷电容器、铝电解电容器、涤纶电容器;
- 滤波:铝电解电容器、纸介电容器、复合纸介电容器、液体钽电容器;
- 调谐:陶瓷电容器、云母电容器、玻璃膜电容器、聚苯乙烯电容器;
- 高频耦合:陶瓷电容器、云母电容器、聚苯乙烯电容器;
- 低频耦合:纸介电容器、陶瓷电容器、铝电解电容器、涤纶电容器、固体钽电容器;
- 小型电容:金属化纸介电容器、陶瓷电容器、铝电解电容器、聚苯乙烯电容器、固体钽电容器、玻璃釉电容器、金属化涤纶电容器、聚丙烯电容器、云母电容器。

2. 电容的特性与特性参数

电容器的容量表示能储存电能的大小，电容对交流信号的阻碍作用称为容抗，它与交流信号的频率和电容量有关。电容的特性主要是隔直流通交流，通低频阻高频。

(1) 标称电容量和允许偏差

标称电容量是标志在电容器上的电容量。

电容器实际电容量与标称电容量的偏差称误差，允许的偏差范围称为精度。

精度等级与允许误差对应关系：00(01)—±1%、0(02)—±2%、Ⅰ—±5%、Ⅱ—±10%、Ⅲ—±20%、Ⅳ—(+20%～10%)、Ⅴ—(+50%～20%)、Ⅵ—(+50%～30%)，一般电容器常用Ⅰ、Ⅱ、Ⅲ级，电解电容器使用Ⅳ、Ⅴ、Ⅵ级，根据用途选取。

(2) 额定电压

额定电压是在最低环境温度和额定环境温度下可连续加在电容器上的最高直流电压有效值，一般直接标注在电容器外壳上。工作电压超过电容器的耐压时，电容器击穿，造成不可修复的永久损坏。

(3) 绝缘电阻

直流电压加在电容上，并产生漏电电流，电压与电流两者之比称为绝缘电阻。

当电容较小时，主要取决于电容的表面状态，容量>0.1 μF时，主要取决于介质的性能，绝缘电阻越大越好。

电容的时间常数：为恰当的评价大容量电容的绝缘情况而引入了时间常数，它等于电容的绝缘电阻与容量的乘积。

(4) 损耗

电容在电场作用下，单位时间内因发热所消耗的能量叫做损耗。各类电容都规定了其在某频率范围内的损耗允许值，电容的损耗主要由介质损耗，电导损耗和电容所有金属部分的电阻所引起。

在直流电场的作用下，电容器的损耗以漏导损耗的形式存在，一般较小，在交变电场的作用下，电容的损耗不仅与漏导有关，而且与周期性的极化建立过程有关。

(5) 频率特性

随着频率的上升，一般电容器的电容量呈现下降的规律。

3. 电容容量标示

(1) 直标法

用数字和单位符号直接标出，如01 μF表示0.01 μF，有些电容用“R”表示小数点，如R56表示0.56 μF。

(2) 文字符号法

用数字和文字符号有规律的组合来表示容量，如p10表示0.1 pF，1p0表示1 pF，6P8表示6.8 pF，2μ2表示2.2 μF。

(3) 色标法

用色环或色点表示电容器的主要参数，电容器的色标法与电阻相同。电容器偏差标志符号：+100%−0——H、+100%−10%——R、+50%−10%——T、+30%−10%——Q、+50%−20%——S、+80%−20%——Z。

4. 电容的应用

电容就是一个水桶。水桶储存水能，电容储存电能。储存电能是电容的基本功能。电容用在不同的电路中，其储存电能的基本功能表现为滤波、补偿、旁路、耦合、去耦、退耦等不同的作用。

滤波利用的是直流暂态下电源内阻较小充电较快、负载电阻较大放电较慢的原理，补偿利用的是交流稳态下电容存放电与电感存放电互补能减少无功的原理，旁路利用的是交直流稳态下电容值较大容抗较小的原理，耦合利用的是交直流稳态下电容对交流电阻抗较小对直流电阻抗无穷大的原理，去耦、退耦利用的也是电容储存电能的原理消除负载及导线等对电源电压的影响。

5.1.3　电感器

电感器在电路中常用 L 加数字表示，如：L6 表示编号为 6 的电感器。电感绕组是将绝缘的导线在绝缘的骨架上绕一定的圈数制成。国际标准单位有：H(亨利)，mH(毫亨)，μH(微亨)，nH(纳亨)；单位换算是：1 H $=10^3$ mH $=10^6$ μH $=10^9$ nH；1 nH $=10^{-3}$ μH $=10^{-6}$ mH $=10^{-9}$ H。常用的电感符号如图 5.5 所示。

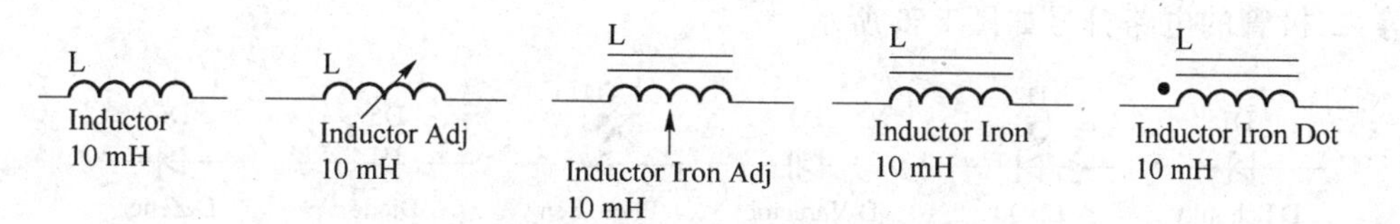

图 5.5　常用电感符号

1. 电感的分类

a. 按导磁体性质分类：空芯绕组、铁氧体绕组、铁芯绕组、铜芯绕组。

b. 按工作性质分类：天线绕组、振荡绕组、扼流绕组、陷波绕组、偏转。

c. 按绕线结构分类：单层绕组、多层绕组、蜂房式绕组。

d. 按电感形式分类：固定电感绕组、可变电感绕组。

2. 电感的特性与用途

电感的作用一是储能，二是通直流阻交流。利用电感的储能特性，可以与电容组成谐振电路；利用电感通直流阻交流特性，可以作为限流电感器、整流电路滤波器、带通滤波器等。

5.2 二极管、三极管、场效应管

二极管、三极管、场效应管是组成分立式器件电子电路的核心器件。二极管具有单向导电性,可用于整流、检波、稳压、混频电路中。三极管和场效应管具有放大作用和开关作用。这些器件的外壳上都印有规格和型号。

5.2.1 二极管

二极管的英文缩写为:D (Diode),在电路中常用“D”加数字表示,如:D5 表示编号为5的半导体二极管。二极管的基本特性是单向导电性(注:硅管的导通电压为0.6～0.8V;锗管的导通电压为0.2～0.3V),而工程分析时通常采用的是0.7V。在正向电压的作用下,导通电阻很小;而在反向电压作用下导通电阻极大或无穷大。半导体二极管可分为整流、检波、发光、光电、变容等作用。

1. 半导体二极管的分类

半导体二极管分类如下:

(1) 按材质分:硅二极管和锗二极管;

(2) 按用途分:整流二极管、检波二极管、稳压二极管、发光二极管、光电二极管等,二极管的电路符号如图5.6所示。

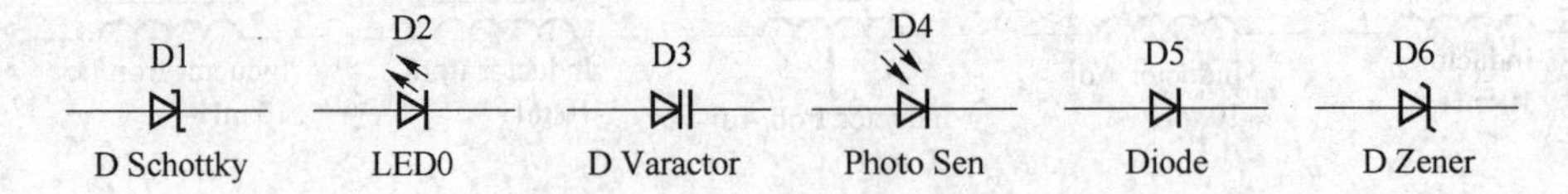

图5.6 二极管电气连接符号

2. 二极管导通电压

(1) 硅二极管在两极加上电压,并且电压大于0.6V时才能导通,导通后电压保持在0.6～0.8V之间。

(2) 锗二极管在两极加上电压,并且电压大于0.2V时才能导通,导通后电压保持在0.2～0.3V之间。

3. 变容二极管

变容二极管是根据普通二极管内部“PN结”的结电容随外加反向电压的变化而变化这一原理专门设计出来的一种特殊二极管。变容二极管在无绳电话机中主要用在手机或座机的高频调制电路上,实现低频信号调制到高频信号上,并发射出去。在工作状态,变容二极管调制电压一般加到负极上,使变容二极管的内部结电容容量随调制电压的变化而变化。

变容二极管发生故障,主要表现为漏电或性能变差:

(1) 发生漏电现象时，高频调制电路将不工作或调制性能变差。

(2) 变容性能变差时，高频调制电路的工作不稳定，使调制后的高频信号发送到对方被对方接收后产生失真。出现上述情况之一时，就应该更换同型号的变容二极管。

4. 稳压二极管

(1) 稳压二极管的稳压原理：稳压二极管的特点就是击穿后，其两端的电压基本保持不变。这样，当把稳压管接入电路以后，若由于电源电压发生波动，或其他原因造成电路中各点电压变动时，负载两端的电压将基本保持不变。

(2) 故障特点：稳压二极管的故障主要表现在开路、短路和稳压值不稳定。在这 3 种故障中，前一种故障表现出电源电压升高；后两种故障表现为电源电压变低到零伏或输出不稳定。

(3) 常用稳压二极管的型号及稳压值如下：

型号	1N4728	1N4729	1N4730	1N4732	1N4733	1N4734	1N4735	1N4744	1N4750	1N4751	1N4761
稳压值/V	3.3	3.6	3.9	4.7	5.1	5.6	6.2	15	27	30	75

5. 二极管伏安特性

通过二极管的电流 I 与其两端电压 U 的关系曲线为二极管的伏安特性曲线，见图 5.7。

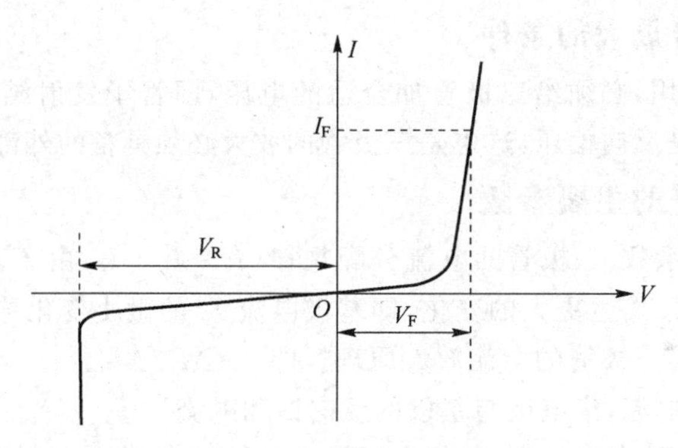

图 5.7　二极管特性曲线图

5.2.2　三极管

半导体三极管在电路中常用“Q”加数字表示，如：Q17 表示编号为 17 的三极管，各种三极管实物图如图 5.8 所示。

1. 半导体三极管特点

半导体三极管(简称晶体管)是内部含有两个 PN 结，并且具有放大能力的特殊器件。它分 NPN 型和 PNP 型两种类型，这两种类型的三极管从工作特性上可互相

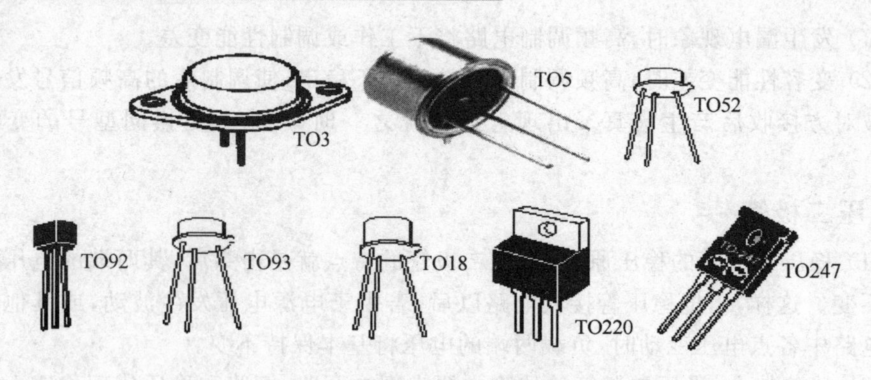

图 5.8　常见三极管的封装形式

弥补，OTL电路中的对管就是由PNP型和NPN型配对使用的。

半导体三极管按材料可分硅管和锗管两种，我国目前生产的硅管多为NPN型，锗管多为PNP型。三极管的电路符号如图5.9所示。

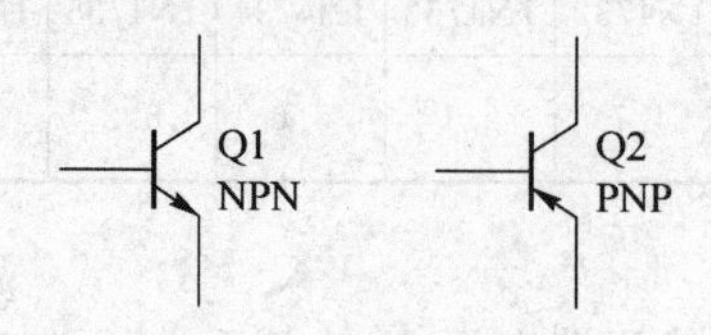

图 5.9　三极管电气符号

2. 半导体三极管放大的条件

要实现放大作用，必须给三极管加合适的电压，即管子发射结必须具备正向偏压，而集电极必须是反向偏压，这也是三极管的放大必须具备的外部条件。

3. 半导体三极管的主要参数

(1) 电流放大系数：三极管的电流分配规律：$I_e = I_b + I_c$，由于基极电流 I_b 的变化，使集电极电流 I_c 发生更大的变化，即基极电流 I_b 的微小变化控制了集电极电流的较大变化，这就是三极管的电流放大原理。即 $\beta = \Delta I_c / \Delta I_b$。

(2) 极间反向电流，集电极与基极的反向饱和电流。

(3) 极限参数：反向击穿电压，集电极最大允许电流、集电极最大允许功率损耗。

4. 半导体三极管3种工作状态

半导体三极管具有3种工作状态，放大、饱和和截止，在模拟电路中一般使用放大作用。饱和和截止状态一般合用在数字电路中。

(1) 半导体三极管的3种基本放大电路。

	共射极放大电路	共集电极放大电路	共基极放大电路
电路形式	U_{CC} R_b R_c C_1 C_2 T R_S u_S u_i u_o R_L	U_{CC} R_b C_1 T C_2 R_S u_s u_i R_e R_L u_o	U_{CC} R_{b1} R_c C_1 C_L R_S u_s u_i R_e R_{b2} C_3 R_L u_o
直流通道	U_{CC} R_b R_c T	U_{CC} R_b T R_e	U_{CC} R_{b1} R_c T R_{b2} R_e
静态工作点	$I_B=\frac{U_{cc}}{R_b}$ $I_C=\beta I_B$ $U_{CE}=U_{CC}-I_eR_e$	$I_B=\frac{U_{CC}}{R_b+(1+\beta)R_e}$ $I_C=\beta I_B$ $U_{CE}=U_{CC}-I_CR_e$	$I_B=\frac{R_{b2}}{R_{b1}+R_{b2}}U_{CC}$ $I_C=I_E=\frac{U_B-0.7}{R_e}$ $U_{CE}=U_{CC}-I_c(R_c+R_e)$
交流通道	R_S u_S u_i R_b R_c R_L u_o	R_S u_S u_i' R_b R_e R_L u_o	R_S u_S u_i R_e R_c R_L u_o
微变等效电路	$\dot{I}_b$ R_S u_S u_i R_b r_{be} $\beta\dot{I}_b$ R_c R_L u_o r_i r_o	$\dot{I}_b$ r_{be} R_S u_S u_i R_b $\beta\dot{I}_b$ R_c R_L r_i r_o	$\beta\dot{I}_b$ R_S u_S u_i R_b $\dot{I}_b$ r_{be} R_c R_L u_o r_i r_o
Au	$-\frac{\beta R'_L}{r_{be}}$	$\frac{(1+\beta)R'_L}{r_{be}+(1+\beta)R'_L}$	$\frac{\beta R'_L}{r_{be}}$

	共射极放大电路	共集电极放大电路	共基极放大电路
r_i	$R_b // r_{be}$	$R_b // (r_{be}+(1+\beta)R'_L)$	$R_e // \frac{r_{be}}{1+\beta}$
r_o	R_C	$R_e // \frac{r_{be}+R'_S}{1+\beta}, R'_S = R_B // R_S$	R_C
用途	多级放大电路的中间级	输入、输出级或缓冲级	高频电路或恒流源电路

(2) 三极管 3 种放大电路的区别及判断可以从放大电路中通过交流信号的传输路径来判断，没有交流信号通过的极，叫公共极。

注：交流信号从基极输入，集电极输出，那发射极就叫公共极。

交流信号从基极输入，发射极输出，那集电极就叫公共极。

交流信号从发射极输入，集电极输出，那基极就叫公共极。

5. 半导体三极管的分类

(1) 按频率分：高频管和低频管。

(2) 按功率分：小功率管，中功率管和低功率管。

(3) 按机构分：PNP 管和 NPN 管。

(4) 按材质分：硅管和锗管。

(5) 按功能分：开关管和放大管。

5.2.3　场效应管

1. 场效应管分类

场效应管主要分为：结型场效应管和绝缘栅型场效应管。

2. 场效应管的引脚

场效应管的 3 个引脚分别表示为：G(栅极)，D(漏极)，S(源极)，绝缘栅型场效应管的电路符号如图 5.10 所示。

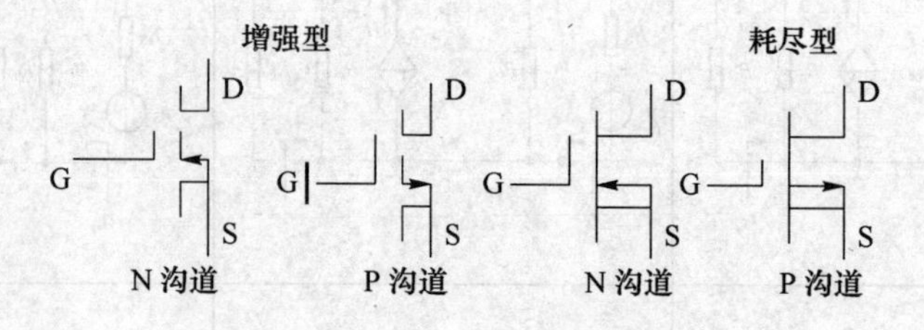

图 5.10　场效应管电路符号

注：场效应管属于电压控制型元件，又利用多子导电故称单极型元件，且具有输入电阻高，噪声小，功耗低，无二次击穿现象等优点。

3. 场效应晶体管的优点

具有输入电阻高、输入电流低于零，几乎不向信号源吸取电流，在基极注入电流的大小，直接影响集电极电流的大小，利用输出电流控制输出电源的半导体。

4. 场效应管与晶体管的比较

(1) 场效应管是电压控制元件，而晶体管是电流控制元件。在只允许从信号源取较少电流的情况下，应选用场效应管；而在信号电压较低，又允许从信号源取较多电流的条件下，应选用晶体管。

(2) 场效应管是利用多数载流子导电，所以称之为单极型器件，而晶体管是既有多数载流子，也利用少数载流子导电，被称之为双极型器件。

(3) 有些场效应管的源极和漏极可以互换使用，栅压也可正可负，灵活性比晶体管好。

(4) 场效应管能在很小电流和很低电压的条件下工作，而且它的制造工艺可以很方便地把很多场效应管集成在一块硅片上，因此场效应管越来越多地应用于大规模和超大规模集成电路之中。

5.3 LED、数码管、液晶

LED和液晶屏在嵌入式微控制系统中运用的极为广泛。LED一般用来作为简单的指示灯，以及通过大量的LED灯显示而形成常见的低功耗LED点阵显示屏和各种不同段数及外观的数码管。

5.3.1 LED

发光二极管也与普通二极管一样由PN结构成，也具有单向导电性。它广泛应用于各种电子电路、家电、仪表等设备中，作电源指示或电平指示。

1. 发光二极管分类

发光二极管有多种分类方法。按其使用材料可分为磷化镓(GaP)发光二极管、磷砷化镓(GaAsP)发光二极管、砷化镓(GaAs)发光二极管、磷铟砷化镓(GaAsInP)发光二极管和砷铝化镓(GaAlAs)发光二极管等多种。

按其封装结构及封装形式除可分为金属封装、陶瓷封装、塑料封装、树脂封装和无引线表面封装外，还可分为加色散射封装(D)、无色散射封装(W)、有色透明封装(C)和无色透明封装(T)。

按其封装外形可分为圆形、方形、矩形、三角形和组合形等多种。按发光二极管的发光颜色又可分为有色光和红外光。有色光又分为红色光、黄色光、橙色光、绿色光等。另外,发光二极管还可分为普通单色发光二极管、高亮度发光二极管、超高亮度发光二极管、变色发光二极管、闪烁发光二极管、电压控制型发光二极管、红外发光二极管和负阻发光二极管等。

普通单色发光二极管:普通单色发光二极管具有体积小、工作电压低、工作电流小、发光均匀稳定、响应速度快、寿命长等优点,可用各种直流、交流、脉冲等电源驱动点亮。它属于电流控制型半导体器件,使用时需串接合适的限流电阻。

2. LED应用

(1) 驱动电路

普通的小功率LED通常用作状态指示。对于LED而言,长时间的直流偏压,会影响LED的寿命和性能,所以通常应采用脉冲驱动的方式来供电。但从DSP或MCU出来的信号电流通常很微弱,难以驱动LED发光,所以通常要使用放大电路,将信号放大后来驱动LED发光。对于不同的LED,由于工作电流及正向压降不同,电路中所选取的器件也要相应改变。

大功率LED的驱动电路要复杂一些。如照明LED,需要采用特定的供电电路来给LED供电,同时需要相应的ESD及EOS防护措施。而诸如LED发光模组,则需要相应的驱动芯片来产生驱动信号,再经由放大电路送入LED,使之发光。

(2) 使用环境

LED是湿敏及静电敏感元器件,包装、运输及使用过程中都须注意防潮及防静电。如贴片式LED要求用防静电真空袋包装,拆封后尽快使用。温度对LED也有很大的影响,通常随着温度的升高,LED所能承受的正向电流值会逐步下降,所以在选取LED时,要注意产品的工作环境温度,需留出足够的余量。

(3) 选型

首先要确定所要选用的LED的发光颜色及亮度。对颜色要求比较严格的应有相应的颜色测试,不同厂商出产的同色LED虽然中心波长相近,但由于制造工艺、封装外壳材质等的影响,颜色上可能会呈现一些小的差异。不同颜色的LED,对亮度的要求也不一样。如红色LED,达到一定亮度后,色泽可能已经饱和,再增加亮度已无必要;而绿色LED,则很少会有饱和的问题。

其次是确定工作电压、电流、功率等电气参数。电气特性直接影响到应用电路,电路所提供的工作电流、功率、使用温度,都应留有一定的余量,应尽量采用脉冲方式驱动。对于可视角要求比较高的应用场合,应选用可视角较大的LED。

5.3.2 数码管

1. 简　介

数码管是简易显示常用的电子元器件,下面将介绍它的性能特点、简单检测方法及应用注意事项等内容。其驱动方式有静态显示和动态显示两种,如图5.11所示。

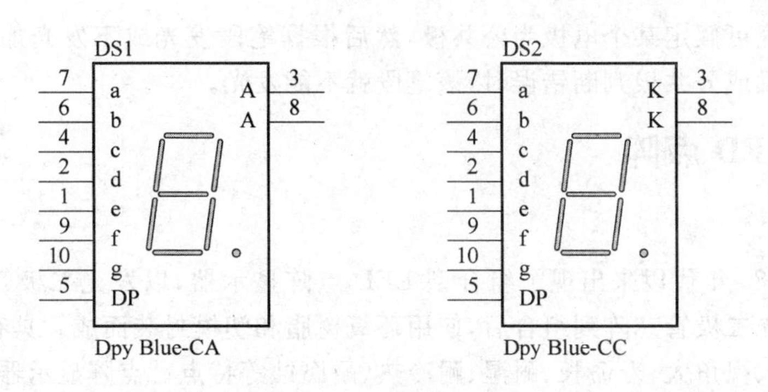

图5.11 数码管电路符号

LED数码管的主要特点如下：

(1) 能在低电压、小电流条件下驱动发光，能与CMOS、TTL电路兼容。

(2) 发光响应时间极短(<0.1 μs)，高频特性好，单色性好，亮度高。

(3) 体积小，重量轻，抗冲击性能好。

(4) 寿命长，使用寿命在10万小时以上，甚至可达100万小时，成本低。

因此它被广泛用作数字仪器仪表、数控装置、计算机的数显器件。

2. 性能简易检测

LED数码管外观要求颜色均匀、无局部变色及无气泡等，在业余条件下可用干电池作进一步检查。现以共阴数码管为例介绍检查方法。

将3V干电池负极引出线固定接触在LED数码管的公共负极端上，电池正极引出线依次移动接触笔画的正极端。这一根引出线接触到某一笔画的正极端时，那一笔画就应显示出来。用这种简单的方法就可检查出数码管是否有断笔(某笔画不能显示)，连笔(某些笔画连在一起)，并且可相对比较出不同笔划发光的强弱性能。若检查共阳极数码管，只需将电池正负极引出线对调一下，方法同上。

LED数码管每笔画工作电流ILED在5～10 mA之间，若电流过大会损坏数码管，因此必须加限流电阻，其阻值可按下式计算：R值＝(U－ULED)/ILED。其中U为加在LED两端的电压，ULED为LED数码管每笔画压降(约2V)。利用数字万用表的hFE插口能够方便地检查LED数码管的发光情况。选择NPN挡时，C孔带正电，月孔带负电。例如检查LTS547R型共阴极LED数码管时，从E孔插入一根单股细导线，导线引出端接9极，第③脚与第⑧脚在内部连通，可任选一个作为阳极；再从C孔引出一根导线依次接触各笔段电极，可分别显示所对应的笔段。

3. 使用注意事项

(1) 检查时若发光暗淡，说明器件已老化，发光效率太低。如果显示的笔段残缺不全，说明数码管已局部损坏。

(2) 对于型号不明、又无引脚排列图的LED数码管，用数字万用表的h距挡可完成下述测试工作：①判定数码管的结构形式(共阴或共阳)；②识别引脚；③检查全亮笔段。预先可假定某个电极为公共极，然后根据笔段发光或不发光加以验证。当笔段电极接反或公共极判断错误时，该笔段就不能发光。

5.3.3 LED点阵

1. 介绍

20世纪80年代以来出现了组合型LED点阵显示器，以发光二极管为像素，它用高亮度发光二极管芯阵列组合后，使用环氧树脂和塑模封装而成。具有亮度高、功耗低、引脚少、视角大、寿命长、耐湿、耐冷热、耐腐蚀等特点。点阵显示器有单色和双色两类，可显示红，黄，绿，橙等。LED点阵有4×4、4×8、5×7、5×8、8×8、16×16、24×24、40×40等多种；

根据像素的数目分为双基色、三基色等，根据像素颜色的不同所显示的文字、图像等内容的颜色也不同，单基色点阵只能显示固定色彩，如红、绿、黄等单色，双基色和三基色点阵显示内容的颜色由像素内不同颜色发光二极管点亮组合方式决定，如红绿都亮时可显示黄色，如果按照脉冲方式控制二极管的点亮时间，则可实现256或更高级灰度显示，即可实现真彩色显示。

2. LED点阵扫描驱动

由LED点阵显示器的内部结构可知，器件宜采用动态扫描驱动方式工作，由于LED管芯大多为高亮度型，因此某行或某列的单体LED驱动电流可选用窄脉冲，但其平均电流应限制在20mA内。多数点阵显示器的单体LED的正向压降在2V左右，高亮度的点阵显示器单体LED的正向压降约为6V。

大屏幕显示系统一般是将多个LED点阵组成的小模块，以搭积木的方式组合而成的，每一个小模块都有自己独立的控制系统，组合在一起后只要引入一个总控制器控制各模块的命令和数据即可，这种方法既简单而且具有易展、易维修的特点。

3. LED点阵模块显示方式

有静态和动态显示两种。静态显示原理简单、控制方便，但硬件接线复杂，在实际应用中一般采用动态显示方式。动态显示采用扫描的方式工作，由峰值较大的窄脉冲驱动，从上到下逐次不断地对显示屏的各行进行选通，同时又向各列送出表示图形或文字信息的脉冲信号，反复循环以上操作，就可显示各种图形或文字信息。

LED点阵显示器单块使用时，既可代替数码管显示数字，也可显示各种中西文字及符号。如5×7点阵显示器用于显示西文字母，5×8点阵显示器用于显示中西文，8 ×8点阵用于显示中文文字，也可用于图形显示。用多块点阵显示器组合则可构成大屏幕显示器，但这类实用装置常通过微机或单片机控制驱动。

8×8点阵LED工作原理说明：

5.4　继电器、蜂鸣器

5.4.1　继电器

1. 简述

继电器是一种电子控制器件，它具有控制系统（又称输入回路）和被控制系统（又称输出回路），通常应用于自动控制电路中，它实际上是用较小的电流去控制较大电流的一种"自动开关"。故在电路中起着自动调节、安全保护和转换电路等作用，继电器电路符号如图5.12所示。

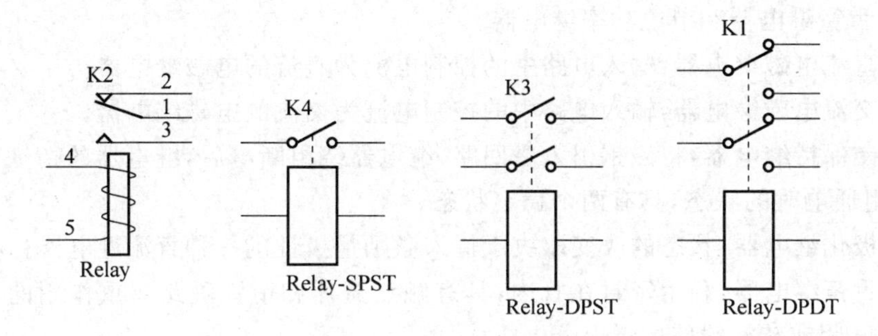

图5.12　继电器电路符号

2. 继电器的定义

继电器是一种当输入量（电、磁、声、光、热，又称激励量）达到一定值时，输出量将发生跳跃式变化的自动控制器件。

3. 继电器工作原理和特性

当输入量（如电压、电流、温度等）达到规定值时，使被控制的输出电路导通或断开的电器。

4. 继电器的电符号

继电器绕组在电路中用一个长方框符号表示，如果继电器有两个绕组，就画两个并列的长方框。同时在长方框内或长方框旁标上继电器的文字符号"J"。继电器的触点有两种表示方法：一种是把它们直接画在长方框一侧，这种表示法较为直观。另一种是按照电路连接的需要，把各个触点分别画到各自的控制电路中，通常在同一继电器的触点与绕组旁分别标注上相同的文字符号，并将触点组编上号码，以示区别。

继电器的触点有3种基本形式：

(1) 动合型（H型）。绕组不通电时两触点是断开的，通电后，两个触点就闭合。以合字的拼音字头"H"表示。

(2) 动断型(D型)。绕组不通电时两触点是闭合的，通电后两个触点就断开。用断字的拼音字头“D”表示。

(3) 转换型(Z型)。这是触点组型。这种触点组共有3个触点，即中间是动触点，上下各一个静触点。绕组不通电时，动触点和其中一个静触点断开，另一个静触点闭合，绕组通电后，动触点就移动，使原来断开的成闭合，原来闭合的成断开状态，达到转换的目的。这样的触点组称为转换触点。用“转”字的拼音字头“z”表示。

5. 继电器按作用原理分类

继电器按作用原理分为以下几类：

(1) 电磁继电器：在输入电路内电流的作用下，由机械部件的相对运动产生预定响应的一种继电器。它包括直流电磁继电器、交流电磁继电器、磁保持继电器、极化继电器、舌簧继电器和节能功率继电器。

1) 直流电磁继电器：输入电路中的控制电流为直流的电磁继电器。

2) 交流电磁继电器：输入电路中的控制电流为交流的电磁继电器。

3) 磁保持继电器：将磁钢引入磁回路，继电器绕组断电后，继电器的衔铁仍能保持在绕组通电时的状态，具有两个稳定状态。

4) 极化继电器：状态的改变取决于输入激励量极性的一种直流继电器。

5) 舌簧继电器：利用密封在管内，具有触点簧片和衔铁磁路双重作用的舌簧的动作来开、闭或转换线路的继电器。

6) 节能功率继电器：输入电路中的控制电流为交流的电磁继电器，但它的电流大(一般30～100 A)，体积小，节电功能。

(2) 固态继电器：输入、输出功能由电子元件完成而无机械运动部件的一种继电器。

(3) 时间继电器：当加上或除去输入信号时，输出部分需延时或限时到规定的时间才闭合或断开其被控线路的继电器。

(4) 温度继电器：当外界温度达到规定值时而动作的继电器。

(5) 风速继电器：当风速达到一定值时，被控电路将接通或断开。

(6) 加速度继电器：当运动物体的加速度达到规定值时，被控电路将接通或断开。

(7) 其他类型的继电器：如光继电器、声继电器、热继电器等。

6. 继电器的作用

继电器一般都有能反映一定输入变量(如电流、电压、功率、阻抗、频率、温度、压力、速度、光等)的感应机构(输入部分)；有能对被控电路实现“通”、“断”控制的执行机构(输出部分)；在继电器的输入部分和输出部分之间，还有对输入量进行耦合隔离、功能处理和对输出部分进行驱动的中间机构(驱动部分)。

作为控制元件，概括起来，继电器有如下几种作用：

1）扩大控制范围。例如，多触点继电器控制信号达到某一定值时，可以按触点组的不同形式，同时换接、开断、接通多路电路。

2）放大。例如，灵敏型继电器、中间继电器等，用一个很微小的控制量，可以控制很大功率的电路。

3）综合信号。例如，当多个控制信号按规定的形式输入多绕组继电器时，经过比较综合，达到预定的控制效果。

4）自动、遥控、监测。例如，自动装置上的继电器与其他电器一起，可以组成程序控制线路，从而实现自动化运行。

工厂专业生产各式时间继电器、电磁继电器、电子继电器、大功率继电器、液位继电器、固态继电器、大功率继电器、小型继电器、计时器/计数器继电器等。

继电器实质是一种传递信号的电器，它根据输入的信号达到不同的控制目的。

继电器一般是用来接通和断开控制电器的，如在直流电动机里的电流继电器，当电流过小或过大时，它检测到这种电流信号后便控制电动机的启停；还有如热继电器，如电动机长期过载而使温度过高时，它便控制电动机停止。

5.4.2 蜂鸣器

1. 蜂鸣器简介

(1) 蜂鸣器的作用：蜂鸣器是一种一体化结构的电子讯响器，采用直流电压供电，广泛在计算机、打印机、复印机、报警器、电子玩具、汽车电子设备、电话机、定时器等电子产品中用作发声器件。

(2) 蜂鸣器的分类：蜂鸣器主要分为压电式蜂鸣器和电磁式蜂鸣器两种类型。

(3) 蜂鸣器的电路图形符号：蜂鸣器在电路中用字母“H”或“HA”(旧标准用“FM”、“LB”、“JD”等)表示。

2. 蜂鸣器原理

(1) 压电式蜂鸣器：压电式蜂鸣器主要由多谐振荡器、压电蜂鸣片、阻抗匹配器及共鸣箱、外壳等组成。有的压电式蜂鸣器外壳上还装有发光二极管。

多谐振荡器由晶体管或集成电路构成。当接通电源后(1.5～15 V直流工作电压)，多谐振荡器起振，输出1.5～2.5 kHz的音频信号，阻抗匹配器推动压电蜂鸣片发声。压电蜂鸣片由锆钛酸铅或铌镁酸铅压电陶瓷材料制成。在陶瓷片的两面镀上银电极，经极化和老化处理后，再与黄铜片或不锈钢片粘在一起。

(2) 电磁式蜂鸣器：电磁式蜂鸣器由振荡器、电磁绕组、磁铁、振动膜片及外壳等组成。

接通电源后，振荡器产生的音频信号电流通过电磁绕组，使电磁绕组产生磁场。

振动膜片在电磁绕组和磁铁的相互作用下，周期性地振动发声。

(3) 有源蜂鸣器和无源蜂鸣器：现在市场上出售的一种小型蜂鸣器因其体积小(直径只有 11 mm)、重量轻、价格低、结构牢靠，而广泛地应用在各种需要发声的电器设备、电子制作和单片机等电路中。从外观上看，两种蜂鸣器好像一样，但仔细看，两者的高度略有区别，有源蜂鸣器高度为 9 mm，而无源蜂鸣器的高度为 8 mm。如将两种蜂鸣器的引脚均朝上放置时，可以看出有绿色电路板的是无源蜂鸣器，没有电路板而用黑胶封闭的是有源蜂鸣器。还可以用万用表电阻挡的 Rxl 挡测试：用黑表笔接蜂鸣器 "＋"引脚，红表笔在另一引脚上来回碰触，发出咔、咔声的且电阻只有 8 Ω(或 16 Ω)的是无源蜂鸣器；能发出持续声音的，且电阻在几百欧以上的是有源蜂鸣器。

有源蜂鸣器直接接上额定电源(新的蜂鸣器在标签上都有注明)就可连续发声；而无源蜂鸣器则和电磁扬声器一样，需要接在音频输出电路中才能发声。

3. 蜂鸣器驱动方式

自激蜂鸣器是直流电压驱动的，不需要利用交流信号进行驱动，只需对驱动口输出驱动电平并通过三极管放大驱动电流就能使蜂鸣器发出声音，很简单，因此就不对自激蜂鸣器进行说明了。这里只对必须用 1/2 duty 的方波信号进行驱动的他激蜂鸣器进行说明。单片机驱动他激蜂鸣器的方式有两种：一种是用 PWM 输出口直接驱动，另一种是利用 I/O 定时翻转电平产生驱动波形对蜂鸣器进行驱动。

PWM 输出口直接驱动是利用 PWM 输出口本身可以输出一定的方波来直接驱动蜂鸣器。在单片机的软件设置中有几个系统寄存器是用来设置 PWM 口的输出的，可以设置占空比、周期等，通过设置这些寄存器产生符合蜂鸣器要求的频率的波形之后，只要打开 PWM 输出，PWM 输出口就能输出该频率的方波，这个时候利用这个波形就可以驱动蜂鸣器了。比如频率为 2000 Hz 的蜂鸣器驱动，周期为 500 μs，这样只需要把 PWM 的周期设置为 500 μs，占空比电平设置为 250 μs，就能产生一个频率为 2000 Hz 的方波，通过这个方波再利用三极管就可以去驱动这个蜂鸣器了。

而利用 I/O 定时翻转电平来产生驱动波形的方式会比较麻烦一点，必须利用定时器来做定时，通过定时翻转电平产生符合蜂鸣器要求的频率的波形，这个波形就可以用来驱动蜂鸣器了。比如频率为 2500 Hz 的蜂鸣器驱动，周期为 400 μs，这样只需要驱动蜂鸣器的 I/O 口每 200 μs 翻转一次电平就可以产生一个频率为 2500 Hz，占空比为 1/2 duty 的方波，再通过三极管放大就可以驱动这个蜂鸣器了。

由于蜂鸣器的工作电流一般比较大，所以单片机的 I/O 口是无法直接驱动的，要利用放大电路来驱动，一般使用三极管来放大电流就可以了。

上面介绍了两种驱动方式，在设计模块系统中将两种驱动方式做到一块，即程序里边不仅介绍了 PWM 输出口驱动蜂鸣器的方法，还介绍了 I/O 口驱动蜂鸣器的方法。设计如下一个系统来说明单片机对蜂鸣器的驱动：系统有两个他激蜂鸣器，频率都为 2000 Hz，一个由 I/O 口进行控制，另一个由 PWM 输出口进行控制；系统还有两个按键，一个按键为 PORT 按键，I/O 口控制的蜂鸣器不鸣叫时按一次按键，I/O

口控制的蜂鸣器鸣叫，再按一次停止鸣叫，另一个按键为PWM按键，PWM口控制的蜂鸣器不鸣叫时按一次按键，PWM输出口控制的蜂鸣器鸣叫，再按一次停止鸣叫。

5.5 键 盘

键盘接口电路是单片机系统设计非常重要的一环，作为人机交互界面里最常用的输入设备。程序员可以通过键盘输入数据或命令来实现简单的人机通信。在设计键盘电路与程序前，程序员需要了解键盘和组成键盘的按键的一些知识。

5.5.1 按键的分类

一般来说，按照结构原理，按键可分为两类，一类是触点式开关按键，如机械式开关、导电橡胶式开关等；另一类是无触点式开关按键，如电气式按键，磁感应按键等。前者造价低，后者寿命长。目前，微机系统中最常见的是触点式开关按键（如本学习板上所采用按键）。

按照接口原理，按键又可分为编码键盘与非编码键盘两类，这两类键盘的主要区别是识别键符及给出相应键码的方法。编码键盘主要是用硬件来实现对键的识别，非编码键盘主要是由软件来实现键盘的识别。

全编码键盘由专门的芯片实现识键及输出相应的编码，一般还具有去抖动和多键、窜键等保护电路，这种键盘使用方便，硬件开销大，一般的小型嵌入式应用系统较少采用。非编码键盘按连接方式可分为独立式和矩阵式两种，其他工作都主要由软件完成。由于其经济实用，较多地应用于单片机系统中（本学习板也采用非编码键盘）。

5.5.2 按键的特点与去抖

机械式按键在按下或释放时，由于机械弹性作用的影响，通常伴随有一定时间的触点机械抖动，然后其触点才稳定下来。其抖动过程如图5.13(a)所示，抖动时间的长短与开关的机械特性有关，一般为5～10 ms。从图中可以看出，在触点抖动期间检测按键的通与断状态，可能导致判断出错。即按键一次按下或释放被错误地认为是多次操作，这种情况是不允许出现的。为了克服按键触点机械抖动所致的检测误判，必须采取去抖动措施，可从硬件、软件两方面予以考虑。一般来说，在键数较少时，采用硬件去抖，而当键数较多时，采用软件去抖。软件去抖流程图如图5.13所示。

从按键的去抖流程图可知，检测到有键按下时，应延时等待一段时间（可调用一个5～10 ms的延迟子程序），然后再次判断按键是否被按下，若此时判断按键仍被按下，则认为按键有效，若此时判断按键没有被按下，说明为按键抖动或干扰，应返回重新判断。键盘真正被按下才可进行相应的处理程序，此时基本就算实现了按键输入，

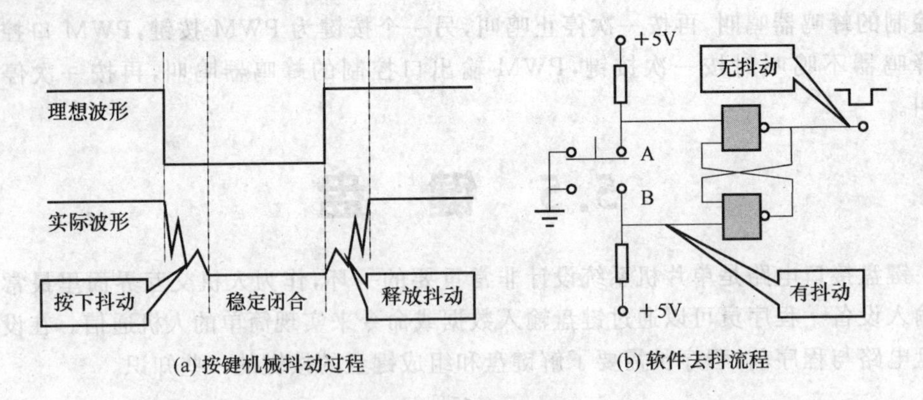

图 5.13 键盘去抖原理

进一步的话可以判断按键是否释放。

从图 5.14 中可知，独立式按键采用每个按键单独占用一根 I/O 口线结构。当按下和释放按键时，输入到单片机 I/O 端口的电平是不一样的，因此可以根据不同端口电平的变化判断是否有按键按下以及是哪一个按键按下。从图 5.14 中可以看出，按键和单片机引脚连接并加了上拉电阻，这样当没有按键按下的时候，I/O 输入的电平是高电平，当有按键按下的时候，I/O 输入的电平是低电平。

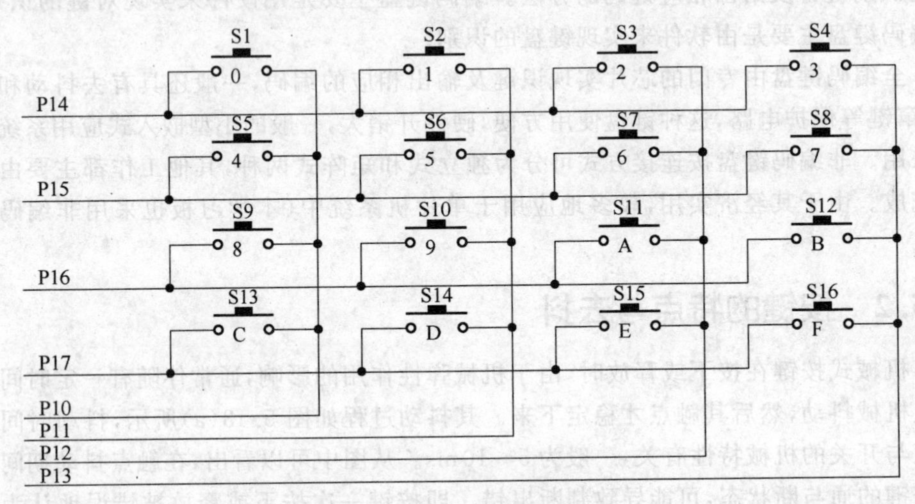

图 5.14 矩阵键盘电路图

虽然独立式按键电路配置灵活，软件结构简单，但每个按键必须占用一根 I/O 口线，因此，在按键较多时，I/O 口线浪费较大。对于比较复杂的系统或按键比较多的场合，可以用到矩阵键盘，4×4 的矩阵式键盘和其他矩阵式键盘的设计方法类似。

4×4 的矩阵式键盘由 4 根行线和 4 根列线交叉构成，按键位于行列的交叉点上，这样就构成了 16 个按键。其中交叉点的行列线是不连接的，当按键按下的时候，此交叉点处的行线和列线导通。图 5.14 行线通过上拉电阻接到 VCC 上。当无键按下时，行线处于高电平状态；当有键按下时，行、列线在交点导通，此时，行线电平将由与此行线相连的列线电平决定。这是识别按键是否按下的关键。然而，矩阵键盘中的每条行线与4条列线相交，交点的按键按下与否均影响该键所在行线和列线的电平，各按键间将相互影响，键分析时必须将行线、列线信号配合起来作适当处理，才能确定闭合键的位置。

值得注意的是传统矩阵键盘的输出端都加了一个四输入与门芯片74HC21。当四路输入有一个为低电平的时候，输出为低电平。将74HC21的输出端接到单片机的外部中断0(P32管脚)上，这样在实时性要求较高的情况下，设P00～P03为全低，等待按键触发，当任何一个按键按下时，系统都会进入中断服务程序，提高了键盘响应时间，在系统实时性要求较高的情况下非常实用。

5.6 传感器

传感器是感受被测量信息的终端，是测量系统中的一种前置部件，它将输入变量转换成可供测量的信号。传感技术综合了物理、化学、生物、电子和微电子、材料、精密机械、微细加工和实验测量等方面的知识和技术。美、日、英、法、德和独联体等国都把传感器技术列为国家重点开发的关键技术之一。

5.6.1 传感器的类别

随着信息技术的迅速发展和应用的普及，世界上传感器品种达到3万余种。传感器种类繁多，有多种分类方法。

- 按被测量分类：包括物理量、化学量和生物量传感器。
- 按测量原理分类：包括电容式传感器、电位器式传感器、电阻式传感器、电磁式传感器、电感式传感器、电离式传感器、电化学式传感器、光导式传感器、光伏式传感器、光纤传感器、热电式传感器、伺服式传感器、谐振式传感器、应变(计)式传感器、压电式传感器、压阻式传感器、磁阻式传感器、差动变压器式传感器、霍耳式传感器、激光传感器、(核)辐射传感器、超声(波)传感器和声表面波传感器。
- 按输出形式分类：包括数字传感器和模拟传感器。
- 按电源形式分类：包括无源传感器和有源传感器。
- 按制造工艺分类：包括集成传感器、薄膜传感器、厚膜传感器和陶瓷传感器。
- 按所用材料分类：包括金属、聚合物、陶瓷和混合物。
- 按材料的物理性质分类：包括导体、绝缘体、半导体和磁性材料。
- 按材料的晶体结构分类：包括单晶、多晶和非晶材料。

5.6.2 传感器的应用

传感器的应用领域涉及机械制造、工业过程控制、汽车电子产品、通信电子产品、消费电子产品和专用设备等。就世界范围而言，传感器市场上增长最快的是汽车市场的需求，占第二位的是过程控制市场，前景看好是通信市场。

5.7 晶闸管、电荷泵、光耦合器

5.7.1 晶闸硅

可控硅最主要的作用之一就是稳压稳流。可控硅在自动控制，机电领域，工业电气及家电等方面都有广泛的应用。可控硅是一种有源开关元件，平时它保持在非导通状态，直到由一个较少的控制信号对其触发或称“点火”使其导通，一旦被点火就算撤离触发信号它也保持导通状态，要使其截止可在其阳极与阴极间加上反向电压或将流过可控硅二极管的电流减少到某一个值以下。

1. 晶闸管特点

晶闸管分单向晶闸管、双向晶闸管。单向晶闸管有阳极 A、阴极 K、控制极 G 三个引出脚。双向晶闸管有第一阳极 A1(T1)，第二阳极 A2(T2)、控制极 G 三个引出脚。只有当单向晶闸管阳极 A 与阴极 K 之间加有正向电压，同时控制极 G 与阴极间加上所需的正向触发电压时，方可被触发导通。单向晶闸管的导通与截止状态相当于开关的闭合与断开状态，用它可制成无触点开关。双向晶闸管第一阳极 A1 与第二阳极 A2 间，无论所加电压极性是正向还是反向，只要控制极 G 和第一阳极 A1 间加有正负极性不同的触发电压，就可触发导通呈低阻状态。

2. 应　用

晶闸管可应用于各种整流电源，交直流电机控制，软启动器，变频器，UPS 电源，工业控温，无功补偿，无触点开关等。

可控硅也称作晶闸管，它是由 PNPN 四层半导体构成的元件，有 3 个电极：阳极 A，阴极 K 和控制极 G。

可控硅在电路中能够实现交流电的无触点控制，以小电流控制大电流，不像继电器那样控制时有火花产生，而且动作快、寿命长、可靠性好。在调速、调光、调压、调温以及其他各种控制电路中都有它的身影。

可控硅分为单向的和双向的，符号也不同。单向可控硅有 3 个 PN 结，由最外层的 P 极和 N 极引出两个电极，分别称为阳极和阴极，由中间的 P 极引出一个控制极。

单向可控硅有其独特的特性：当阳极接反向电压，或者阳极接正向电压但控制极不加电压时，它都不导通，只有当阳极和控制极同时接正向电压时，它才会变成导通状态。一旦导通，控制电压便失去了对它的控制作用，不论有没有控制电压，也不论控制电压的极性如何，将一直处于导通状态。要想关断，只有把阳极电压降低到某一临界值或者反向。

双向可控硅的引脚多数是按 T1、T2、G 的顺序从左至右排列(电极引脚向下,面对有字符的一面时)。加在控制极 G 上的触发脉冲的大小或时间改变时,就能改变其导通电流的大小。

与单向可控硅的区别是,双向可控硅 G 极上触发脉冲的极性改变时,其导通方向就随着极性的变化而改变,从而能够控制交流电负载。而单向可控硅经触发后只能从阳极向阴极单方向导通,所以可控硅有单双向之分。

电子制作中常用可控硅,单向的有 MCR－100 等,双向的有 TLC336 等。

5.7.2 电荷泵

1. 工作原理

电荷泵电压反转器是一种 DC/DC 变换器,它可以将输入的正电压转换成等值的负电压,即 VOUT＝ －VIN。另外,它也可以把输出电压转换成近两倍的输入电压,即 VOUT≈2VIN。由于它是利用电容的充电、放电实现电荷转移的原理构成的,所以这种电压反转器电路也称为电荷泵变换器(Charge Pump Converter)。

电荷泵转换器常用于倍压或反压型 DC/DC 转换。电荷泵电路采用电容作为储能和传递能量的中介,随着半导体工艺的进步,新型电荷泵电路的开关频率可达1MHz。电荷泵有倍压型和反压型两种基本电路形式。

电荷泵电路主要用于电压反转器,即输入正电压,输出为负电压。电子产品往往需要正负电源或几种不同电压供电,对电池供电的便携式产品来说,增加电池数量,必然影响产品的体积及重量。采用电压反转式电路可以在便携式产品中省去一组电池,工作频率通常为 2～3 MHz,因此电容容量较小,可采用多层陶瓷电容(损耗小、ESR 低),不仅提高效率及降低噪声,并且减小了电源的空间。

虽然有一些 DC/DC 变换器除可以组成升压、降压电路外也可以组成电压反转电路,但电荷泵电压反转器仅需外接两个电容,电路最简单,尺寸小,并且转换效率高、耗电少,所以它获得了极其广泛的应用。

目前不少集成电路采用单电源工作,简化了电源,但仍有不少电路需要正负电源才能工作,例如,D/A 变换器电路、A/D 变换器电路、V/F 或 F/V 变换电路、运算放大器电路、电压比较器电路等。自 INTERSIL 公司开发出 ICL7660 电压反转器 IC 后,用它来获得负电源十分简单,20 世纪 90 年代后又开发出带稳压的电压反转电路,使负电源性能更为完善。对采用电池供电的便携式电子产品来说,采用电荷泵变换器来获得负电源或倍压电源,不仅仅减少电池的数量、减少产品的体积、重量,并且在减少能耗(延长电池寿命)方面起到极大的作用。现在的电荷泵可以输出高达250 mA 的电流,效率达到 75%(平均值)。

电荷泵大多应用在需要电池的系统中,如蜂窝式电话、寻呼机、蓝牙系统和便携式电子设备。便携式电子产品发展神速,对电荷泵变换器提出不同的要求,各半导体器件公司为满足不同的要求开发出一系列新产品。

2. 电荷泵分类

电荷泵可分为：

- 开关式调整器升压泵。
- 无调整电容式电荷泵。
- 可调整电容式电荷泵。

上述3种电荷泵的工作过程均为：首先储存能量，然后以受控方式释放能量，以获得所需的输出电压。开关式调整器升压泵采用电感器来储存能量，而电容式电荷泵采用电容器来储存能量。

3. 电荷泵的结构

电容式电荷泵通过开关阵列和振荡器、逻辑电路、比较控制器实现电压提升，采用电容器来储存能量。电荷泵是无需电感的，但需要外部电容器。由于工作于较高的频率，因此可使用小型陶瓷电容(1 mF)，使空间占用小，使用成本低。电荷泵仅用外部电容即可提供±2倍的输出电压。其损耗主要来自电容器的ESR(等效串联电阻)和内部开关晶体管的RDS(ON)。电荷泵转换器不使用电感，因此其辐射EMI可以忽略。输入端噪声可用一只小型电容滤除。它的输出电压是工厂生产精密预置的，调整能力是通过后端片上线性调整器实现的，因此电荷泵在设计时可按需要增加电荷泵的开关级数，以便为后端调整器提供足够的活动空间。电荷泵十分适用于便携式应用产品的设计。

4. 电荷泵的选型

电荷泵选用要点如下：

(1) 效率优先，兼顾尺寸

如果需要兼顾效率和占用的PCB面积大小时，可考虑选用电荷泵。例如电池供电的应用中，效率的提高将直接转变为工作时间的有效延长。通常电荷泵可实现90%的峰值效率，更重要的是外围只需少数几个电容器，而不需要功率电感器、续流二极管及MOSFET。这一点对于降低自身功耗，减少尺寸、BOM材料清单和成本等至关重要。

(2) 输出电流的局限性

电荷泵转换器所能达到的输出负载电流一般低于300 mA，输出电压低于6 V。多用于体积受限、效率要求较高，且具有低成本的场合。换言之，对于300 mA以下的输出电流和90%左右的转换效率，无电感型电荷泵DC/DC转换器可视为一种成本经济且空间利用率较高的方式。然而，如果要求输出负载电流、输出电压较大，那么应使用电感开关转换器，同步整流等DC/DC转换拓扑。

(3) 较低的输出纹波和噪声

大多数的电荷泵转换器通过使用一对集成电荷泵环路，工作在相位差为180°的情形，这样的好处是最大限度地降低输出电压纹波，从而有效避免因在输出端增加滤波处理而导致的成本增加。而且,与具有相同输出电流的等效电感开关转换器相比,电荷泵产生的噪声更低些。对于 RF 或其他低噪声应用,这一点使其无疑更具竞争优势。

5.7.3 光耦合器

光电耦合器是以光为媒介传输电信号的一种电—光—电转换器件。它由发光源和受光器两部分组成。把发光源和受光器组装在同一密闭的壳体内,彼此间用透明绝缘体隔离。发光源的引脚为输入端,受光器的引脚为输出端,常见的发光源为发光二极管,受光器为光敏二极管、光敏三极管等,其电路符号如图 5.15 所示。

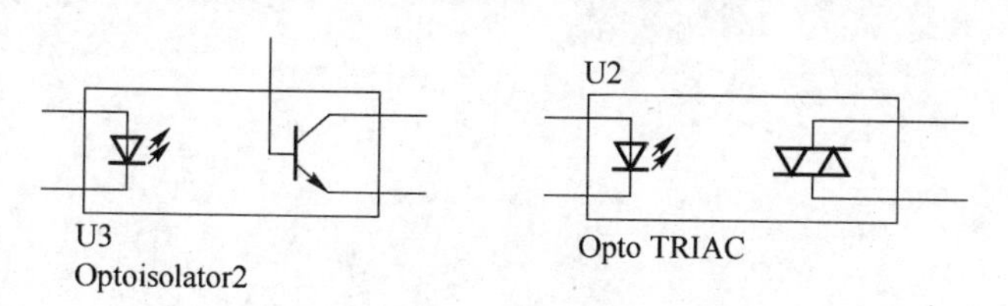

图 5.15 光耦电路符号

1. 工作原理

在光电耦合器输入端加电信号使发光源发光,光的强度取决于激励电流的大小,此光照射到封装在一起的受光器上后,因光电效应而产生了光电流,由受光器输出端引出,这样就实现了电—光—电的转换。在光电耦合器内部,发光管和受光器之间的耦合电容很小(2 pF 以内),共模输入电压通过极间耦合电容对输出电流的影响很小,因而共模抑制比很高。光电耦合器具有体积小、使用寿命长、工作温度范围宽、抗干扰性能强、无触点且输入与输出在电气上完全隔离等特点。

2. 仪器测试

设计光耦光电隔离电路时,必须正确选择光耦合器的型号及参数,选取原则如下:

(1) 由于光电耦合器为信号单向传输器件,而电路中数据的传输是双向的,电路板的尺寸要求一定,结合电路设计的实际要求,就要选择单芯片集成多路光耦的器件。

(2) 光耦合器的电流传输比(CTR)的允许范围不小于 500%。因为当 CTR<500%时,光耦中的 LED 就需要较大的工作电流(>5.0 mA),才能保证信号在长线传输中不发生错误,这会增大光耦的功耗。

(3) 光电耦合器的传输速度也是选取光耦必须遵循的原则之一,光耦开关速度过慢,无法对输入电平做出正确反应,会影响电路的正常工作。

(4) 推荐采用线性光耦。其特点是 CTR 值能够在一定范围内做线性调整。设计中由于电路输入输出均是一种高低电平信号，故此电路工作在非线性状态。而在线性应用中，因为信号不失真的传输，所以，应根据动态工作的要求，设置合适的静态工作点，使电路工作在线性状态。

第 6 章 内部资源介绍

6.1 系统控制模块

系统控制模块(SYS)的主要功能是负责整个系统各个模块之间的交互。

6.1.1 系统控制模块的特点

在 CC430 家族系列中,所有的型号都具有系统控制模块。它的基本特点如下:

(1) 掉电复位(BOR)和上电复位(POR)的处理。

(2) 上电清除(PUC)信号的处理。

(3) 系统不可屏蔽中断源和用户不可屏蔽中断源的选择与管理。

(4) 地址译码。

(5) 提供通过 JTAG 邮箱进行数据交换机制。

(6) 引导装载程序进入机制。

(7) 提供用于复位和不可屏蔽的中断向量发生器。

6.1.2 系统复位框图

系统的内部复位电路如图 6.1 所示。

图 6.1 中的 BOR 为掉电复位信号,以下事件可以触发:

(1) 器件上电;

(2) 复位引脚 RST/NMI 被拉低(配置为复位模式时);

(3) 软件触发的 BOR 事件。

图 6.1 中的 POR 为上电复位信号,产生 BOR 信号时,就会产生 POR 信号。以下事件可以触发:

(1) 一个 BOR 信号;

(2) 高边管理单元和监测单元为低时,在使能情况下(参阅电源管理模块);

(3) 低边管理单元和监测单元为低时,在使能情况下(参阅电源管理模块);

(4) 软件触发的 POR 信号。

图 6.1 中的 PUC 为上电清除信号,只要有 POR 发生,就会产生 PUC 信号,但是相反,产生 PUC 信号时不会产生 POR 信号。以下事件可以触发:

(1) 一个 POR 信号;

(2) 看门狗工作于看门狗模式时,时间溢出(参阅看门狗模块);

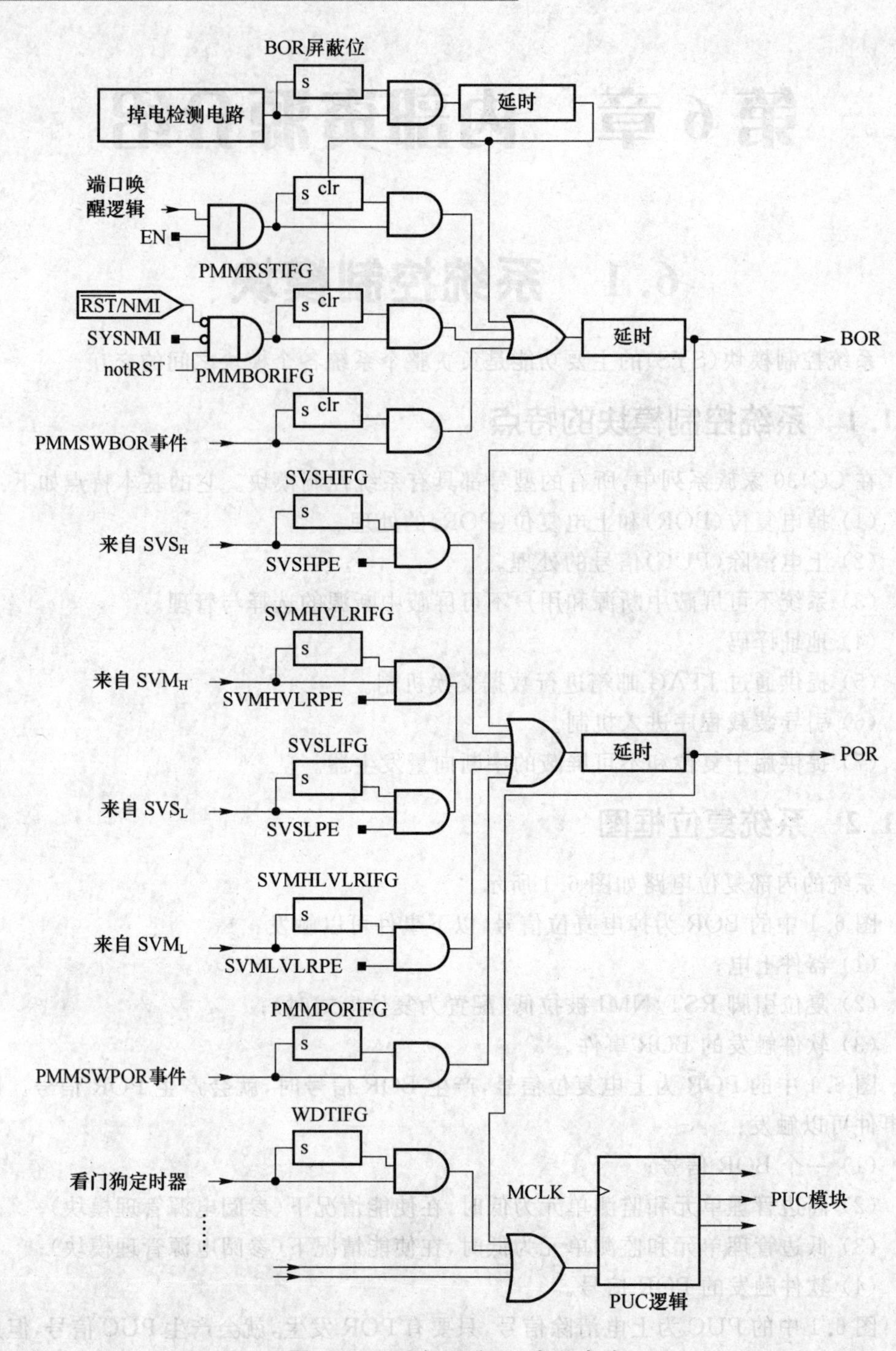

图 6.1　BPR/POR/PUC 复位电路

(3) 误写看门狗安全密钥(参阅看门狗模块)；

(4) 误写 Flash 存储器安全密钥(参阅 Flash 存储控制器模块)；

(5) 误写电源管理模块安全密钥(参阅电源管理模块);

(6) 外设区域操作错误。

6.1.3 器件初始状态

触发 BOR 信号之后,器件的初始状态如下:

(1) RST/NMI 引脚设置为复位模式;

(2) 所有 I/O 设置为输入方式(参阅数字 I/O 模块);

(3) 其他外设模块和寄存器复位为初始化状态;

(4) 状态寄存器(SR)复位;

(5) 程序计算器装入引导代码地址,并开始执行。

系统复位后,用户程序需将器件设置为符合应用的状态,如下:

(1) 堆栈指针初始化(可以设置在 RAM 的顶端);

(2) 看门狗初始化(在调试时,通常是为停止模式);

(3) 程序使用的模块初始化(如:系统一体化时钟的初始化)。

6.2 中断

6.2.1 中断的介绍

CC430 家族单片机有着非常丰富的中断源,系统中各个模块的中断信号统一连接到中断源连接链和中断向量表中,且每个中断源都具有固定的优先级,不同型号器件需参考其对应的数据手册。CPU 按照优先级由高到低的顺序依次进行中断的响应。中断优先级如图 6.2 所示。

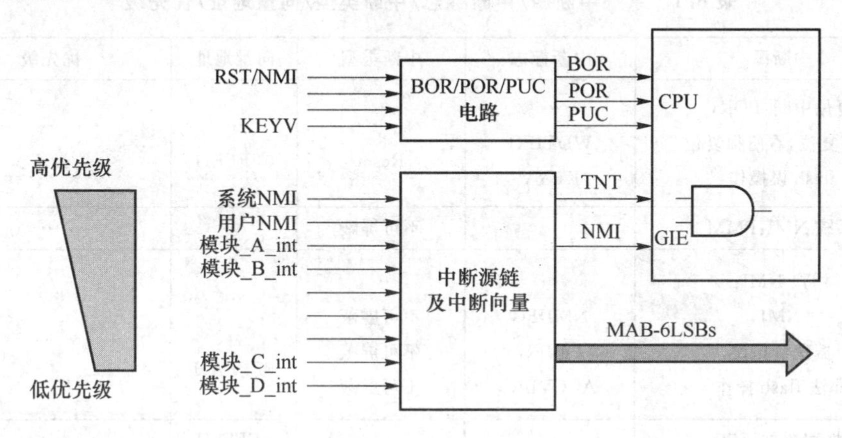

图 6.2　中断优先级

6.2.2 中断分类

中断分为3类：系统复位中断、不可屏蔽中断、可屏蔽中断。

(1) 系统复位中断是由系统的BOR/POR/PUC信号触发，并引起CPU响应。

(2) 不可屏蔽中断，即NMI。有系统不可屏蔽中断(SNMI)和用户不可屏蔽中断(UNMI)两种级别。系统不可屏蔽中断(SNMI)由以下事件触发：电源管理模块(PMM)的SVM_L/SVM_H发生供电故障；PMM高/低边的延时时间到；JTAG信箱(JMB)事件；访问空白的内存空间。用户不可屏蔽中断(UNMI)由以下事件触发：发生振荡器故障事件；非法存取Flash存储器；RST/NMI引脚上的边沿信号(当RST/NMI引脚配置为NMI模式时)。

当系统不可屏蔽中断SNMI以更高速率连续发生时，允许主程序在当前SNMI中断处理RETI指令结束后与下一个SNMI中断处理程序开始前，执行下一条指令。在这种情况下，连续的SNMI是不能被UNMI打断的。这就避免了在高频率的SNMI中断下发生阻塞。

(3) 可屏蔽中断，即MI。该类中断由系统中具有中断功能的外设触发，并且各个中断源均可以通过其相应的使能位来进行禁止。通过系统的状态寄存器SR中的GIE可以进行全局的中断禁止设定。

6.2.3 中断向量

中断向量，即中断的入口地址，是触发中断时，PC指针所指向的地址。CC430系列单片机的中断向量位于0FFFFH～0FFF80H范围内，最多支持64个中断源。系统所支持的中断源、中断标志和向量地址如表6.1所列。

表6.1 系统中断源/中断标志/中断类型/向量地址/优先级

中断源	中断标志	中断类型	向量地址	优先级
复位中断:POR, 外部复位,看门狗复位 flash误操作	… WDTIFG KEYV	… Reset	… 0FFFEH	… 最高
系统NMI:PMM		不可屏蔽		…
用户NMI: NMI 振荡器错误 非法flash操作	… NMIIFG OFIFG ACCVIFG	… 不可屏蔽 不可屏蔽 不可屏蔽	… 0FFFAH	…
根据器件而定			0FFF8H	…
…				
WDT看门狗	WDTIFG	可屏蔽	…	…

续表 6.1

中断源	中断标志	中断类型	向量地址	优先级
…			…	…
根据器件而定			…	…
保留		可屏蔽	…	最低

改变中断向量有一种方法就是利用 RAM 作为替换地址以改变中断向量的存储单元。置位 SYSCTL 中的 SYSRIVECT 标志位,会引发中断向量在 RAM 顶部的重新映射。当 SYSRIVECT 被置位后,任何中断向量的替换地址,都将驻留在 RAM 中。因为发生 BOR 后,SYSRIVECT 会自动清除,位于 0FFFEh 地址中的复位向量仍然可用,并在固件中适当处理。

SYS 中断向量发生器:SYS 收集所有系统 NMI 中断源(SNMI)、用户 NMI 中断源(UNMI),以及所有其他模块的 BOR/POR/PUC 复位源。中断向量寄存器 SYSRSTIV、SYSSNIV、SYSUNIV 被用来确定哪些标志位请求中断响应或复位。当同一组的最高优先级中断被使能时,会在相应的 SYSRSTIV、SYSSNIV、SYSUNIV 寄存器中生成一个数字。这个数字可以被直接加到程序计数器(PC),以跳转到中断服务程序的相应分支。未使能中断不会影响 SYSRSTIV、SYSSNIV、SYSUNIV 值。读 SYSRSTIV、SYSSSNIV、SYSUNIV 寄存器自动复位挂起的最高中断标志。如果另一个中断标志置位,在执行完最初的中断服务程序后,另一个中断立即产生。写 SYSRSTIV、SYSSNIV、SYSUNIV 寄存器自动复位所有挂起的同组中断标志。

中断嵌套:如果在一个中断服务程序中,置位 GIE 位,那么中断嵌套是允许的。当允许中断嵌套时,在中断服务程序执行期间发生的任何中断,无论中断优先级高低都将打断正在执行的中断过程。

6.3 系统工作模式

6.3.1 工作模式分类

CC430 系列为超低功耗而设计,为系统提供了多种工作模式以降低系统的整体功耗。需以系统功耗、运算速度、数据量以及外设需求电流总和为考虑内容,选择不同的操作模式。操作模式分为活动模式(AM)和低功耗模式(LPM)两大类。

6.3.2 工作模式详解

不同操作模式下系统各个时钟的工作状态也不相同,寄存器(SR)的 SCG1、SCG0、OSCOFF、CPUOFF 这 4 位,用来设定不同的工作模式如表 6.2 所列。进入和退出低功耗模式 LPM0-4,分别通过设置 SR 寄存器中的各个位来实现,具体如表 6.2 所列。

表 6.2 各个模式比较

模式	SCG1	SCG0	OSCOFF	CPUOFF	CPU 与时钟状态(1)
AM	0	0	0	0	CPU,MCLK 有效。ACLK 有效,SMCLK 可选。在 DCO 作为 ACLK,MCLK 或 SMCLK 的时钟源时,DCO 使能。在 DCO 使能时,FLL 锁频环使能。
LPM0	0	0	0	1	CPU,MCLK 停止。ACLK 有效,SMCLK 可选。在 DCO 作为 ACLK 或 SMCLK 的时钟源的时候,DCO 使能。在 DCO 使能时,FLL 锁频环使能。
LPM1	0	1	0	1	CPU,MCLK 停止。ACLK 有效,SMCLK 可选。在 DCO 作为 ACLK 或 SMCLK 的时钟源的时候,DCO 使能。FLL 锁频环停止。
LPM2	1	0	0	1	CPU,MCLK 停止。ACLK 有效,SMCLK 停止。在 DCO 作为 ACLK 的时候,DCO 使能。FLL 锁频环停止。
LMP3	1	1	0	1	CPU,MCLK 停止。ACLK 有效,SMCLK 停止。在 DCO 作为 ACLK 的时候,DCO 使能。FLL 锁频环停止。
LPM4	1	1	1	1	CPU 和所有时钟全部停止。
LPM3.5*(2)	1	1	1	1	当 PMMREGOFF=1 时,电源稳压器停止。所有信息保留。在这个模式下,RTC 在配置正确时处于工作状态。
LPM4.5*(2)	1	1	1	1	当 PMMREGOFF=1 时,电源稳压器停止。在这个模式下,包括 RTC 在内的所有时钟源全部停止工作。

(1) 低功耗模式和以后系统时钟可以在系统设置中进行配置,参考 UCK 单元。

(2) LPM3.5 和 LPM4.5 模式并不是所有器件都支持,需要参考具体的数据参考手册。

6.3.3 低功耗模式的应用原则

众所周知，系统的工作频率与功耗成正比，即系统工作频率越高，功耗越大，因此降低系统功耗最重要的方法是：让 CPU 工作在低功耗模式，让 CC430 的时钟系统最优化地使用 LPM3 或 LPM4 模式。

● 使用中断唤醒处理器并控制程序流程。

● 仅当需要时才打开外设。

● 使用低功耗集成外设模块代替用软件实现相同功能。如，定时器 A 和定时器 B 能自动产生 PWM 和捕获外部时钟信号而无需使用 CPU 资源。

● 应该使用计算分支和快速查表来代替程序标志位和冗长的软件计算。

● 避免过于频繁的调用子程序和函数。

● 对于比较长的软件程序，应该尽量使用单周期的 CPU 寄存器。

如果系统应用有更低的时间占空比、更慢的事件响应时间，则使系统处于 LPM5 模式的最大化时间，可以明显的降低系统功耗。

程序设计中有关状态寄存器 SR 定义如下：

```
/*******************************************************/
状态寄存器 SR 中相应位的定义，具体参考用户指南
*******************************************************/
#define   CPUOFF          (0x0010u)        //CPU 关闭
#define   OSCOFF          (0x0020u)        //振荡器关闭
#define   SCG0            (0x0040u)        //系统时钟发生器 0
#define   SCG1            (0x0080u)        //系统时钟发生器 1
/*******************************************************/
低功耗模式下 SR 寄存器中 Bits 4～7 位的设置如下
*******************************************************/
#define LPM0                  (CPUOFF)
#define LPM1                  (SCG0 + CPUOFF)
#define LPM2                  (SCG1 + CPUOFF)
#define LPM3                  (SCG1 + SCG0 + CPUOFF)
#define LPM4                  (SCG1 + SCG0 + OSCOFF + CPUOFF)
```

6.4 存储器分配

CC430 系列单片机的存储器容量根据不同的型号而不同，详见表 6.3。

表 6.3　CC430 系列单片机存储器分布

芯片名称		CC430F6137、6127、5137	CC430F6126	CC430F6135、6125、5135	CC430F5133
主存储器	总大小	32 KB	32 KB	16 KB	8 KB
主中断向量		00FFFFh～00FF80h	00FFFFh～00FF80h	00FFFFh～00FF80h	00FFFFh～00FF80h
主代码存储器	bank0	00FFFFh～008000h	00FFFFh～008000h	00FFFFh～00C000h	00FFFFh～00C000h
RAM 随机存储器	总大小	4 KB	2 KB	2 KB	2 KB
	第 1 扇区	002BFFh～002400h	无	无	无
	第 0 扇区	0023FFh～001C00h	0023FFh～001C00h	0023FFh～001C00h	0023FFh～001C00h
信息存储器	A 段	0019FFh～001980h	0019FFh～001980h	0019FFh～001980h	0019FFh～001980h
	B 段	00197Fh～001900h	00197Fh～001900h	00197Fh～001900h	00197Fh～001900h
	C 段	0018FFh～001880h	0018FFh～001880h	0018FFh～001880h	0018FFh～001880h
	D 段	00187Fh～001800h	00187Fh～001800h	00187Fh～001800h	00187Fh～001800h
片内外设		000FFFh～0h	000FFFh～0h	000FFFh～0h	000FFFh～0h

6.5　特殊功能寄存器

特殊功能寄存器(Special Function Register,SFR)用于存放相应功能部件的控制命令、状态或数据。CC430 中 SFR 的基地址为 0x00100h,所有的寄存器都可以使用字或者字节存取。

特殊功能寄存器包含的寄存器如表 6.4 所列。

表 6.4　特殊功能寄存器

寄存器	名称	寄存器类型	寄存器读写类型	地址偏移	初始状态
中断使能	SFRIE1	读/写	字	00h	0000h
	SFRIE1_L(IE1)	读/写	字节	00h	00h
	SFRIE1_H(IE2)	读/写	字节	01h	00h
中断标志	SFRIFG1	读/写	字	02h	0082h
	SFRIFG1_L(IFG1)	读/写	字节	02h	82h
	SFRIFG1_H(IFG2)	读/写	字节	03h	00h
引脚复位控制	SFRRPCR	读/写	字	04h	0000h
	SFRRPCR_L	读/写	字节	05h	00h
	SFRRPCR_H	读/写	字节	06h	00h

6.5.1　中断允许寄存器

中断允许寄存器(SFRIE1)是中断使能,低8位为SFRIE1_L(IE1),高8位为SFRIE1_H(IE2),该寄存器可读可写,每位的定义如表6.5所列。

表6.5　中断使能寄存器定义

位号	15~8	7	6	5	4	3	2	1	0
名称	保留	JMBOUTIE	JMBINIE	ACCVIE	NMIIE	VMAIE	保留	OFIE	WDTIE

各个位含义如下:

JMBOUTIE:JTAG信箱输出中断允许标志位;0表示中断禁止,1表示中断允许。

JMBINIE:JTAG信箱输入中断允许标志位;0表示中断禁止,1表示中断允许。

ACCVIE:Flash控制器非法存取中断允许标志位;0表示中断禁止,1表示中断允许。

NMIIE:NMI引脚中断允许标志位;0表示中断禁止,1表示中断允许。

VMAIE :空白存储器存取中断允许标志位;0表示中断禁止,1表示中断允许。

OFIE :振荡器故障中断允许标志位;0表示中断禁止,1表示中断允许。

WDTIE :看门狗定时器中断允许标志位;0表示中断禁止,1表示中断允许。

6.5.2　中断标志寄存器

位号	15~8	7	6	5	4	3	2	1	0
名称	保留	JMBOUTIFG	JMBINIFG	ACCVIFG	NMIIFG	VMAIFG	保留	OFIFG	WDTIFG

各个位的含义如下:

JMBOUTIFG:JTAG信箱输出中断标志位;0表示无中断产生,1表示有中断允产生。

JMBINIFG:JTAG信箱输入中断标志位;0表示无中断产生,1表示有中断允产生。

ACCVIFG:Flash控制器非法存取中断标志位;0表示无中断产生,1表示有中断允产生。

NMIIFG:NMI引脚中断标志位;0表示无中断产生,1表示有中断允产生。

VMAIFG :空白存储器存取中断标志位;0表示无中断产生,1表示有中断允产生。

OFIFG :振荡器故障中断标志位;0表示无中断产生,1表示有中断允产生。

WDTIFG :看门狗定时器中断标志位;0表示无中断产生,1表示有中断允产生。

6.5.3 复位引脚控制寄存器

位号	15~4	3	2	1	0
名称	保留	SYSRSTRE	SYSRSTUP	SYSNMIES	SYSNMI

各个位的含义：

SYSRSTRE：复位引脚电阻使能；0 表示 RST/NMI 引脚上拉/下拉电阻禁止，0 表示 RST/NMI 引脚上拉/下拉电阻使能。

SYSRSTUP：复位引脚电阻上拉/下拉；0 选择上拉，1 选择下拉。

SYSNMIES：NMI 边沿选择；0 表示上升沿触发 NMI，1 表示下降沿触发 NMI。

SYSNMI：NMI 选择；0 为复位功能，1NMI 功能。

6.6 看门狗定时器

6.6.1 看门狗介绍

看门狗定时器(WDT_A)模块的主要功能是当程序非正常运行时，能使受控系统重新启动，在发生软件故障时，通过器件将单片机复位。WDT 超过设定的时间间隔时，复位系统。系统不需要看门狗功能时，可将 WDT 配置为一个定时器，WDT 到达设定的时间间隔时，触发中断。

看门狗定时器的功能包括：

◆ 8 种软件可选的定时时间间隔。

◆ 看门狗工作模式。

◆ 内部定时器工作模式。

◆ 访问看门狗定时器控制寄存器(WDTCTL)时，密码保护。

◆ 可选的时钟源。

◆ 允许关闭看门狗模块以降低功耗。

◆ 始终故障安全功能。

注：看门狗上电激活。在上电清零信号(PUC)产生后，WDT_A 模块自动配置成看门狗模式，时钟源为 SMCLK，复位时间间隔约为 32 ms。如果需要改变初始复位时间间隔，则必须先停止 WDT_A 并修改 WDT_A 相应寄存器内容。

6.6.2 看门狗的操作模式

看门狗定时器可通过寄存器 WDTCTL 配置为看门狗或定时器。WDTCTL 是一个具有密码保护的 16 位可读/写寄存器。任何读或写访问都必须使用字指令，同时写访问时，高字节必须写入 05Ah，向 WDTCTL 寄存器的高字节写入任何其他的数值，都被视为安全密钥冲突，并触发一个 PUC 系统复位，定时器模式也是如此。读 WDTCTL 寄存器时，高字节为 069h。字节读取 WDTCTL 寄存器的高字节或低字节时，读出的结果都是低字节的值。对 WDTCTL 寄存器的高字节或低字节的写入操作，都将导致上电清零信号(PUC)产生。

(1) 配置成看门狗计数器(WDTCNT)

WDTCNT 是一个 32 位增计数器，不能由软件直接访问。WDTCNT 的定时时间间隔可以通过看门狗控制寄存器(WDTCTL)来控制。WDTCNT 的计数时钟源由 WDTSSEL 位选择，为来自 SMCLK、ACLK、VLOCLK 及其某些器件的 X_CLK。定时间隔通过 WDTIS 位选择。

(2) 配置成看门狗模式

在上电清零信号(PUC)后，WDT 模块默认被配置为看门狗模式，时钟源选择为 SMCLK，复位间隔约为 32 ms。在看门狗计时器的复位定时时间间隔到达前，或者另一个上电清零信号(PUC)产生前，用户必须设置、停止或清除看门狗定时器。当看门狗定时器被配置为看门狗模式时，任何对 WDTCTL 写入错误的口令字，或者在设定的时间间隔内没有清除 WDTCNT 的操作，都将触发上电清零信号(PUC)。上电清零信号(PUC)复位可使看门狗定时器恢复默认状态。

CC430 系列单片机具有多种低功耗模式，看门狗也可以在低功耗模式下操作，不同的低功耗模式，可获得不同的时钟信号。根据应用要求及其所使用的时钟类型决定如何配置 WDT_A。如，当时钟选择为 SMCLK 或 ACLK，且来自 DCO、高频模式 XT1 或 XT2，此时用户如果希望使用低功耗模式 3，则 WDT_A 不能被设置为看门狗模式。因为在这种情况下，SMCLK 或 ACLK 保持启用将增加低功耗 3(LPM3)时的电流消耗。当不需要看门狗定时器时，可置位 WDTHOLD 为来关闭 WDTCNT，以降低消耗。

6.6.3 看门狗定时器的中断

看门狗定时器使用特殊功能寄存器(SFRs)中的两位控制中断：看门狗中断标志位 WDTIFG 位于 SFRIFG1.0；看门狗中断使能位 WDTIE 位于 SFRIE1.0。看门狗定时器处于定时器模式时，WDTIFG 标志位作为一个复位中断向量的触发源。WDTIFG 标志位可以被复位中断复位程序使用，以判断系统复位是否由看门狗引起。如果超时或写入错误的安全密钥，WDTIFG 标志被置位，引起复位。如果 WDTIFG 为 0，说明复位是由其他触发源产生的。当看门狗定时器处于定时器模式时，在设定的定时间隔到后，WDTIFG 标志置位，如果此时 WDTIE 和 GIE 位都为置位状态，则向 CPU 请求看门狗定时器的定时中断。该定时器的中断向量不同于看门狗模式时的复位向量。在定时器模式下，响应中断后，WDTIFG 标志自动清零，也可软件清零。

6.6.4 看门狗寄存器

看门狗定时器控制寄存器和寄存器各位含义简介分别如表6.6和表6.7所列。

表6.6 看门狗定时器控制寄存器

寄存器	简称	寄存器类型	寄存器访问	地址偏移量	初始状态
看门狗定时器控制寄存器	WDTCTL	读/写	字访问	0Ch	6904h
	WDTCTL_L	读/写	字节访问	0Ch	04h
	WDTCTL_H	读/写	字节访问	0Dh	69h

表6.7 看门狗定时器控制寄存器(WDTCTL)各位含义简介

WDTPW	位15～8	看门狗定时器的密钥。始终读出为069h。写必须为05Ah,否则上电清零信号(PUC)产生。
WDTHOLD	位7	看门狗定时器停止位。该位停止看门狗定时器 。当 WDT 不使用时,设置 WDTHOLD=1,以降低功耗。
WDTSSEL	位6～5	看门狗定时器时钟源选择位:00为SMCLK;01为ACLK;10为VLOCLK;11为X_CLK,如没特殊定义,功能同VLOCLK。
WDTTMSEL	位4	看门狗定时器模式选择:0为看门狗模式;1为定时器模式。
WDTCNTCL	位3	看门狗定时器计数器清零。设置WDTCNTCL=1清除计数值为0000H。WDTCNTCL自动复位。0为不清除WDTCNT;1为清除WDTCNT为0000h。
WDTS	位2～0	看门狗定时器的定时间隔选择位。以置位WDTIFG标志位和/或产生上电清零信号(PUC)。 000为看门狗时钟源/2G; 001为看门狗时钟源/128M; 010为看门狗时钟源/8192k; 011为看门狗时钟源/ 512k; 100为看门狗时钟源/32k; 101为看门狗时钟源/8192; 110为看门狗时钟源/512; 111为看门狗时钟源/64

6.6.5 看门狗编程实例

在IAR运行环境中,头文件定义了看门狗的相关寄存器以及变量,如下所述:

```
/**************************************************************/
* 看门狗定时器 A
**************************************************************/
#define __MSP430_HAS_WDT_A__   /* Definition to show that Module is available */
```

```
#define  WDTCTL_            (0x015Cu)   /* 看门狗定时器控制寄存器 */
DEFCW(   WDTCTL   , WDTCTL_)
/* 每位都有"WDT"为前缀 */
/*看门狗定时器控制寄存器 WDTCTL 的控制位定义*/
#define WDTIS0              (0x0001u)   /* WDT 定时间隔选择 0 */
#define WDTIS1              (0x0002u)   /* WDT 定时间隔选择 1 */
#define WDTIS2              (0x0004u)   /* WDT 定时间隔选择 2 */
#define WDTCNTCL            (0x0008u)   /* 看门狗定时器清零 */
#define WDTTMSEL            (0x0010u)   /*看门狗定时器模式选择*/
#define WDTSSEL0            (0x0020u)   /*看门狗定时器时钟源选择 SMCLK*/
#define WDTSSEL1            (0x0040u)   /* 看门狗定时器时钟源选择 VLOCLK */
#define WDTHOLD             (0x0080u)   /*看门狗定时器停止位*/

/* WDTCTL 控制位 */
#define WDTIS0_L            (0x0001u)   /* WDT 定时间隔选择 0 */
#define WDTIS1_L            (0x0002u)   /* WDT 定时间隔选择 1 */
#define WDTIS2_L            (0x0004u)   /* WDT 定时间隔选择 2 */
#define WDTCNTCL_L          (0x0008u)   /*看门狗定时器清零 */
#define WDTTMSEL_L          (0x0010u)   /*看门狗定时器模式选择*/
#define WDTSSEL0_L          (0x0020u)   /*看门狗定时器时钟源选择 SMCLK */
#define WDTSSEL1_L          (0x0040u)   /*看门狗定时器时钟源选择 VLOCLK */
#define WDTHOLD_L           (0x0080u)   /*看门狗定时器停止位*/

/*看门狗定时器控制寄存器 WDTCTL 的控制位定义*/

#define WDTPW        (0x5A00u)      //看门狗定时器的密钥，读出为 069h,写必须为 05Ah
#define WDTIS_0      (0*0x0001u) /*看门狗定时器的定时间隔选择时钟源：/2G */
#define WDTIS_1      (1*0x0001u) /*看门狗定时器的定时间隔选择时钟源：/128M */
#define WDTIS_2      (2*0x0001u) /*看门狗定时器的定时间隔选择时钟源：/8192k */
#define WDTIS_3      (3*0x0001u) /*看门狗定时器的定时间隔选择时钟源：/512k */
#define WDTIS_4      (4*0x0001u) /*看门狗定时器的定时间隔选择时钟源：/32k */
#define WDTIS_5      (5*0x0001u) /*看门狗定时器的定时间隔选择时钟源：/8192 */
#define WDTIS_6      (6*0x0001u) /*看门狗定时器的定时间隔选择时钟源：/512 */
#define WDTIS_7      (7*0x0001u) /*看门狗定时器的定时间隔选择时钟源：/64 */
#define WDTIS__2G    (0*0x0001u) /*看门狗定时器的定时间隔选择时钟源：/2G */
#define WDTIS__128M(1*0x0001u) /*看门狗定时器的定时间隔选择时钟源：/128M */
#define WDTIS__8192K (2*0x0001u) /*看门狗定时器的定时间隔选择时钟源：/8192k */
#define WDTIS__512K(3*0x0001u) /*看门狗定时器的定时间隔选择时钟源：/512k */
#define WDTIS__32K (4*0x0001u) /*看门狗定时器的定时间隔选择时钟源：/32k */
#define WDTIS__8192(5*0x0001u) /*看门狗定时器的定时间隔选择时钟源：/8192 */
#define WDTIS__512 (6*0x0001u) /*看门狗定时器的定时间隔选择时钟源：/512 */
#define WDTIS__64  (7*0x0001u) /*看门狗定时器的定时间隔选择时钟源：/64 */
```

```
#define WDTSSEL_0            (0 * 0x0020u)  /* 看门狗定时器时钟源选择：SMCLK */
#define WDTSSEL_1            (1 * 0x0020u)  /* 看门狗定时器时钟源选择：ACLK */
#define WDTSSEL_2            (2 * 0x0020u)  /* 看门狗定时器时钟源选择：VLO_CLK */
#define WDTSSEL_3            (3 * 0x0020u)  /* 看门狗定时器时钟源选择：保留 */
#define WDTSSEL__SMCLK     (0 * 0x0020u)  /* 看门狗定时器时钟源选择：SMCLK */
#define WDTSSEL__ACLK      (1 * 0x0020u)  /* 看门狗定时器时钟源选择：ACLK */
#define WDTSSEL__VLO       (2 * 0x0020u)  /* 看门狗定时器时钟源选择：VLO_CLK */

/* 看门狗定时器的定时间隔由0~2共3位决定 */
/* 看门狗定时器的时钟源 fSMCLK（默认为1MHz） */
#define  WDT_MDLY_32   (WDTPW + WDTTMSEL + WDTCNTCL + WDTIS2)  //默认间隔32ms
#define  WDT_MDLY_8   (WDTPW + WDTTMSEL + WDTCNTCL + WDTIS2 + WDTIS0)  //8ms
#define  WDT_MDLY_0_5    (WDTPW + WDTTMSEL + WDTCNTCL + WDTIS2 + WDTIS1)  //0.5ms
#define  WDT_MDLY_0_064  (WDTPW + WDTTMSEL + WDTCNTCL + WDTIS2 + WDTIS1 + WDTIS0)
                                                                      //0.064ms
#define WDT_ADLY_1000   (WDTPW + WDTTMSEL + WDTCNTCL + WDTIS2 + WDTSSEL0)  //1000ms
#define WDT_ADLY_250    (WDTPW + WDTTMSEL + WDTCNTCL + WDTIS2 + WDTSSEL0 + WDTIS0)
                                                                       //250ms
#define WDT_ADLY_16     (WDTPW + WDTTMSEL + WDTCNTCL + WDTIS2 + WDTSSEL0 + WDTIS1)
                                                                        //16ms
#define WDT_ADLY_1_9 (WDTPW + WDTTMSEL + WDTCNTCL + WDTIS2 + WDTSSEL0 + WDTIS1 + WDTIS0)
                                                                       //1.9ms

/*看门狗模式->定时完复位*/
/*看门狗定时器的时钟源 fSMCLK（默认为1MHz） */
#define WDT_MRST_32     (WDTPW + WDTCNTCL + WDTIS2)              /* 32ms 默认 */
#define WDT_MRST_8      (WDTPW + WDTCNTCL + WDTIS2 + WDTIS0)     /* 8ms  */
#define WDT_MRST_0_5    (WDTPW + WDTCNTCL + WDTIS2 + WDTIS1)     /* 0.5ms */
#define WDT_MRST_0_064  (WDTPW + WDTCNTCL + WDTIS2 + WDTIS1 + WDTIS0)
                                                                 /* 0.064ms" */
#define WDT_ARST_1000   (WDTPW + WDTCNTCL + WDTSSEL0 + WDTIS2)   /* 1000ms */
#define WDT_ARST_250    (WDTPW + WDTCNTCL + WDTSSEL0 + WDTIS2 + WDTIS0)
                                                                 /* 250ms */
#define WDT_ARST_16     (WDTPW + WDTCNTCL + WDTSSEL0 + WDTIS2 + WDTIS1)
                                                                 /* 16ms " */
#define WDT_ARST_1_9    (WDTPW + WDTCNTCL + WDTSSEL0 + WDTIS2 + WDTIS1 + WDTIS0)
                                                                 /* 1.9ms " */
```

了解了头文件中看门狗的定义后就可以对看门狗定时器进行操作，下面是利用看门狗定时器定时32ms进入中断触发LED点亮，主程序如下所示。

```
//****************************************************************
//  ACLK = n/a, MCLK = SMCLK = default DCO ~1.045MHz
//****************************************************************
```

```
#include "cc430x613x.h"
void main(void)
{
  WDTCTL = WDT_MDLY_32;                      //WDT 32ms，默认 SMCLK
  SFRIE1 |= WDTIE;                           //使能 WDT 中断
  P1DIR |= 0x01;                             //设置 P1.0 方向
  __bis_SR_register(LPM0_bits + GIE);        //进入低功耗模式 0(LPM0)，使能中断
  __no_operation();                          //断点设置处便于调试
}

//看门狗定时器中断向量入口
#pragma vector = WDT_VECTOR
__interrupt void WDT_ISR(void)
{
  P1OUT ^= 0x01;                             //触发 P1.0 (LED)
}
```

6.7 系统时钟

6.7.1 系统时钟的介绍

UCS 模块支持低成本和超低功耗，通过使用 3 个内部时钟源，可以将系统的性能和功耗设置到最佳平衡点。UCS 模块包括 5 个时钟输入源，具体如下所述：

- XT1CLK：低频晶体振荡器，可以采用低频 32 768 Hz 手表晶振。
- VLOCLK：片内低消耗的低频晶振，典型频率 10 kHz。
- REFOCLK：片内平衡的低频晶振，典型频率 32 768 kHz，可以被用来作为锁相环(FLL)基准时钟源。
- DCOCLK：内部数字控制振荡器(DCO)，可以通过 FLL 来稳定频率。
- XT2CLK：高频晶振 XT2，适用于需要射频功能的场合。

UCS 模块提供 3 种时钟信号：辅助时钟 ACLK，系统主时钟 MCLK，子系统时钟 SMCLK。3 个时钟信号都可以来自 5 种时钟源中任何一个可用的时钟源，从而有一个完整、灵活的系统时钟配置。灵活的时钟配合和分频系统提供了各个时钟的微调要求。其中 ACLK 一般用于低速外设，MCLK 主要用于 CPU 和系统，SMCLK 主要用于高速外围模块。

在电池供电的应用中，存在相互冲突的性能要求：

- 低时钟频率可以节约能源和延长使用时间；
- 高时钟频率可以达到快速响应时间和快速突发处理能力；

● 时钟频率在工作温度和电源电压下保持稳定；

● 对时钟精度要求限制较少的低成本应用场合。

6.7.2 UCS模块操作

上电清零信号(PUC)后，UCS模块的缺省配置如下：

● XT1为低频(LF)模式下XT1CLK的时钟源，XT1CLK作为ACLK的时钟源。

● DCOCLKDIV选择为MCLK时钟源。

● DCOCLKDIV选择为SMCLK时钟源。

● 使能FLL(锁相环)运行，XT1CLK作为FLL的基准时钟，FLLREFCLK。

● XIN和XOUT引脚被设置为通用I/O，XT1保持禁止，直到I/O端口被配置为XT1模式。

● 射频振荡器作为XT2CLK的时钟源，被禁用。

6.7.3 UCS寄存器

UCS寄存器主要包括一体化时钟控制寄存器，该寄存器的基地址可以参考其数据手册，寄存器列表如表6.8所列。

表6.8 UCS寄存器列表

寄存器名称	缩写	寄存器类型	访问形式	地址偏移量	初始状态
时钟控制寄存器0	UCSCTL0	读/写	字	00h	0000h
	UCSCTL0_L	读/写	字节	00h	00h
	UCSCTL0_H	读/写	字节	00h	00h
时钟控制寄存器1	UCSCTL1	读/写	字	02h	0020h
	UCSCTL1_L	读/写	字节	02h	20h
	UCSCTL1_H	读/写	字节	03h	00h
时钟控制寄存器2	UCSCTL2	读/写	字	04h	101Fh
	UCSCTL2_L	读/写	字节	04h	1Fh
	UCSCTL2_H	读/写	字节	05h	10h
时钟控制寄存器3	UCSCTL3	读/写	字	06h	0000h
	UCSCTL3_L	读/写	字节	06h	00h
	UCSCTL3_H	读/写	字节	07h	00h
时钟控制寄存器4	UCSCTL4	读/写	字	08h	0044h
	UCSCTL4_L	读/写	字节	08h	44h
	UCSCTL4_H	读/写	字节	09h	00h

续表 6.8

寄存器名称	缩写	寄存器类型	访问形式	地址偏移量	初始状态
时钟控制寄存器 5	UCSCTL5	读/写	字	0Ah	0000h
	UCSCTL5_L	读/写	字节	0Ah	00h
	UCSCTL5_H	读/写	字节	0Bh	00h
时钟控制寄存器 6	UCSCTL6	读/写	字	0Ch	C1CDh
	UCSCTL6_L	读/写	字节	0Ch	CDh
	UCSCTL6_H	读/写	字节	0Dh	C1h
时钟控制寄存器 7	UCSCT7	读/写	字	0Eh	0703h
	UCSCTL7_L	读/写	字节	0Eh	03h
	UCSCTL7_H	读/写	字节	0Fh	07h
时钟控制寄存器 8	UCSCTL8	读/写	字	10h	0707h
	UCSCTL8_L	读/写	字节	10h	07h
	UCSCTL8_H	读/写	字节	11h	07h

寄存器控制位的具体定义参见技术手册。

6.7.4 UCS 编程实例

根据以上介绍的一体化时钟寄存器就可以对时钟进行操作，TI 官方提供的例程有 7 个，它们分别采用的时钟是默认的 1 MHz、8 MHz、12 MHz、外部 32 kHz 晶体、110 kHz(看门狗定时器)、外部 32 kHz、输出 32 kHz Xtal 加 HF Xtal 加内部 DCO。

(1) 例如采用内部默认 1 MHz 主系统时钟的主函数为：

```
//*****************************************************************
//   ACLK = REFO = 32.768kHz, MCLK = SMCLK = (Default DCO)/2 = (2MHz/2) = 1MHz
//*****************************************************************
#include  "cc430x613x.h"
void main(void)
{
  WDTCTL = WDTPW + WDTHOLD;                 //关闭看门狗
  PMAPPWD = 0x02D52;                        //端口映射
  P2MAP1 = PM_ACLK;                         //映射 ACLK 输出为 P2.0
  P2MAP2 = PM_MCLK;                         //映射 MCLK 输出为 P2.2
  P2MAP4 = PM_SMCLK;                        //映射 SMCLK 输出为 P2.4
  PMAPPWD = 0;                              //锁定端口映射寄存器

  P2DIR |= BIT1 + BIT2 + BIT4;              //ACLK, MCLK, SMCLK 设置端口的方向为输出
  P2SEL |= BIT1 + BIT2 + BIT4;              //P2.0,2,4 用于调试,功能选择
   P1DIR |= BIT0;                           //P1.0 输出
  while(1)
```

```
    {
      P1OUT ^= BIT0;                     //触发 P1.0
      __delay_cycles(50000);             //延时
    }
}
```

(2) 利用内部振荡器产生12MHz,主函数如下所示。

```
//**********************************************************************
//  ACLK = REFO = 32kHz, MCLK = SMCLK = 12MHz
//**********************************************************************
#include  "cc430x613x.h"
void main(void)
{
  WDTCTL = WDTPW + WDTHOLD;              //关闭看门狗
  P1DIR |= BIT0;                         //P1.0 设置为输出
  PMAPPWD = 0x02D52;                     //端口映射
  P2MAP0 = PM_ACLK;                      //映射 ACLK 输出为 P2.0
  P2MAP2 = PM_MCLK;                      //映射 MCLK 输出为 P2.2
  P2MAP4 = PM_SMCLK;                     //映射 SMCLK 输出为 P2.4
  PMAPPWD = 0;                           //锁定端口映射寄存器
  P2DIR |= BIT0 + BIT2 + BIT4;  //ACLK, MCLK, SMCLK 设置端口的方向为输出
  P2SEL |= BIT0 + BIT2 + BIT4;  //P2.0,2,4 用于调试,功能选择
  UCSCTL3 |= SELREF_2;                   //设置 DCO FLL = REFO
  UCSCTL4 |= SELA_2;                     //设置 ACLK = REFO
  __bis_SR_register(SCG0);               //禁止 PLL 控制
  UCSCTL0 = 0x0000;                      //设定最低 DCOx, MODx
  UCSCTL1 = DCORSEL_5;                   //选择 DCO 频率范围为 24MHz 下运行
  UCSCTL2 = FLLD_1 + 374;                //设置 DCO 倍频数到 12MHz
                                         //(N + 1) * FLL 参考频率
                                         //(374 + 1) * 32768 = 12MHz
                                         //设置 FLL 的分频数 = fDCOCLK/2
  __bic_SR_register(SCG0);               //使能 FLL
  __delay_cycles(375000);
  do
  {
    UCSCTL7 &= ~(XT2OFFG + XT1LFOFFG + XT1HFOFFG + DCOFFG);
                                         //清除 XT2,XT1,DCO 失效标志
    SFRIFG1 &= ~OFIFG;                   //清除失效标志
  }while (SFRIFG1&OFIFG);                //测试振荡器的失效标志
  while(1)
  {
    P1OUT ^= BIT0;                       //触发 P1.0
```

```
    __delay_cycles(600000);          //延时
  }
}
```

6.8 Flash 及 RAM 应用

6.8.1 Flash 应用

1. Flash 存储器简介

Flash 存储器是可按照字节、字和长字寻址和编程的存储设备。Flash 存储器集成了一个控制器，用于控制编程和擦除操作。该模块包含 3 个寄存器、一个时序发生器、一个提供编程和擦除电压的电压发生器。

Flash 存储器及其控制器的结构框图如图 6.3 所示。

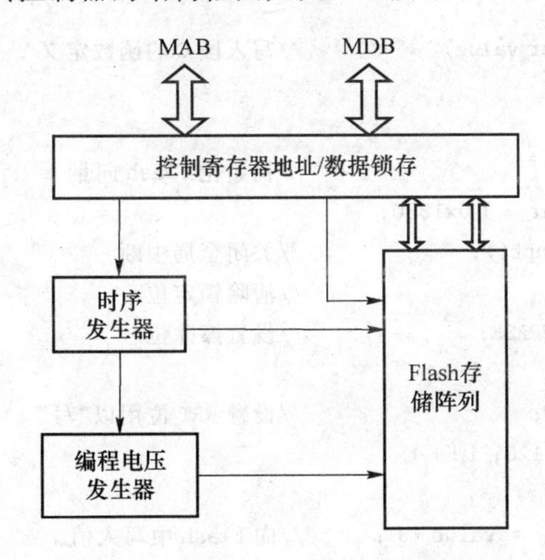

图 6.3 Flash 存储器模块结构框图

Flash 存储器特性如下：

- 内部编程电压发生器；
- 可使用字节、字（两个字节）和长字（4 个字节）编程；
- 超低功耗；
- 支持段擦除、块擦除以及全擦除；
- 边沿 0 和边沿 1 读模式；
- 当程序在不同的 Flash 块中执行时，每一个块可被单独擦除。

2. Flash 存储器应用实例分析

该程序是 TI 官方提供的实例。如下程序实现了 Flash 的写和复制功能，

```
//*************************************************************
//  ACLK = REFO = 32kHz, MCLK = SMCLK = 默认 DCO 1048576Hz
//*************************************************************
#include "cc430x613x.h"
char value;
//函数声明
void write_SegC(char value);
void copy_C2D(void);
void main(void)
{
  WDTCTL = WDTPW + WDTHOLD;                //关闭看门狗 WDT
  value = 0;                               //初始化 value 的值
  write_SegC(value);                       //写入段 C 增量值
  copy_C2D();                              //复制 C 到 D
  while(1);                                //死循环
}
void write_SegC(char value)                //写入段 C 的函数定义
{
  unsigned int i;
  char * Flash_ptr;                        //初始化 Flash 向量
  Flash_ptr = (char * ) 0x1880;
  __disable_interrupt();                   //关闭全局中断
  FCTL3 = FWKEY;                           //清除锁定位
  FCTL1 = FWKEY + ERASE;                   //设置擦除位
  * Flash_ptr = 0;
FCTL1 = FWKEY + WRT;                       //设置 WRT 位用以"写"
  for (i = 0; i < 128; i++)
  {
    * Flash_ptr++ = value++;               //向 Flash 中写入值
  }
  FCTL1 = FWKEY;                           //清除 WRT 位
  FCTL3 = FWKEY + LOCK;                    //设置 LOCK 位
}
//-------------------------------------------------------------
//复制 C 到 D 函数定义
//-------------------------------------------------------------
void copy_C2D(void)
{
  unsigned int i;
  char * Flash_ptrC;
  char * Flash_ptrD;
  Flash_ptrC = (char * ) 0x1880;                //初始化 Flash 段 C
```

```
    Flash_ptrD = (char * ) 0x1800;                //初始化 Flash段 D
    __disable_interrupt();                        //关闭全局中断
    FCTL3 = FWKEY;                                //清除 WRT 位
    FCTL1 = FWKEY + ERASE;                        //设置 Erase 位
    * Flash_ptrD = 0;
    FCTL1 = FWKEY + WRT;                          //设置 WRT 位用以"写"
    for (i = 0; i < 128; i++)
    {
      * Flash_ptrD++ = * Flash_ptrC++;            //复制 C 到 D
    }
    FCTL1 = FWKEY;                                //清除 WRT 位
    FCTL3 = FWKEY + LOCK;                         //设置 LOCK 位
}
```

6.8.2 RAM的应用

RAM控制器(RAMCTL)用于访问不同节电模式下的RAM。RAMCTL可以在CPU关闭时,减少RAM的漏电流。关掉RAM可以降低功耗。在保持模式下,RAM的内容是保持的,而在关机状态下,RAM中的内容将丢失。RAM被划分为若干段,典型值是每段占4 KB。每段的开启或关闭可由RAM控制寄存器0(RCCTL0)中的RAM段关闭控制位(RCRSyOFF)来控制。RCCTL0寄存器只能进行按字访问,即只能按字写入,或者按照相应的密钥初始化。

RAMCTL操作模式:活动模式,低功耗模式,RAM关闭模式,堆栈指针SP,USB缓冲寄存器。RAMCTL模块寄存器如表6.9所列。

表6.9 RAMCTL模块寄存器

寄存器	简写	寄存器类型	寄存器访问方式	地址偏移量	初始状态
RAM控制寄存器0	RCCTL0	读/写	字访问	00h	6900h
	RCCTL0_L	读/写	字节访问	00h	00h
	RCCTL0_H	读/写	字节访问	01h	69h

RAM控制寄存器0(RCCTL0)

RCKEY	位15~8	RAM控制器密钥。通常读的结果是69h,写时必须是5Ah,否则对RAMCTL的写入操作将被忽略。
RCRS7OFF	位7	RAM控制器的段7关闭控制位。该位置位,将关闭RAM的段7,所有保存在段7的数据都将丢失。在具有USB接口的器件中,段7用作USB缓冲区。
保留	位6~4	保留位。通常读出为0。
RCRSyOFF	位3~0	RAM控制器第y段关闭控制位。该位置1,将关闭相应的RAM段y,且该部分y保存的所有数据将丢失。

6.9 数字 I/O 口操作

6.9.1 数字 I/O 口介绍

用户可以通过软件配置为普通 I/O 端口。其功能如下：

- 各 I/O 引脚可独立编程；
- 可以任意方式组合输入、输出；
- 可独立设置 P1 和 P2 口中断；
- 独立的输入、输出数据寄存器。
- 可独立配置端口上拉电阻或下拉电阻。

当 I/O 引脚被配置为普通 I/O 口输入时，输入寄存器 PxIN 中的每一个位反映了对应 I/O 口信号的输入值。在写操作被激活时，写 PxIN 只读寄存器会导致电流消耗的增加。

当 I/O 引脚被配置为普通 I/O 输出时，输出寄存器 PxOUT 中的每一个位就对应 I/O 口的电平输出值。如果引脚被配置为普通 I/O 口、输入方向且使用上拉/下拉寄存器，则 PxOUT 寄存器中的每一位对应的引脚就被选择为上拉或下拉。

方向寄存器 PxDIR 中的每一位选择相应引脚的输入输出方向，而不管该引脚实现的功能。当引脚被设置为其他功能时，方向寄存器 PxDIR 对应的位必须根据该引脚所实现的功能设置为所要求的方向值。数字 I/O 端口寄存器如表 6.10 所列。

表 6.10 数字 I/O 端口寄存器

寄存器	位	说明
端口 x 口输入寄存器(PxIN)	位 7～0	端口 x 输入，只读
端口 x 口输出寄存器(PxOUT)	位 7～0	端口 x 输出。当 I/O 口配置为输出模式是：0 为低电平，1 为高电平；当 I/O 口配置为输入模式，并且上拉/下拉使能时：0 位下拉，1 为上拉
端口 x 方向寄存器(PxDIR)	位 7～0	端口 x 方向选择位。0 为输入，1 为输出
端口 x 寄存器使能寄存器(PxREN)	位 7～0	端口 x 上拉/下拉电阻使能。0 为关闭上拉/下拉，1 为使能上拉/下拉
端口 x 输出驱动能力寄存器(PxDS)	位 7～0	端口 x 输出驱动能力选择位。0 为减弱输出驱动能力方式，1 为全输出驱动能力方式
P1 口中断向量寄存器(P1IVx)	位 15～0	P1 口中断向量值
P1 口中断触发沿选择寄存器(P1IES)	位 7～0	P1 口中断触发沿选择。0 为上升沿，P1IFGx 标志位置位；1 为下降沿，P1IFGx 标志位置位
P1 口中断使能寄存器(P1IE)	位 7～0	P1 口中断使能。0 为关闭相应端口中断；1 为使能相应端口中断

续表 6.10

端口 x 口输入寄存器(PxIN)	位 7～0	端口 x 输入，只读
P1 口中断标志寄存器(P1IFG)	位 7～0	P1 口中断标志。0 为无中断请求；1 为有中断请求
P2 口中断向量寄存器(P2IVx)	位 15～0	P2 口中断向量值
P2 口中断触发沿选择寄存器(P2IES)	位 7～0	P2 口中断触发沿选择。0 为上升沿，P2IFGx 标志位置位；1 为下降沿，P2IFGx 标志位置位
P2 口中断使能寄存器(P2IE)	位 7～0	P2 口中断使能。0 为关闭相应端口中断；1 为使能相应端口中断
P2 口中断标志寄存器(P1IFG)	位 7～0	P2 口中断标志。0 为无中断请求；1 为有中断请求

6.9.2 数字 I/O 口应用实例

利用数字 I/O 口操作 LED、按键和蜂鸣器的例程如下所述。

(1) 利用 I/O 口点亮一个 LED

```
/************************************/
//点亮一个 LED 灯
//   author:MXM
//   跳线:P27-LED4(可以单独测试 LED1,LED2,LED3)
/************************************/

#include "cc430x613x.h"
void main(void)
{
   unsigned int i;                         //变量声明
   WDTCTL = WDTPW + WDTHOLD;               //关闭看门狗
   P3DIR |= BIT6;                          //设置 P3.6 为输出,这里 BIT7 = 0x0080
   while(1)
{
for (i = 0;i<20000;i++)                    //循环延时
P3OUT &= ~ BIT6;                           //使 P3.6 输出低电平,发光二极管亮
for (i = 0;i<20000;i++);                   //再次循环延时
P3OUT |= BIT6;                             //使 P3.6 输出高电平,发光二极管灭
   }
}
```

(2) 按键加 LED

```
/************************************/
//   独立按键
//   有键按下则 P2.7 亮
//   对应跳线:P35-LED1 P36-LED2 P37-LED3 P27-LED4 P1.0|--> LED KEY1-P20 KEY2-P21
```

```
KEY3-P22 KEY4-P23
  //可选择 LED 和按键,该例中选择 LED4
  /**************************************/
  #include "cc430x613x.h"
  void main(void)
  {
    WDTCTL = WDTPW + WDTHOLD;                    //关闭看门狗
    P3DIR |= BIT5 + BIT6 + BIT7;                 //设置 P3.5,P3.6,P3.7 方向为输出
    P2DIR |= BIT7;                               //设置 P2.7 方向为输出
    P2REN |= BIT0 + BIT1 + BIT2 + BIT3;          //使能 P2.0,P2.1,P2.2,P2.3 内部电阻
    P2OUT |= BIT0 + BIT1 + BIT2 + BIT3;          //设置 P2.0,P2.1,P2.2,P2.3  为上拉电阻
    P2IE |= BIT0 + BIT1 + BIT2 + BIT3;           //P2.0,P2.1,P2.2,P2.3 中断使能
    P2IES |= BIT0 + BIT1 + BIT2 + BIT3;          //P2.0,P2.1,P2.2,P2.3 触发边沿选择
    P2IFG &= ~(BIT0 + BIT1 + BIT2 + BIT3);       //P2.0,P2.1,P2.2,P2.3 中断标志清除
    _bis_SR_register(LPM4_bits + GIE);           //进入低功耗 LPM4
    _no_operation();                             //设置 断点,便于调试
  }

  #pragma vector = PORT2_VECTOR
  _interrupt void Port_2(void)
  {
    switch (P2IFG&0X0F)
    {
    case 0x01:
      {P3OUT ^= BIT5;                            //P3.5 输出高电平
      P2IFG &= ~BIT0; break;}
    case 0x02:                                   //P3.6 中断标志清除
      {P3OUT ^= BIT6;
      P2IFG &= ~BIT1;break;}
     case 0x04:
      {P3OUT ^= BIT7;
       P2IFG &= ~BIT2;break;}
     case 0x08:
      {P2OUT ^= BIT7;
       P2IFG &= ~BIT3;break;}
    default:{P2IFG = 0X00;break;}
    }
  }
```

(3) 按键加蜂鸣器

```
  /**************************************/
  //  独立按键,按键加蜂鸣器
```

```
//  有键按下则蜂鸣器响同时对应 LED 亮
//  跳线:P5.0 - 蜂鸣器   KEY1-P20 KEY2-P21 KEY3-P22 KEY4-P23
/************************************/
#include "cc430x613x.h"
#define  Buzzer_ON       P5DIR| = BIT0,P5OUT& = ~BIT0      //蜂鸣器响
#define  Buzzer_OFF      P5DIR| = BIT0,P5OUT| = BIT0       //蜂鸣器停
void delay(unsigned int ms)
{
unsigned int i,j;
for( i = 0;i<ms;i++)
for(j = 0;j<1500;j++);
}
void main(void)
{
  WDTCTL = WDTPW + WDTHOLD;                    //关闭看门狗
  P3DIR | = BIT5 + BIT6 + BIT7;                //设置 P3.5,P3.6,P3.7 方向为输出
  P2DIR | = BIT7;                              //设置 P2.7 方向为输出
  P2REN | = BIT0 + BIT1 + BIT2 + BIT3;         //使能 P2.0,P2.1,P2.2,P2.3 内部电阻
  P2OUT | = BIT0 + BIT1 + BIT2 + BIT3;         //设置 P2.0,P2.1,P2.2,P2.3 为上拉电阻
  P2IE | = BIT0 + BIT1 + BIT2 + BIT3;          //P2.0,P2.1,P2.2,P2.3 中断使能
  P2IES | = BIT0 + BIT1 + BIT2 + BIT3;         //P2.0,P2.1,P2.2,P2.3 触发边沿选择
  P2IFG &= ~(BIT0 + BIT1 + BIT2 + BIT3);       //P2.0,P2.1,P2.2,P2.3 中断标志清除
  __bis_SR_register(LPM4_bits + GIE);          //进入低功耗 LPM4
  __no_operation();                            //设置断点,便于调试
}

#pragma vector = PORT2_VECTOR
__interrupt void Port_2(void)
{
  switch (P2IFG&0X0F)
  {
  case 0x01:
    {P3OUT ^= BIT5;                            //P3.5 输出高电平
     Buzzer_ON;
     delay(100);
     Buzzer_OFF;
     P2IFG &= ~BIT0; break;}
  case 0x02:                                   //P3.6 中断标志清除
  {P3OUT ^= BIT6;
    Buzzer_ON;
    delay(100);
    Buzzer_OFF;
```

```
        P2IFG &= ~BIT1;break;}
      case 0x04:
        {P3OUT ^= BIT7;
        Buzzer_ON;
        delay(100);
        Buzzer_OFF;
        P2IFG &= ~BIT2;break;}
      case 0x08:
        {P2OUT ^= BIT7;
        Buzzer_ON;
        delay(100);
        Buzzer_OFF;
        P2IFG &= ~BIT3;break;}
      default:{P2IFG = 0X00;break;}
    }
}
```


6.10 DMA 控制器

6.10.1 DMA 控制器介绍

DMA 控制器可以在整个 CC430 平台的寻址范围内把数据从一个地址传输到另外一个地址，而无需 CPU 干预。DMA 的特性包括：

- 最多高达 8 个独立的传输通道；
- 可配置 DMA 通道的优先级；
- 每次传输仅需要两个 MCLK 时钟周期；
- 字节、字和字节与字混合传输特性；
- 字块大小多达 65 536 个字或字节；
- 可配置的传输触发源；
- 可选择的跳变沿触发或电平触发方式；
- 4 种寻址方式：固定地址到固定地址、固定地址到块地址、块地址到固定地址、块地址到块地址。
- 单次、块或者突发块传输模式。

DMA 控制器有 4 种寻址模式，如图 6.4 所示。

DMA 控制器有 6 种传输模式，由 DMADTx 位选择，如表 6.10 所列。每个通道都可以独立地配置其传输模式。传输模式的配置和寻址方式是独立的。任何寻址方式都可以适用每种传输模式，DMA 传输模式如表 6.11 所列，DMA 传输状态图如图 6.5、6.6、6.7 所示。

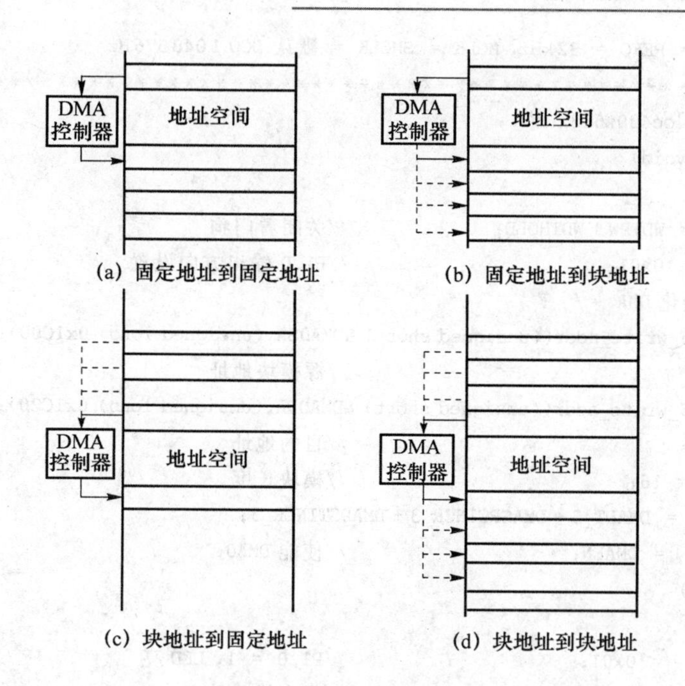

图 6.4　DMA 寻址模式

表 6.11　DMA 传输模式

DMADTx	传输模式	描　述
000	单次传输	每次传输都需要一个单独触发。在 DMAzSZ 减为 0 后,DMAEN 会被自动清除
001	块传输	触发一次后,整个块都被传输。传输结束后,DMAEN 自动复位
010,011	突发块传输	传输是在 CPU 交叉存取下的块传输。DMAEN 位会在突发块传输结束后,自动清除
100	重复单次传输	每次传输需要一个触发。DMAEN 保持使能
101	重复块传输	一个完整的块传输需要一个触发。DMAEN 保持使能
110,111	重复突发块传输	传输是在 CPU 交叉存取下的块传输。DMAEN 保持使能

每个 DMA 通道都可以独立地由 DMAxTSELx 置位触发源。

6.10.2　DMA 控制器应用实例分析

下面的例程是实现与 RAM 之间的通信,当然还可以实现在 SPI,ADC 以及 UART 模式时的通信。

```
//******************************************************************
//利用 DMA 的突发模式实现 CPU 与 RAM 直接通信
//
```

```
//  ACLK = REFO = 32kHz, MCLK = SMCLK = 默认 DCO 1048576Hz
//*************************************************************************
#include "cc430x613x.h"
void main(void)
{
  WDTCTL = WDTPW + WDTHOLD;                    //关闭看门狗
  P1DIR |= 0x01;                               //P1.0 输出方向设置
  /* 初始化 DMA */
  __data16_write_addr((unsigned short) &DMA0SA,(unsigned long) 0x1C00);
                                               //源模块地址
  __data16_write_addr((unsigned short) &DMA0DA,(unsigned long) 0x1C20);
                                               //目的地址
  DMA0SZ = 16;                                 //模块长度
  DMA0CTL = DMADT_5 + DMASRCINCR_3 + DMADSTINCR_3;
  DMA0CTL |= DMAEN;                            //使能 DMA0
  while(1)
  {
    P1OUT |= 0x01;                             //P1.0 = 1, LED 亮
    DMA0CTL |= DMAREQ;                         //触发模块传送
    __delay_cycles(64);                        //延时使传送完成
for DMA xfer
    __no_operation();                          //断点设置处
    P1OUT &= ~0x01;                            //P1.0 = 0, LED 灭
  }
}
```

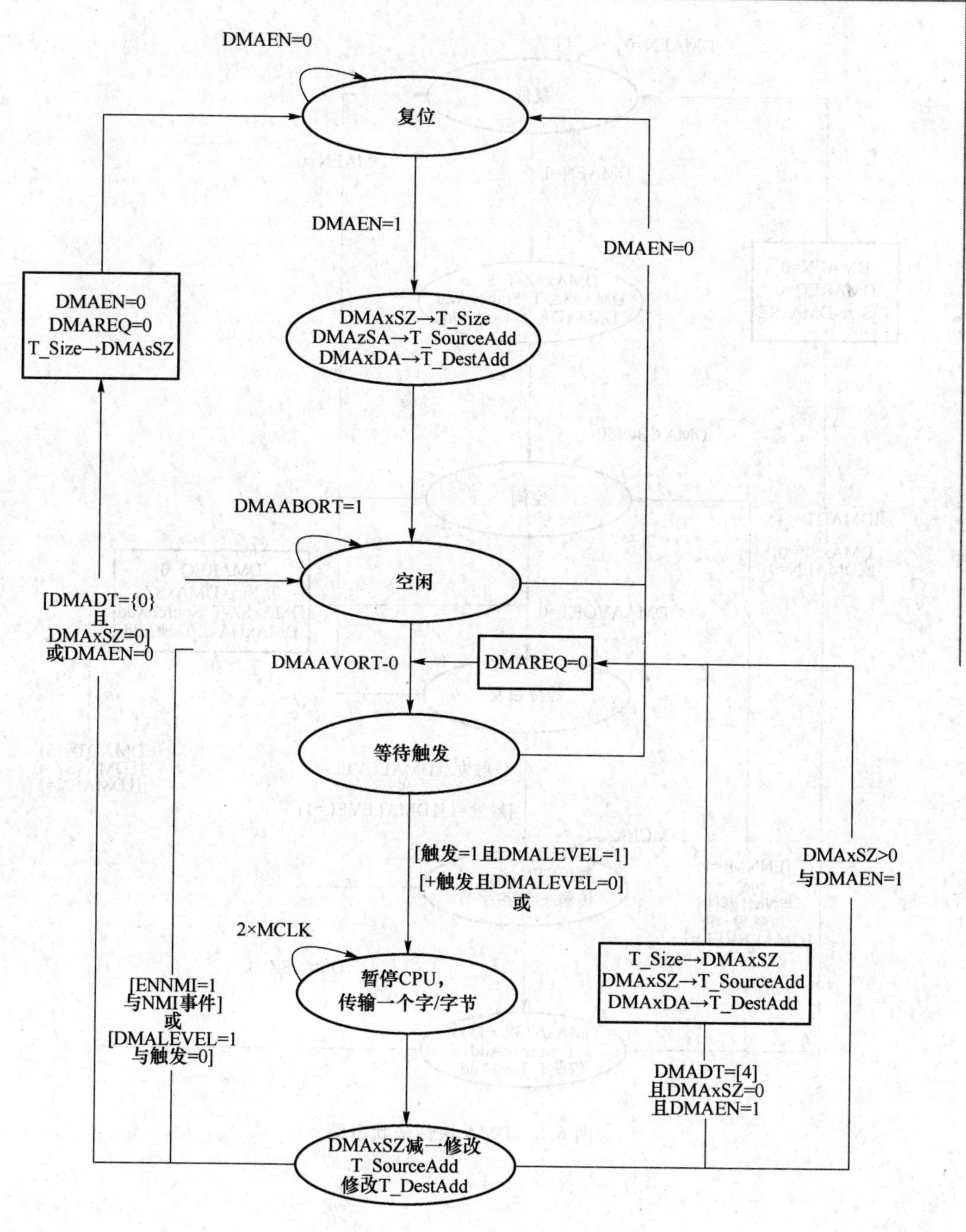

图 6.5 DMA 单次传输状态图

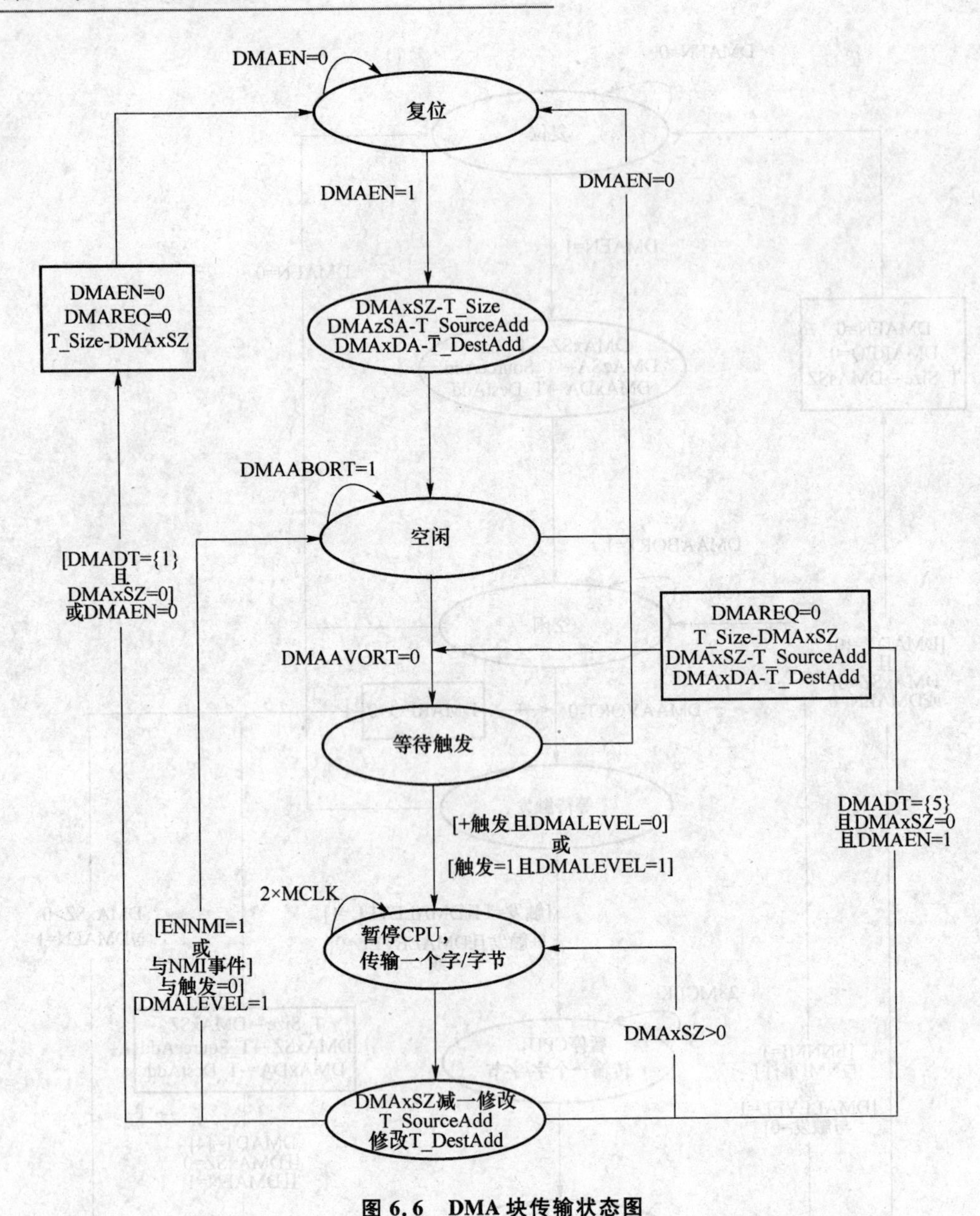

图 6.6 DMA 块传输状态图

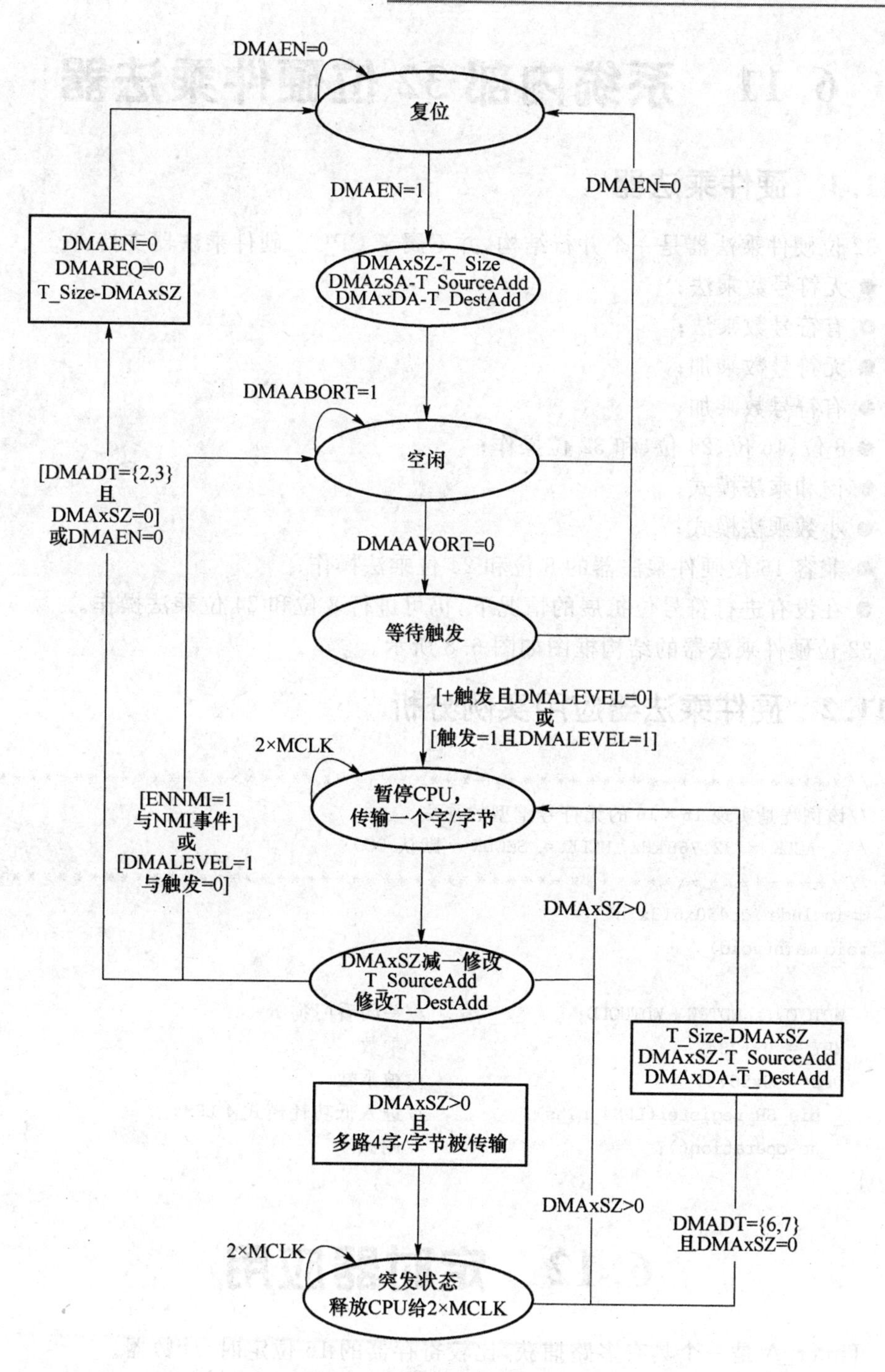

图6.7　DMA突发块传输状态图

6.11 系统内部32位硬件乘法器

6.11.1 硬件乘法器

32位硬件乘法器是一个并行结构,并不属于CPU。硬件乘法器支持:

- 无符号数乘法;
- 有符号数乘法;
- 无符号数乘加;
- 有符号数乘加;
- 8位、16位、24位、和32位操作;
- 饱和乘法模式;
- 小数乘法模式;
- 兼容16位硬件乘法器的8位和24位乘法操作;
- 在没有进行符号位扩展的情况下,仍可进行8位和24位乘法操作。

32位硬件乘法器的结构框图如图6.8所示。

6.11.2 硬件乘法器应用实例分析

```
//************************************************************************
//该例程是实现16×16的无符号整型的乘法
//    ACLK = 32.768kHz, MCLK = SMCLK = 默认 DCO
//************************************************************************
#include "cc430x613x.h"
void main(void)
{
  WDTCTL = WDTPW + WDTHOLD;                   //关闭看门狗
  MPY = 0x1234;                               //乘数
  OP2 = 0x5678;                               //被乘数
  __bis_SR_register(LPM4_bits);               //进入低功耗模式4 LPM4
  __no_operation();                           //调试
}
```

6.12 定时器应用

Timer_A是一个具有多路捕获/比较寄存器的16位定时/计数器。

6.12.1 Timer_A介绍

Timer_A是一个16位的定时/计数器,同时多达7个捕获/比较寄存器。Timer

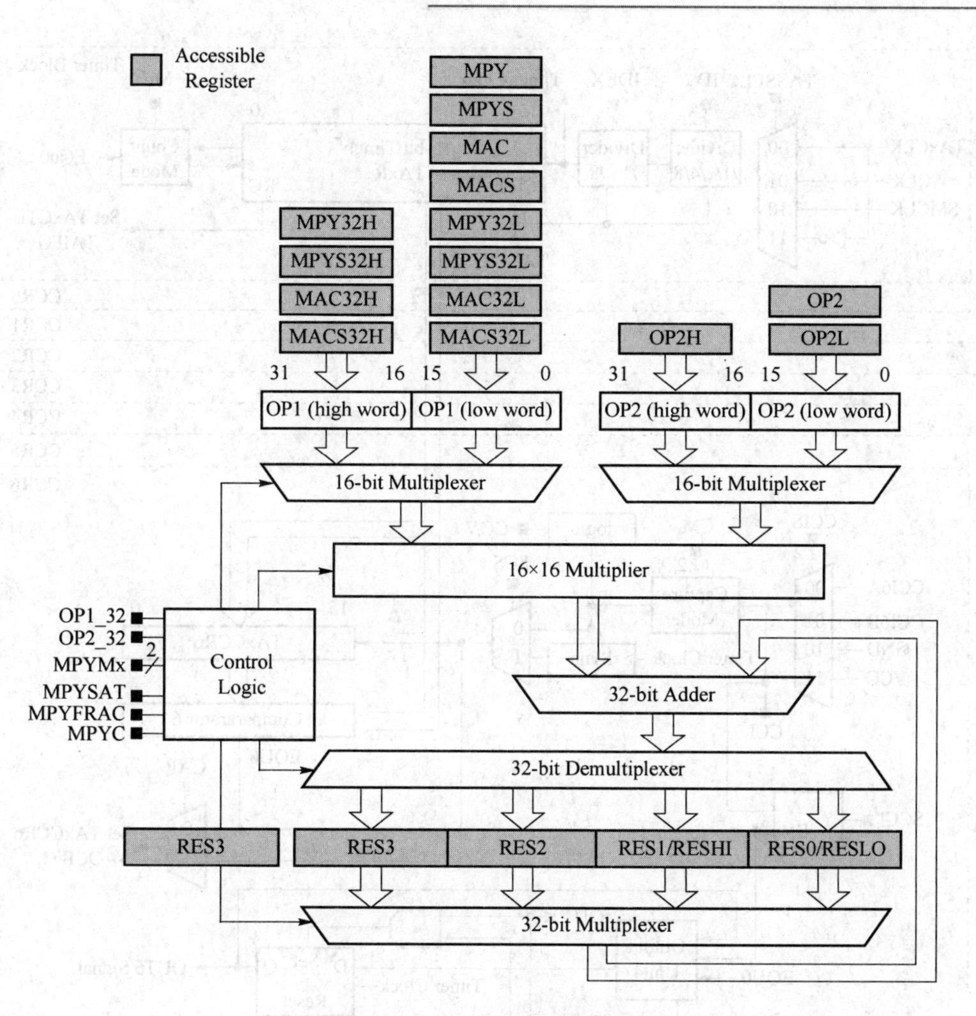

图 6.8　32 位硬件乘法器的结构框图

_A 支持多路捕获/比较功能、PWM 输出以及间隔定时功能。Timer_A 也具有扩展中断向量的能力。中断可以来自定时器溢出或者任意的捕获/比较寄存器。Timer_A 的特征包括：

- 具有 4 种工作模式的异步 16 位定时/计数器；
- 可选择配置的时钟源；
- 多达 7 个可配置的捕获/比较寄存器；
- 可配置的 PWM 输出功能；
- 异步输入和同步锁存；
- 所有 Timer_A 中断具备快速解码的中断向量寄存器；

Timer_A 的结构框图如 6.9 所示。

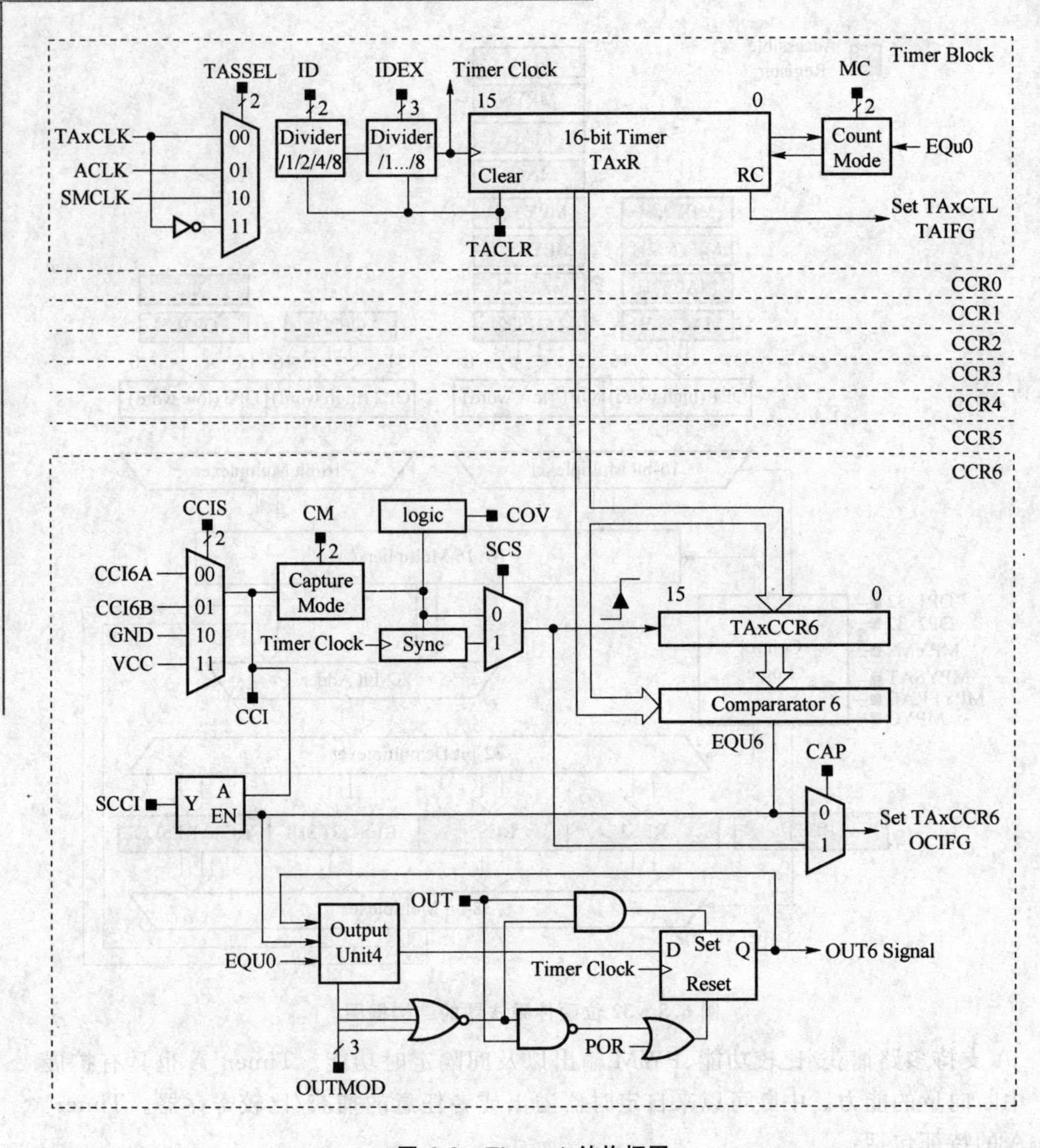

图 6.9　Timer_A 结构框图

6.12.2　Timer_A 应用实例分析

```
//************************************************************
//   利用定时器 3 捕获比较,触发 LED 闪烁
//   ACLK = n/a, MCLK = SMCLK = TACLK = default DCO ～1.045 MHz
//************************************************************
#include "cc430x613x.h"
void main(void)
```

```
{
  WDTCTL = WDTPW + WDTHOLD;              //关闭看门狗
  P1DIR |= 0x01;                          //P1.0 输出
  TA1CCTL0 = CCIE;                        //CCR0 中断使能
  TA1CCR0 = 50000;
  TA1CTL = TASSEL_2 + MC_2 + TACLR;

  __bis_SR_register(LPM0_bits + GIE);  //进入低功耗模式 0,中断使能
  __no_operation();                       //调试
}
#pragma vector = TIMER1_A0_VECTOR
__interrupt void TIMER1_A0_ISR(void)
{
  P1OUT ^= 0x01;                          //触发 P1.0
  TA1CCR0 += 50000;
}
```

6.13　内部实时时钟

6.13.1　RTC_A 的介绍

RTC_A 模块提供实时时钟和日历功能,也可以配置成一个通用的计数器。实时时钟模块的大多数寄存器没有初始条件,在使用这个模块之前,必须通过软件对寄存器进行初始化配置。RTC_A 的特性包括:

- 可配置成实时时钟模式或通用计数器;
- 日历模式提供秒、分、小时、星期、日期、月份、和年份。
- 具有中断能力;
- 实时时钟模式里,可选择 BCD 码或二进制格式;
- 实时时钟模式里,具有可编程闹钟报警模式;
- 实时时钟模式里,具有时间偏差的校准逻辑。

RTC_A 的结构框图如图 6.10 所示。

6.13.2　RTC_A 应用实例分析

(1) 实时时钟计数模式

```
//*************************************************************************
//利用实时时钟的计数模式,在计数满是触发 LED 闪烁,并实时显示
//*************************************************************************
#include "cc430x613x.h"
```

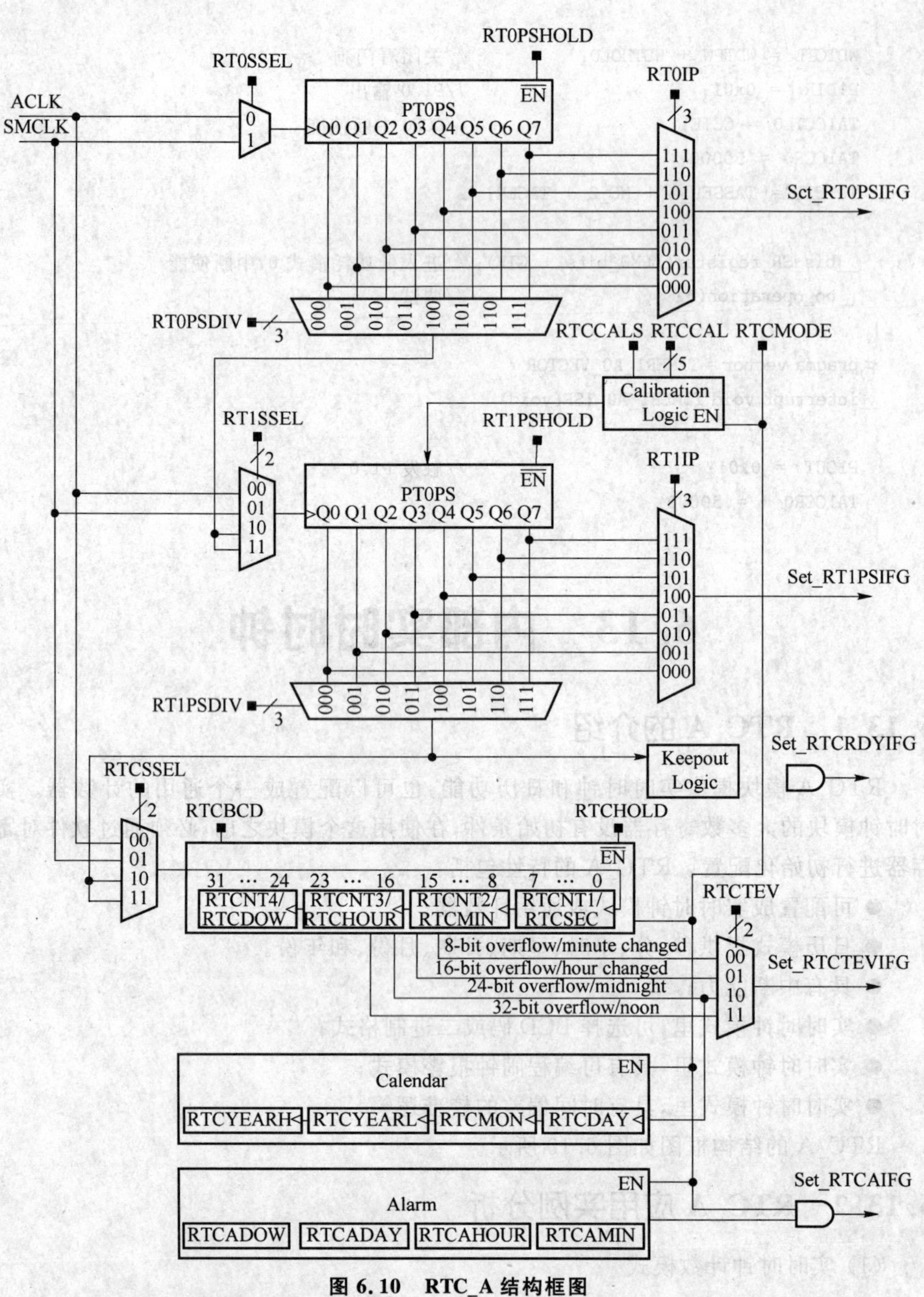

图 6.10　RTC_A 结构框图

```
#include "LCD段码表.h"
unsigned char sec ;
void main(void)
{
```

```
    WDTCTL = WDTPW + WDTHOLD;
    RTCNT2 = 95;
    P5SEL |= (BIT5 | BIT6 | BIT7);
    P5DIR |= (BIT5 | BIT6 | BIT7);
    //*************************************************************
  //配置 LCD_B 寄存器
    LCDBCTL0 =  (LCDDIV0 + LCDDIV1 + LCDDIV2 + LCDDIV3 + LCDDIV4)| LCDPRE0 |
LCD4MUX | LCDON | LCDSON;
    LCDBVCTL = LCDCPEN | VLCD_3_08;                    // + LCDSSEL
    LCDBCTL0 |= LCDON + LCDSON;
    REFCTL0 &= ~REFMSTR;
     LCDBPCTL0 = 0x00F;                                //选择要显示的段
    LCDBPCTL1 = 0x0000;
    P1OUT |= 0x01;
    P1DIR |= 0x01;

    //开启 RTC 定时器
    RTCCTL01 = RTCTEVIE + RTCSSEL_2 + RTCTEV_0;      //计数模式
                                                     //计数满就进入中断
    RTCPS0CTL = RT0PSDIV_2;
    RTCPS1CTL = RT1SSEL_2 + RT1PSDIV_3;
    __bis_SR_register(LPM3_bits + GIE);
  }
  #pragma vector = RTC_VECTOR
  __interrupt void RTC_ISR(void)
  {
      sec = RTCNT2 ;
      if(sec>99)
     { RTCNT2 = 0X00;
     sec = RTCNT2 ;}
                                                     //sec = sec % 10;
    switch(__even_in_range(RTCIV,16))
    {
      case 0: break;                                 //无中断
      case 2: break;                                 //RTCRDYIFG
      case 4:                                        //RTCEVIFG
        {P1OUT ^= 0x01;
        LCDM1 &= ~LCD_Char_Map[20];
        LCDM1 |= LCD_Char_Map[sec/10];
        LCDM2 &= ~LCD_Char_Map[20];
        LCDM2 |= LCD_Char_Map[sec % 10];
        break;}
```

```
    case 6: break;                                          //RTCAIFG
    case 8: break;                                          //RT0PSIFG
    case 10: break;                                         //RT1PSIFG
    case 12: break;                                         //预留
    case 14: break;                                         //预留
    case 16: break;                                         //预留
    default: break;
  }
}
```

(2) 实时时钟实现万年历

```
//*****************************************************************
//  CC430F613x Demo-RTC 日历模式
//实时 LCD 显示
//显示年月日,时分秒
//*****************************************************************
#include "cc430x613x.h"
#include "LCD段码表.h"
#define delay_ms(x)   (__delay_cycles(1000 * x))
unsigned char sec ;
unsigned int i;
void main(void)
{
  WDTCTL = WDTPW + WDTHOLD;
      RTCYEARL = 0X12;
      RTCMON = 0X12;
      RTCDAY = 0X15;
      RTCHOUR = 0X09;
      RTCMIN = 0X02;
      RTCSEC = 0X00;
      P5SEL |= (BIT5 | BIT6 | BIT7);
      P5DIR |= (BIT5 | BIT6 | BIT7);
  //********************** 配置 LCD_B ***************************
LCDBCTL0 = (LCDDIV0 + LCDDIV1 + LCDDIV2 + LCDDIV3 + LCDDIV4)|
LCDPRE0 | LCD4MUX | LCDON | LCDSON;
LCDBVCTL = LCDCPEN | VLCD_3_08;// + LCDSSEL
LCDBCTL0 |= LCDON + LCDSON;
REFCTL0 &= ~REFMSTR;
LCDBPCTL0 = 0xffF;                                    //
LCDBPCTL1 = 0x0000;
  P1OUT |= 0x01;
P1DIR |= 0x01;
```

```
RTCCTL01 = RTCBCD + RTCMODE + RTCTEVIE +  RTCTEV_1;//计数模式
                                            ///计数满就进入中断
    RTCPS0CTL = RT0PSDIV_2;
    RTCPS1CTL = RT1SSEL_2 + RT1PSDIV_3;
    sec = RTCSEC;
    LCDM5 &= ~LCD_Char_Map[20];
    LCDM5 |= LCD_Char_Map[sec>>4];
    sec = RTCSEC;
    LCDM6 &= ~LCD_Char_Map[20];
    LCDM6 |= LCD_Char_Map[sec&0X0F];
    sec = RTCMIN;
    LCDM3 &= ~LCD_Char_Map[20];
    LCDM3 |= LCD_Char_Map[sec>>4];
    sec = RTCMIN;
    LCDM4 &= ~LCD_Char_Map[20];
    LCDM4 |= LCD_Char_Map[sec&0X0F];
    sec = RTCHOUR;
    LCDM1 &= ~LCD_Char_Map[10];
    LCDM1 |= LCD_Char_Map[sec>>4];
    sec = RTCHOUR;
    LCDM2 &= ~LCD_Char_Map[20];
    LCDM2 |= LCD_Char_Map[sec&0X0F];
    for(i=0;i<100;i++)
    {
        delay_ms(25);
        delay_ms(25);
    }
    sec = RTCDAY;
    LCDM5 &= ~LCD_Char_Map[20];
    LCDM5 |= LCD_Char_Map[sec>>4];
    sec = RTCDAY;
    LCDM6 &= ~LCD_Char_Map[20];
    LCDM6 |= LCD_Char_Map[sec&0X0F];
    sec = RTCMON;
    LCDM3 &= ~LCD_Char_Map[20];
    LCDM3 |= LCD_Char_Map[sec>>4];
    sec = RTCMON;
    LCDM4 &= ~LCD_Char_Map[20];
    LCDM4 |= LCD_Char_Map[sec&0X0F];
    sec = RTCYEARL;
    LCDM1 &= ~LCD_Char_Map[20];
    LCDM1 |= LCD_Char_Map[sec>>4];
```

```
        sec = RTCYEARL;
        LCDM2 &=  ~LCD_Char_Map[20];
        LCDM2 |= LCD_Char_Map[sec&0X0F];
        for(i = 0;i<100;i++)
        {
            delay_ms(25);
            delay_ms(25);
        }
        __bis_SR_register(LPM3_bits + GIE);
}
```

6.14 UART通信接口

UART只是通用串行通信接口USCI的一种模式。不同的USCI支持多种不同的模式。如：USCI_A_x 模块支持UART模式、脉冲整形的IrDA通信、自动波特率检测的LIN通信、SPI模式。USCI_B_x 模块支持IIC模式、SPI模式。

6.14.1 UART模式

在异步模式下，USCI_A_x 模块通过两个外部引脚UCAxRXD和UCAxTXD连接CC430平台和外部系统。当UCSYNC位清零时，UART模式被选择。UART模块特征包括：

- 7位或8位数据，奇偶校验或无校验；
- 独立的发送和接收移位寄存器；
- 独立的发送和接收缓冲寄存器；
- 最低有效位优先或最高有效位优先的数据发送和接收；
- 内置线路空闲和地址位通信协议的多处理器系统；
- 接收机起始边沿检测，自动从LPMx模式唤醒；
- 支持可编程、小数调整的波特率；
- 状态标志位用于错误检测和抑制；
- 状态标志位用于地址检测；
- 独立的中断发送和接收能力。

6.14.2 UART应用实例分析

```
//********************************************************************
//   利用串口UART，系统时钟为默认的DCO，波特率为115 200
//********************************************************************
#include "cc430x613x.h"
```

```
void main(void)
{
  WDTCTL = WDTPW + WDTHOLD;                //关闭看门狗
  PMAPPWD = 0x02D52;                       //端口映射寄存器设置
  P2MAP6 = PM_UCA0RXD;                     //映射端口 UCA0RXD 输出到 P2.6
  P2MAP7 = PM_UCA0TXD;                     //映射端口 UCA0TXD 输出到 P2.7
  PMAPPWD = 0;                             //锁定端口
  P2DIR |= BIT7;                           //设置 P2.7 作为 TX 输出
  P2SEL |= BIT6 + BIT7;                    //选择 P2.6 &和 P2.7 为 UART 功能
  UCA0CTL1 |= UCSWRST;
  UCA0CTL1 |= UCSSEL_2;                    //SMCLK
  UCA0BR0 = 9;                             //波特率设置 1MHz 时为 115 200
  UCA0BR1 = 0;                             //1 MHz 115200
  UCA0MCTL |= UCBRS_1 + UCBRF_0;
  UCA0CTL1 &= ~UCSWRST;                    //初始化 USCI
  UCA0IE |= UCRXIE;                        //使能 USCI_A0 RX 中断
  __bis_SR_register(LPM0_bits + GIE);      //进入低功耗模式 0,LPM0,中断使能
  __no_operation();                        //调试
}
#pragma vector = USCI_A0_VECTOR
__interrupt void USCI_A0_ISR(void)
{
  switch(__even_in_range(UCA0IV,4))
  {
  case 0:break;                            //中断向量 0:无中断
  case 2:                                  //中断向量 2: RXIFG
    while (!(UCA0IFG&UCTXIFG));            //USCI_A0 TX buffer 是否准备好
    UCA0TXBUF = UCA0RXBUF;                 //将 TX 中的内容赋给 RX
    break;
  case 4:break;                            //中断向量 4: TXIFG
  default: break;
  }
}
```

6.15 SPI 接口

6.15.1 SPI 模式

在同步模式下,USCI 通过 3 或 4 个引脚把 CC430 系列单片机和外部系统连接,这些引脚分别是:UCxSIMO、UCxSOMI、UCxCLK 和 UCxSTE。当 UCSYNC 位置

位时，选择 SPI 模式。根据 UCMODEx 模式位来确定 SPI 模式，已选择用 3 或 4 个引脚。SPI 模式特性包括：

- 7～8 位的数据长度；
- 最高有效位在前或最低有效位在前的数据发送和接收；
- 3 引脚或 4 引脚的 SPI 操作；
- 主/从模式；
- 独立的发送和接收移位寄存器；
- 独立的发送和接收缓冲寄存器；
- 可连续进行发送和接收；
- 极性和相位控制可选的时钟；
- 主模式下可编程的时钟频率；
- 对发送和接收独立的中断能力；
- LPM4 下的从模式工作。

如图 6.11 所示为 USCI 当配置为 SPI 模式时的结构框图。

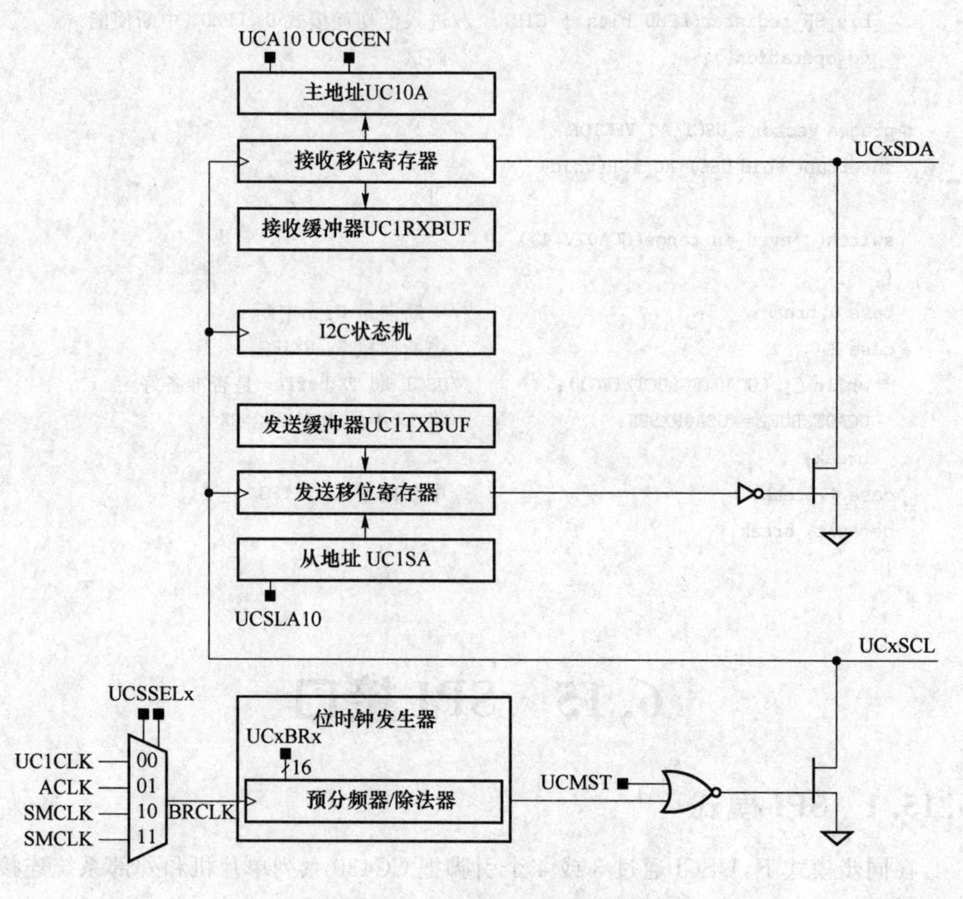

图 6.11 USCI 模块结构图(SPI 模式)

6.15.2 SPI应用实例分析

```
//******************************************************************
//   三线模式下,CC430F6137 作为主机,数据连续发送
//   ACLK = ~32.768kHz, MCLK = SMCLK = DCO ~ 1048kHz。BRCLK = SMCLK/2
//******************************************************************

#include "cc430x613x.h"
unsigned char MST_Data,SLV_Data;
void main(void)
{
  WDTCTL = WDTPW + WDTHOLD;                   //关闭看门狗定时器
  PMAPPWD = 0x02D52;                          //端口映射
  P2MAP0 = PM_UCA0SIMO;                       //映射端口 UCA0SIMO 输出 P2.0
  P2MAP2 = PM_UCA0SOMI;                       //映射端口 UCA0SOMI 输出 P2.2
  P2MAP4 = PM_UCA0CLK;                        //映射端口  UCA0CLK 输出 P2.4
  PMAPPWD = 0;                                //锁定映射寄存器
  P1OUT |= BIT2;                              //亮灯
  P1DIR |= BIT2 + BIT0;                       //设置 P1.0, P1.2 方向
  P2DIR |= BIT0 + BIT2 + BIT4;                //ACLK, MCLK, SMCLK 设置为输出
  P2SEL |= BIT0 + BIT2 + BIT4;
  UCA0CTL1 |= UCSWRST;
  UCA0CTL0 |= UCMST + UCSYNC + UCCKPL + UCMSB;
  UCA0CTL1 |= UCSSEL_2;                       //SMCLK
  UCA0BR0 = 0x02;
  UCA0BR1 = 0;
  UCA0MCTL = 0;
  UCA0CTL1 &= ~UCSWRST;
  UCA0IE |= UCRXIE;                           //进入 USCI_A0 RX 中断
  P1OUT &= ~0x02;                             //SPI 初始化
  P1OUT |= 0x02;                              //复位从机
  __delay_cycles(100);                        //等待从机初始化完毕
  MST_Data = 0x01;                            //初始化数据值
  SLV_Data = 0x00;                            //
  while (!(UCA0IFG&UCTXIFG));                 //USCI_A0 TX buffer 是否准备好
  UCA0TXBUF = MST_Data;                       //传送特征值
  __bis_SR_register(LPM0_bits + GIE);         //CPU 关,进入中断
}

#pragma vector = USCI_A0_VECTOR
__interrupt void USCI_A0_ISR(void)
```

```
{
  switch(__even_in_range(UCA0IV,4))
  {
    case 0: break;                           //中断向量 0:无中断
    case 2:                                  //中断向量 2:RXIFG
      while (! (UCA0IFG&UCTXIFG));           //USCI_A0 TX buffer 是否准备好

      if (UCA0RXBUF == SLV_Data)
        P1OUT |= 0x01;
      else
        P1OUT &= ~0x01;
      MST_Data++;                            //增量数据
      SLV_Data++;
      UCA0TXBUF = MST_Data;                  //发送下一个数据
      __delay_cycles(40);                    //加载数据以便传送
                                             //确定从机是否收到
      break;
    case 4: break;                           //中断向量 4: TXIFG
    default: break;
  }
}
```

6.16 I²C 接口

6.16.1 I²C 模式

在 I²C 模式中，USCI 模块为器件提供了与 I²C 兼容设备连接的两线 I²C 串行总线接口。外扩设备用两线 I²C 接口与 USCI 模块相连，以实现两设备在 I²C 总线上发送/接收串行数据。I²C 模式特性包括：

(1) 遵循 Philips 半导体公司的 I²C 规范 v2.1；

(2) 7 位和 10 位的设备寻址方式；

(3) 广播模式；

(4) 开始/重新开始/停止；

(5) 多主机发送/接收模式；

(6) 从设备接收/发送模式；

(7) 支持标准模式 100 kbps 和高达 400 kbps 的高速模式；

(8) 主设模式下，可编程 UC×CLK 频率；

(9) 低功耗设计；

(10) 从设备检查到开始信号将自己唤醒 LPMx 模式；

(11) LPM4 模式下从设备操作。

图 6.12 所示为 USCI 配置为 I^2C 模式时的结构框图。

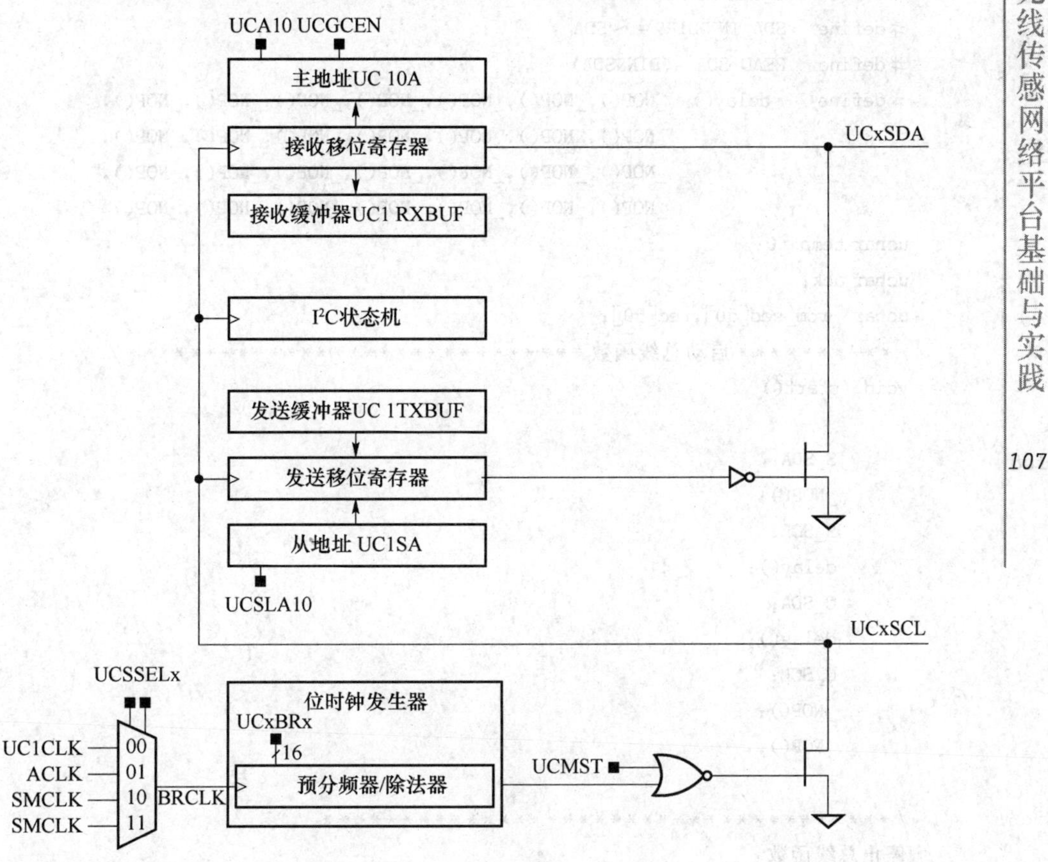

图 6.12　USCI 模块结构图(I^2C 模式)

6.16.2　IIC 应用实例分析

(1) 利用 IIC 模拟协议操作 EEPROM 例程如下。

```
#include <cc430x613x.h>
#define   uint   unsigned int
#define   uchar unsigned char
#define   SDA    BIT3
#define   SCL    BIT2
#define   DIN    P1IN
#define   DOUT   P1OUT
#define   DDIR   P1DIR
```

```
#define   S_SDA DDIR| = SDA,DOUT| = SDA
#define   C_SDA DDIR| = SDA,DOUT& = ~SDA
#define   S_SCL DDIR| = SCL,DOUT| = SCL
#define   C_SCL DDIR| = SCL,DOUT& = ~SCL
#define   SDA_IN DDIR& = ~SDA
#define   READ_SDA  (DIN&SDA)
#define    delay()  _NOP(),_NOP(),_NOP(),_NOP(),_NOP(),_NOP(),_NOP(),
                    _NOP(),_NOP(),_NOP(),_NOP(),_NOP(),_NOP(),_NOP(),
                    _NOP(),_NOP(),_NOP(),_NOP(),_NOP(),_NOP(),_NOP(),
                    _NOP(),_NOP(),_NOP(),_NOP(),_NOP(),_NOP(),_NOP()
uchar temp = 0;
uchar ack;
uchar  rom_sed[50],rec[50];
/**********启动总线函数********************************/
void  start()
{
      S_SDA;
      _NOP();
      S_SCL;
      delay();
      C_SDA;
      delay();
      C_SCL;
      _NOP();
      _NOP();
}
/*************************************
停止总线函数
***************************************/
void stop()
{
    C_SCL;
   _NOP();
    C_SDA;
     delay();
     S_SCL;
     delay();
     S_SDA;
   _NOP();
   _NOP();
   _NOP();
   _NOP();
```

```
}
/*************************************
发送一个字节函数
**************************************/
void SendByte(uchar c)
{
      uchar i;
      for(i = 0;i<8;i++)
          {
            if((c<<i)&0x80)
                S_SDA;
            else
                C_SDA;
            delay();
            S_SCL;
            delay();
            C_SCL;
            delay();
          }
        S_SCL;
        delay();
        SDA_IN;
       _NOP();
       _NOP();
       _NOP();
      if(DIN&SDA == SDA)
          ack = 0;
      else
          ack = 1;
       delay();
      C_SCL;
      _NOP();
     _NOP();
}
/*************************************
等待响应函数
**************************************/
void send_ack(uchar a)
{
      if(a == 0)
       {
       C_SDA;
```

```
    delay();
    S_SCL;
    delay();
    C_SCL;
    delay();
    S_SDA;
   }
   else
   {
     S_SDA;
     delay();
     S_SCL;
     delay();
     C_SCL;
     delay();
   }
}
/****************************************
接收一个字节函数
****************************************/
uchar RcvByte()
{
      uchar retc;
      uchar i;
      retc = 0;
      SDA_IN;
      for(i = 0;i<8;i++)
        {
          delay();
          S_SCL;
          delay();
          retc = retc<<1;
          SDA_IN;
          if(READ_SDA == SDA)//read p4in
              retc += 1;
        delay();
        C_SCL;
        delay();
        }
      return(retc);
}
/****************************************
```

```
通过I²C接收一个字节数据的函数
****************************************/
uchar ISendByte(uchar sla,uchar c)
{
      start();
      SendByte(sla);
      if(ack == 0)
          return(0);
      SendByte(c);
      if(ack == 0)
          return(0);
      stop();
      return(1);
}
/****************************************
发送一个数据串函数
****************************************/
uchar ISendstr(uchar sla,uchar suba,uchar * s,uchar no)
{
      uchar i;
      start();
      SendByte(sla);
      if(ack == 0)
          return(0);
      SendByte(suba);
      if(ack == 0)
          return(0);
    for(i = 0;i<no;i++)
          {
            SendByte( * s);
            if(ack == 0)
              return(0);
            s++;
          suba++;
          }
      stop();
      return(1);
}
/****************************************
接收多个数据串函数
****************************************/
uchar IRcvbyte(uchar sla,uchar * c)
```

```
{
        start();
        SendByte(sla + 1);
        if(ack == 0)
            return(0);
        * c = RcvByte();
        send_ack(1);
        stop();
        return(1);
}
//check
uchar IRcvStr(uchar sla,uchar suba,uchar * s,uchar no)
{
        uchar i;
        start();
        SendByte(sla);
        if(ack == 0)
            return(0);
        SendByte(suba);
        if(ack == 0)
            return(0);
        start();
        SendByte(sla + 1);
        if(ack == 0)
            return(0);
        for(i = 0;i<no - 1;i ++ )
            {
                * s = RcvByte();
                send_ack(0);
                s ++ ;
            }
        * s = RcvByte();
        temp = * s;
        send_ack(1);
        stop();
        return(1);
}
void main( void )
{
        uchar i;
  WDTCTL = WDTPW + WDTHOLD;
        for(i = 0;i<50;i ++ )
```

```
    {
      rom_sed[i] = i;
    }
      ISendstr(0xA0,0x00,rom_sed,8);
            ISendstr(0xA0,0x08,rom_sed + 8,8);
            ISendstr(0xA0,0x10,rom_sed + 16,8);
            ISendstr(0xA0,0x18,rom_sed + 24,8);
            ISendstr(0xA0,0x20,rom_sed + 32,8);
    while(1)
    {
  IRcvStr(0xA0,0x00,rec,8);
            IRcvStr(0xA0,0x08,rec + 8,8);
            IRcvStr(0xA0,0x10,rec + 16,8);
            IRcvStr(0xA0,0x18,rec + 24,8);
            IRcvStr(0xA0,0x20,rec + 32,8);
    }
}
```

(2) 利用 I^2C 操作 USCI 的发送如下。

```
//****************************************************************************
//  以一块 CC430F6137 作为主机,另一块 CC430F6137 作为从机
//  ACLK = n/a, MCLK = SMCLK = BRCLK = default DCO = ~1.045 MHz
//****************************************************************************
#include "cc430x613x.h"
unsigned char * PTxData;                        //指向 TX 数据的指针变量
unsigned char TXByteCtr;

const unsigned char TxData[] =                  //定义用以传送的数据
{
  0x11,
  0x22,
  0x33,
  0x44,
  0x55
};
void main(void)
{
  WDTCTL = WDTPW + WDTHOLD;                     //关闭看门狗

  UCB0CTL1 |= UCSWRST;                          //使能 SW 复位

  P1SEL |= BIT2 + BIT3;                         //选择 P2.6 和 P2.7 为 I2C 功能
```

```
  UCB0CTL0 = UCMST + UCMODE_3 + UCSYNC;        //I²C 主机,同步模式
  UCB0CTL1 = UCSSEL_2 + UCSWRST;
  UCB0BR0 = 12;                                //fSCL = SMCLK/12 = ~100 kHz
  UCB0BR1 = 0;
  UCB0I2CSA = 0x50;                            //从机地址为 48h
  UCB0CTL1 &= ~UCSWRST;                        //清除 SW 复位标志,恢复运行
  UCB0IE |= UCTXIE;                            //使能 TX 中断

  while (1)
  {
    __delay_cycles(500);
   PTxData = (unsigned char *)TxData;          //TX 数组的起始地址
    TXByteCtr = sizeof TxData;                 //TX 的计数

    UCB0CTL1 |= UCTR + UCTXSTT;                //I²C TX, 起始条件
    __bis_SR_register(LPM0_bits + GIE);        //进入低功耗模式 0,开启中断
    __no_operation();

    while (UCB0CTL1 & UCTXSTP);                //判断是否开启
  }
}
#pragma vector = USCI_B0_VECTOR
__interrupt void USCI_B0_ISR(void)
{
  switch(__even_in_range(UCB0IV,12))
  {
  case  0: break;                              //中断向量 0: 无中断
  case  2: break;                              //中断向量 2: ALIFG
  case  4: break;                              //中断向量 4: NACKIFG
  case  6: break;                              //中断向量 6: STTIFG
  case  8: break;                              //中断向量 8: STPIFG
  case 10: break;                              //中断向量 10: RXIFG
  case 12:                                     //中断向量 12: TXIFG
    if (TXByteCtr)                             //检测 TX 计数值
    {
      UCB0TXBUF = *PTxData++;                  //下载 TX buffer
      TXByteCtr--;                             //统计 buffer 中数据的值
    }
    else
    {
      UCB0CTL1 |= UCTXSTP;                     //I²C 停止条件
      UCB0IFG &= ~UCTXIFG;                     //清除 TX 标志
```

```
    __bic_SR_register_on_exit(LPM0_bits); //退出 LPM0
   }
  default: break;
  }
}
```

6.17 比较器 B

6.17.1 比较器 B 的介绍

比较器 B 是一个模拟电压比较器,有多达 16 个具备通用比较功能的输入通道。比较器 B 模块支持以下功能:精确的模/数(A/D)斜坡转换,电源电压监视与监测外部模拟信号。比较器 B 的特点如下:

(1) 同相和反相端输入多路复用器;

(2) 软件可选的比较器输出端口进行 RC 滤波;

(3) 比较器输出可作为 Timer_A 的捕获输入信号;

(4) 软件控制端口输入缓冲器;

(5) 中断能力;

(6) 可选的基准电压发生器,电压滞后发生器;

(7) 比较器的基准电源可以共享基准电压模块 REF 的输入;

(8) 超低功耗的比较器工作模式;

(9) 中断驱动的测量系统——支持低功率运行。

比较器 B 的结构框图如图 6.13 所示。

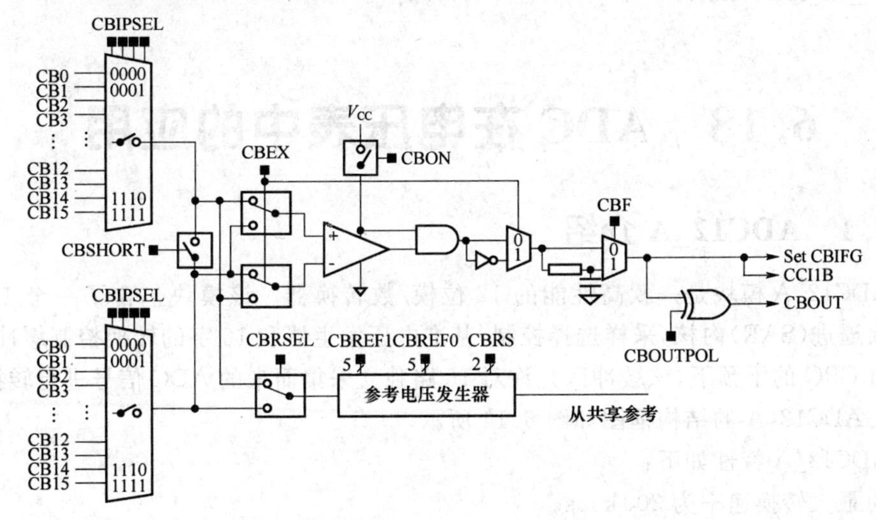

图 6.13 比较器 B 结构框图

6.17.2 比较器B应用实例分析

利用内部比较器实现气敏传感器的报警,具体例程见第8章。

```
//**********************************************************************
//参考电压选择 Vcc1/2
//**********************************************************************
#include "cc430x613x.h"
void main(void)
{
  WDTCTL = WDTPW + WDTHOLD;             //关闭看门狗
  P1DIR |= BIT6;                        //P1.6 输出方向
  P1SEL |= BIT6;                        //选择 P1.6 为比较器输出功能
  PMAPPWD = 0x02D52;                    //端口映射
  P1MAP6 = PM_CBOUT0;                   //映射 CBOUT 输出为 P1.6
  PMAPPWD = 0;                          //锁定端口映射
  P2SEL |= BIT0;                        //选择 CB0 输入为 P2.0
  CBCTL0 |= CBIPEN + CBIPSEL_0;         //比较器配置
  CBCTL1 |= CBMRVS;
  CBCTL1 |= CBPWRMD_2;
  CBCTL2 |= CBRSEL;
  CBCTL2 |= CBRS_1 + CBREF04;           //VREF0 is Vcc * 1/2
  CBCTL3 |= BIT0;
  CBCTL1 |= CBON;                       //打开 ComparatorB
  __delay_cycles(75);
  __bis_SR_register(LPM4_bits);         //进入 LPM4
  __no_operation();                     //调试
}
```

6.18 ADC在电压表中的应用

6.18.1 ADC12_A介绍

ADC12_A模块是一款高性能的12位模/数转换器。该模块包含了一个12位的逐次逼进(SAR)内核,采样选择控制,基准电压发生器和16字的转换控制缓冲区。在没有CPO的干预下,该缓冲区允许对16路独立采集而来的ADC信号进行转换和存储。ADC12_A的结构框图如图6.14所示,

ADC12_A特性如下:

- 最大转换速率为200 ksps。
- 无编码遗失的固定12位转换。

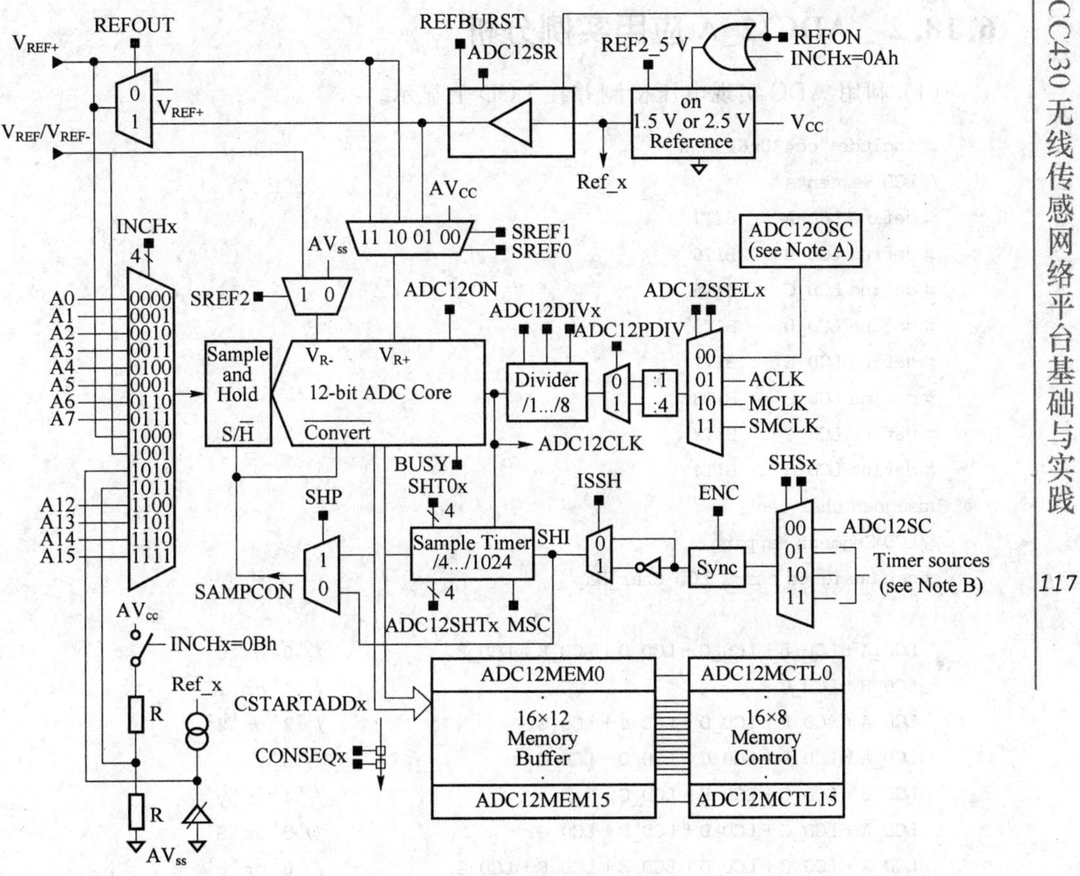

图 6.14　ADC12_A 的结构框图

- 采样保持功能，软件或定时器控制的可编程采样周期。
- 通过软件、Timer_A 或 Timer_B 的启动转换。
- 软件可选的片上基准电压（MSP430F54xx 为 1.5 V 或 2.5 V，其他设备为 1.5 V、2.0 V 或 2.5 V）。
- 软件可选的内部或外部基准源。
- 12 个单独配置的外部输入通道。
- 内部温度传感器、AVCC、外部基准源的转换通道。
- 可独立选择通道的基准电压来源，正或负基准电压源。
- 可选的转换时钟源。
- 单通道单次，单通道多次，序列通道单次，序列通道多次的转换模式。
- ADC 内核和基准电压都可以单独关闭。
- 中断向量寄存器具备 18 路 ADC 中断的快速解码能力。
- 16 位结果转换存储寄存器。

6.18.2 ADC12_A 应用实例分析

(1) 利用 ADC 实现电压检测并在 LCD 上显示。

```
#include "cc430x613x.h"
//LCD Segments
#define LCD_A    BIT7
#define LCD_B    BIT6
#define LCD_C    BIT5
#define LCD_D    BIT0
#define LCD_E    BIT1
#define LCD_F    BIT3
#define LCD_G    BIT2
#define LCD_H    BIT4
unsigned char sec ;
//LCD Segment Mapping
const unsigned char  LCD_Char_Map[] =
{
  LCD_A+LCD_B+LCD_C+LCD_D+LCD_E+LCD_F,             //'0' or 'O'
  LCD_B+LCD_C,                                      //'1' or 'I'
  LCD_A+LCD_B+LCD_D+LCD_E+LCD_G,                    //'2' or 'Z'
  LCD_A+LCD_B+LCD_C+LCD_D+LCD_G,                    //'3'
  LCD_B+LCD_C+LCD_F+LCD_G,                          //'4' or 'y'
  LCD_A+LCD_C+LCD_D+LCD_F+LCD_G,                    //'5' or 'S'
  LCD_A+LCD_C+LCD_D+LCD_E+LCD_F+LCD_G,              //'6' or 'b'
  LCD_A+LCD_B+LCD_C,                                //'7'
  LCD_A+LCD_B+LCD_C+LCD_D+LCD_E+LCD_F+LCD_G,        //'8' or 'B'
  LCD_A+LCD_B+LCD_C+LCD_D+LCD_F+LCD_G,              //'9' or 'g'
  LCD_A+LCD_B+LCD_C+LCD_D+LCD_E+LCD_F+LCD_G+LCD_H,
  LCD_A+LCD_B+LCD_C+LCD_E+LCD_F+LCD_G,              //'A'  10
  LCD_A+LCD_D+LCD_E+LCD_F,                          //'C'  11
  LCD_B+LCD_C+LCD_D+LCD_E+LCD_G,                    //'d'  12
  LCD_A+LCD_D+LCD_E+LCD_F+LCD_G,                    //'E'  13
  LCD_A+LCD_E+LCD_F+LCD_G,                          //'F'  14
  LCD_B+LCD_C+LCD_E+LCD_F+LCD_G,                    //'H'  15
  LCD_B+LCD_C+LCD_D+LCD_E,                          //'J'  16
  LCD_D+LCD_E+LCD_F,                                //'L'  17
  LCD_A+LCD_B+LCD_E+LCD_F+LCD_G,                    //'P'  18
  LCD_B+LCD_C+LCD_D+LCD_E+LCD_F,                    //'U'  19
};
void delay(unsigned int i)
{
```

```
  while(i--);
}

void main(void)
{
  float adc,ll;
  int temp;
  unsigned char tt;
  WDTCTL = WDTPW + WDTHOLD;                          //关闭看门狗
   P5SEL |= (BIT5 | BIT6 | BIT7);
  P5DIR |= (BIT5 | BIT6 | BIT7);
//***********************************************************************
  LCDBCTL0 =   (LCDDIV0 + LCDDIV1 + LCDDIV2 + LCDDIV3 + LCDDIV4)| LCDPRE0 |
               LCD4MUX | LCDON | LCDSON;
  LCDBVCTL = LCDCPEN | VLCD_3_08;                    //+ LCDSSEL
  LCDBCTL0 |= LCDON + LCDSON;
  REFCTL0 &= ~REFMSTR;
   LCDBPCTL0 = 0x3FF;                                //选择要显示的段
  LCDBPCTL1 = 0x0000;                                //
  ADC12CTL0 = ADC12SHT02 + ADC12ON;                  //采样时间的选择,ADC开
  ADC12CTL1 = ADC12SHP;                              //采用采样定时器
  ADC12IE = 0x01;                                    //Enable interrupt
   ADC12MCTL0 |= ADC12INCH_5;                        //通道选择设置在ADC12ENC前面
  ADC12CTL0 |= ADC12ENC;
  P2SEL |= BIT5;                                     //P2.5 ADC边沿选择
  P1DIR |= BIT0;                                     //P1.0 输出
  while (1)
  {
    delay(50000);
     delay(50000);
    ADC12CTL0 |= ADC12SC;                            //开始采用
      adc = (ADC12MEM0 * 3.3)/4096;
      ll = adc * 1000;
      temp = (int)ll;
      tt = temp/1000;
       LCDM1 &= ~LCD_Char_Map[10];
      LCDM1 |= LCD_Char_Map[tt]|LCD_H;
      LCDM2 &= ~LCD_Char_Map[10];
      LCDM2 |= LCD_Char_Map[tt];
      tt = (temp % 100)/10;
      LCDM3 &= ~LCD_Char_Map[10];
      LCDM3 |= LCD_Char_Map[tt];
```

```
        tt = temp % 10;
        LCDM4 &= ~LCD_Char_Map[10];
        LCDM4 |= LCD_Char_Map[tt];
        LCDM5 &= ~LCD_Char_Map[10];
        LCDM5 |= LCD_Char_Map[20];
    }
}

#pragma vector = ADC12_VECTOR
__interrupt void ADC12_ISR(void)
{
  switch(__even_in_range(ADC12IV,34))
  {
  case  0: break;                          //中断向量 0：无中断
  case  2: break;                          //中断向量 2： ADC 溢出
  case  4: break;                          //中断向量 4： ADC 时间溢出
  case  6:                                 //中断向量 6： ADC12IFG0
if (ADC12MEM0 >= 0X03ff)                   //ADC12MEM = A0 > 0.5AVcc?
      P1OUT |= BIT0;                       //P1.0 = 1
    else
      P1OUT &= ~BIT0;                      //P1.0 = 0
    __bic_SR_register_on_exit(LPM0_bits);
  case  8: break;                          //中断向量 8： ADC12IFG1
  case 10:
     break;                                //中断向量 10： ADC12IFG2
  case 12: break;                          //中断向量 12： ADC12IFG3
  case 14: break;                          //中断向量 14： ADC12IFG4
  case 16: break;                          //中断向量 16： ADC12IFG5
  case 18: break;                          //中断向量 18： ADC12IFG6
  case 20: break;                          //中断向量 20： ADC12IFG7
  case 22: break;                          //中断向量 22： ADC12IFG8
  case 24: break;                          //中断向量 24： ADC12IFG9
  case 26: break;                          //中断向量 26： ADC12IFG10
  case 28: break;                          //中断向量 28： ADC12IFG11
  case 30: break;                          //中断向量 30： ADC12IFG12
  case 32: break;                          //中断向量 32： ADC12IFG13
  case 34: break;                          //中断向量 34： ADC12IFG14
  default: break;
  }
}
```

(3) 内部温度传感器的应用

```
#include "cc430x613x.h"
//LCD Segments
#define LCD_A     BIT7
#define LCD_B     BIT6
#define LCD_C     BIT5
#define LCD_D     BIT0
#define LCD_E     BIT1
#define LCD_F     BIT3
#define LCD_G     BIT2
#define LCD_H     BIT4
unsigned char sec ;
//LCD Segment Mapping
const unsigned char  LCD_Char_Map[] =
{
  LCD_A + LCD_B + LCD_C + LCD_D + LCD_E + LCD_F,          //'0' or'O'
  LCD_B + LCD_C,                                          //'1' or'I'
  LCD_A + LCD_B + LCD_D + LCD_E + LCD_G,                  //'2' or'Z'
  LCD_A + LCD_B + LCD_C + LCD_D + LCD_G,                  //'3'
  LCD_B + LCD_C + LCD_F + LCD_G,                          //'4' or'y'
  LCD_A + LCD_C + LCD_D + LCD_F + LCD_G,                  //'5' or'S'
  LCD_A + LCD_C + LCD_D + LCD_E + LCD_F + LCD_G,          //'6' or'b'
  LCD_A + LCD_B + LCD_C,                                  //'7'
  LCD_A + LCD_B + LCD_C + LCD_D + LCD_E + LCD_F + LCD_G,  //'8' or'B'
  LCD_A + LCD_B + LCD_C + LCD_D + LCD_F + LCD_G,          //'9' or'g'
  LCD_A + LCD_B + LCD_C + LCD_D + LCD_E + LCD_F + LCD_G + LCD_H,
  LCD_A + LCD_B + LCD_C + LCD_E + LCD_F + LCD_G,          //'A'    10
  LCD_A + LCD_D + LCD_E + LCD_F,                          //'C'    11
  LCD_B + LCD_C + LCD_D + LCD_E + LCD_G,                  //'d'    12
  LCD_A + LCD_D + LCD_E + LCD_F + LCD_G,                  //'E'    13
  LCD_A + LCD_E + LCD_F + LCD_G,                          //'F'    14
  LCD_B + LCD_C + LCD_E + LCD_F + LCD_G,                  //'H'    15
  LCD_B + LCD_C + LCD_D + LCD_E,                          //'J'    16
  LCD_D + LCD_E + LCD_F,                                  //'L'    17
  LCD_A + LCD_B + LCD_E + LCD_F + LCD_G,                  //'P'    18
  LCD_B + LCD_C + LCD_D + LCD_E + LCD_F,                  //'U'    19
  LCD_A,
};
void delay(unsigned int i)
{
  while(i--);
}
volatile long temp;
```

```
volatile long IntDegF;
float IntDegC;
int temp1;
int tt;
void main(void)
{
  WDTCTL = WDTPW + WDTHOLD;                                    //Stop WDT
  P5SEL |= (BIT5 | BIT6 | BIT7);
  P5DIR |= (BIT5 | BIT6 | BIT7);
//************************************************************
//Configure LCD_B
//LCD_FREQ = ACLK/32/4, LCD Mux 4, turn on LCD
  LCDBCTL0 =   (LCDDIV0 + LCDDIV1 + LCDDIV2 + LCDDIV3 + LCDDIV4)| LCDPRE0 |
               LCD4MUX | LCDON | LCDSON;
  LCDBVCTL = LCDCPEN | VLCD_3_08;// + LCDSSEL
  LCDBCTL0 |= LCDON + LCDSON;
  REFCTL0 &= ~REFMSTR;
  LCDBPCTL0 = 0xCFC0;                                          //Select LCD Segments 1'2
  LCDBPCTL1 = 0x0000;                                          //初始化完毕
  REFCTL0 |= REFMSTR + REFVSEL_0 + REFON;                      //开启内部 1.5V 参考电压
  /* Initialize ADC12_A */
  ADC12CTL0 = ADC12SHT0_8 + ADC12ON;                           //设置采样时间
  ADC12CTL1 = ADC12SHP;                                        //是你采样时间
  ADC12MCTL0 = ADC12SREF_1 + ADC12INCH_10;
  ADC12IE = 0x001;
  __delay_cycles(75);
  ADC12CTL0 |= ADC12ENC;
  while(1)
  {
    ADC12CTL0 |= ADC12SC;                                      //采样转换开始
    __bis_SR_register(LPM4_bits + GIE);
    __no_operation();
       IntDegC = ((temp - 2264) * 738.0) / 4096;               //温度转换
     delay(50000);
     delay(50000);
     tt = temp1/100;
     LCDM4 &= ~LCD_Char_Map[10];
     LCDM4 |= LCD_Char_Map[tt];
      tt = (temp1 % 100)/10;
      LCDM5 &= ~LCD_Char_Map[10];
      LCDM5 |= LCD_Char_Map[tt] | LCD_H;
      tt = temp1 % 10;
```

```
      LCDM6 &= ~LCD_Char_Map[10];
      LCDM6 |= LCD_Char_Map[tt];
      LCDM8 &= ~LCD_Char_Map[10];
      LCDM8 |= LCD_Char_Map[21];
    __no_operation();
  }
}
#pragma vector=ADC12_VECTOR
__interrupt void ADC12ISR (void)
{
  switch(__even_in_range(ADC12IV,34))
  {
  case  0: break;                          //中断向量 0:  无中断
  case  2: break;                          //中断向量 2:  ADC overflow
  case  4: break;                          //中断向量 4:  ADC timing overflow
  case  6:                                 //中断向量 6:  ADC12IFG0
    temp = ADC12MEM0;                      //取出结果,清除中断标志
    __bic_SR_register_on_exit(LPM4_bits);  //CPU 睡眠
    break;
  case  8: break;                          //中断向量 8:  ADC12IFG1
  case 10: break;                          //中断向量 10:  ADC12IFG2
  case 12: break;                          //中断向量 12:  ADC12IFG3
  case 14: break;                          //中断向量 14:  ADC12IFG4
  case 16: break;                          //中断向量 16:  ADC12IFG5
  case 18: break;                          //中断向量 18:  ADC12IFG6
  case 20: break;                          //中断向量 20:  ADC12IFG7
  case 22: break;                          //中断向量 22:  ADC12IFG8
  case 24: break;                          //中断向量 24:  ADC12IFG9
  case 26: break;                          //中断向量 26:  ADC12IFG10
  case 28: break;                          //中断向量 28:  ADC12IFG11
  case 30: break;                          //中断向量 30:  ADC12IFG12
  case 32: break;                          //中断向量 32:  ADC12IFG13
  case 34: break;                          //中断向量 34:  ADC12IFG14
  default: break;
  }
}
```

6.19 LCD_B 模块

LCD_B 模块是 CC430F6137 的片上 LCD 控制器,该控制器能够自动产生交流

段信号和公共电压信号，可以直接驱动 LCD 显示器。LCD_B 模块支持 4 种类型的 LCD：静态；2-MUX、1/2BIAS 或 1/3BIAS；3-MUX、1/2BIAS 或 1/3BIAS；4-MUX、1/2BIAS 或 1/3BIAS。最大可配置 160 段 LCD 控制器。

6.19.1　LCD_B 控制器介绍

LCD_B 控制器具有显示存储器、可配置帧频率、带有闪烁存储器的单独段闪烁功能，对比度软件可调等特点。同时可以通过相应寄存器配置选择不同的电压来源，VLCD 可能来源于 VCC、内部电压或是外部电压，当采用内部电压时，LCDCAP 必须接 4.7 μF 或是更大的电容。LCD 偏压可由内部或外部产生，这取决于 VLCD 的源。LCD 的偏压结构如图 6.15 所示。

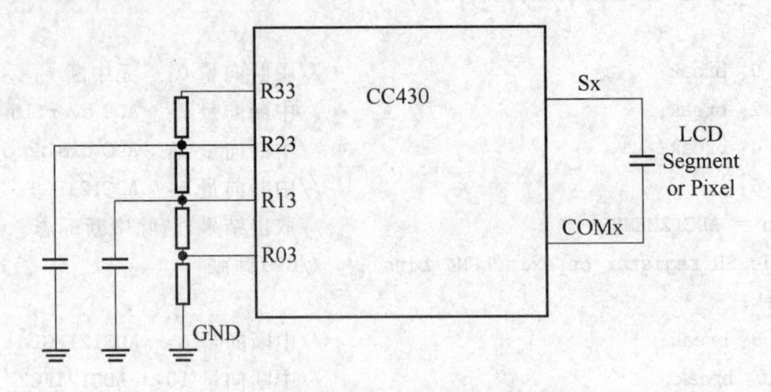

图 6.15　LCD 的偏压产生电路

某些 LCD 段、公共引脚和 Rxx 功能引脚是和数字 I/O 引脚复用的。LCD_B 有 4 个可用的中断源，每个中断源都有单独的使能位和中断标志位。4 个中断标志分别是 LCDFRMIFG、LCDBLKOFFIFG、LCDBLKONIFGHE 和 LCDNOCAPIFG，它们共用一个中断源，具体哪一个中断标志位需要中断由中断向量寄存器 LCDBIV 决定。

Rxx 用以对比度的控制，不同的驱动模式采用的电压等级不一样，具体的 LCD 偏压与偏置特性如表 6.12 所列。

表 6.12　LCD 偏压与偏置特性

驱动模式	偏压配置	COM 引脚数	电压等级
静态	静态	1	V1，V5
2-MUX	1/2	2	V1，V3，V5
2-MUX	1/3	2	V1，V2，V3，V5
3-MUX	1/2	3	V1，V3，V5
3-MUX	1/3	3	V1，V2，V3，V5
4-MUX	1/2	4	V1，V3，V5
4-MUX	1/3	4	V1，V2，V3，V5

其中 V1＝VLCD，V2＝2/3VLCD，V3＝1/2VLCD，V4＝1/3VLCD，V5＝VRx。

6.19.2 LCD_B 驱动方式

1. 静态驱动原理

静态驱动显示是每个笔段有单独的引出电极，驱动期间要持续施加电压。在静态模式下，每一个 CC430 段引脚驱动一个 LCD 段且只是用一个公共引脚 COM0，所以显示一位需要 8 个引脚，显示 N 位需要 7N+1 个引脚，这种驱动方式所需的引脚多。所需的电压等级有 V1、V5，V1 即 VLCD ，当 Rx 为 0 时，即对比度为最大时，V5 等于 Vss。驱动方式与数码管类似，其静态驱动的引脚连接图如图 6.16 所示，驱动波形如图 6.17 所示。

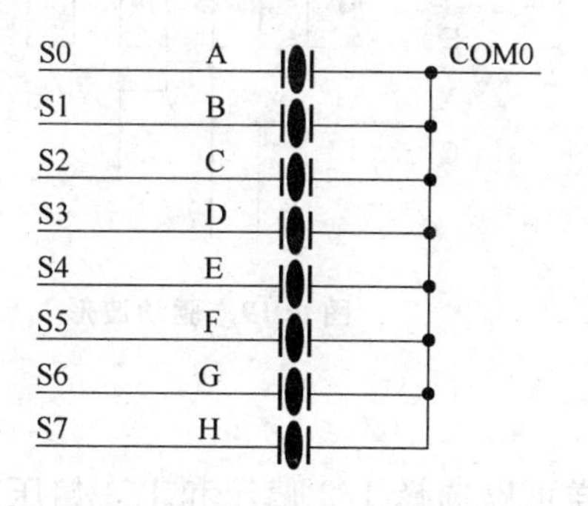

图 6.16 静态驱动的引脚连接图

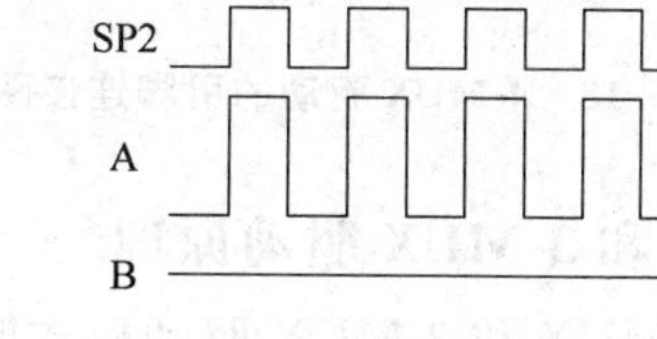

图 6.17 驱动波形

两电极间的电压差为工作电压，若 COM0 、SP1、SP2 的电压波形如图 6.16 所示，则段 A 的结果电压为 COM0-SP1，结果为交流，段 A 内的棒状结构在电场作用下能改变其排列方向，经散射点亮(变黑)；同样段 B 电压结果 COM0-SP2 后恒为 0 V，故不能点亮(变黑)。

2. 4-MUX 驱动原理

在 4-MUX 模式下每一个 CC430 的段引脚驱动 4 个 LCD 段，并使用 4 个公共引脚，COM0、COM1、COM2 和 COM3，所以显示一位需要 6 个引脚，显示 N 位需要 2N+4 个引脚，这种方式大大的简化了硬件连接。4-MUX 可选用 1/2BIAS 或 1/3BIAS 偏压，在此以 1/3BIAS 为例说明。所需的电压等级有 V1，V2，V3，V5。4-MUX驱动的引脚连接图如图 6.18 所示，驱动波形如 6.19 所示。

若 COM0、COM1、COM2、COM3、SP1、SP2 的电压波形如图 6.19 所示，则段 E 的结果电压为 COM0-SP1，由于采用 1/3BIAS 偏压驱动，当两电极间电压为 VLCD 的 1/3 时熄灭，故不能点亮；同样段 C 电压结果为 COM0-SP2，能产生 3 个电压等级，故能点亮该段。

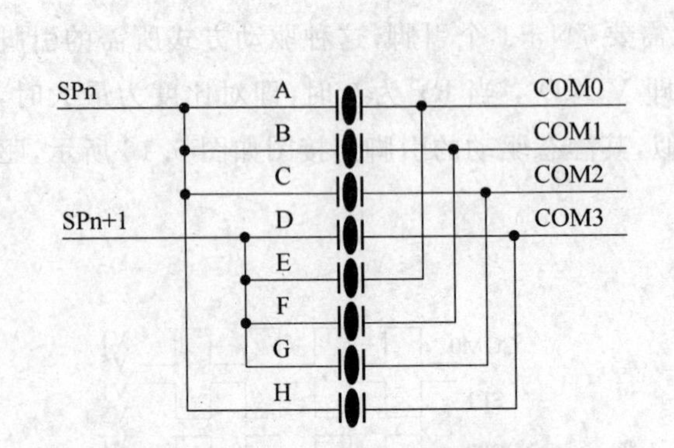

图 6.18 4-MUX驱动的引脚连接图

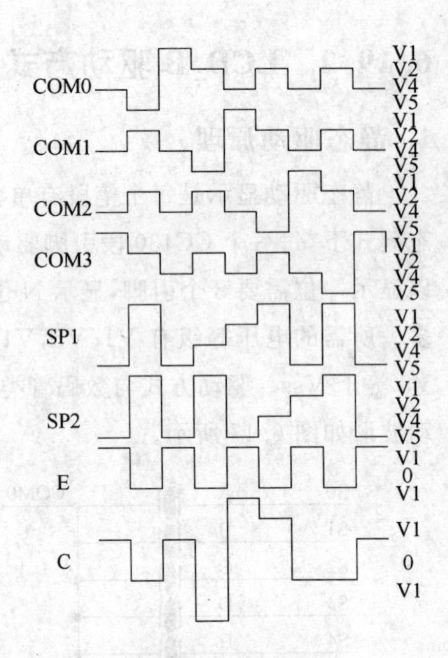

图 6.19 驱动波形

3. 2-MUX 和 3-MUX 驱动原理

采用 2-MUX 和 3-MUX 驱动模式时，同样可以选择 1/2 偏压和 1/3 偏压来驱动，在 2-MUX 模式下，每个 CC430 段引脚驱动两个 LCD 段引脚，并且使用两个公共引脚 COM0、COM1，所以显示一位需要 6 个引脚，显示 N 位需要 4N+2 个引脚。3-MUX 模式下，每个 CC430 段引脚驱动 3 个 LCD 段引脚，并且使用 3 个公共引脚 COM0、COM1、COM2，所以显示一位需要 6 个引脚，显示 N 位需要 3N+3 个引脚。

无论哪种驱动方式，施加给液晶的都应该是交流电场，并要求在这个交流电场中的直流分量越小越好，因为直流电场将导致液晶材料的化学反应和电极老化从而迅速降低液晶材料的寿命。无论哪种驱动方式都必须进行软件的初始化，设定相应的模式、LCD 频率、电压源、以及终端使能等。

6.19.3 LCD_B 控制寄存器

LCD_B 寄存器分为控制寄存器和存储寄存器，其中存储寄存器可以用字的方式访问。控制寄存器和存储寄存器分别如表 6.13 和表 6.14 所列。

表 6.13 LCD_B 控制寄存器

寄存器名称	缩写	寄存器类型	地址偏移	初始状态
LCD_B 控制寄存器 0	LCDBCTL0	读/写	000h	PUC 复位
LCD_B 控制寄存器 1	LCDBCTL1	读/写	002h	PUC 复位
LCD_B 闪烁控制寄存器	LCDBBLKCTL	读/写	004h	PUC 复位

续表 6.13

寄存器名称	缩写	寄存器类型	地址偏移	初始状态
LCD_B 存储控制寄存器	LCDMEMCTL	读/写	006h	PUC 复位
LCD_B 电压控制寄存器	LCDBVCTL	读/写	008h	PUC 复位
LCD_B 端口控制 0	LCDBPCTL0	读/写	00Ah	PUC 复位
LCD_B 端口控制 1	LCDBPCTL1	读/写	00Ch	PUC 复位
LCD_B 端口控制 2	LCDBPCTL2	读/写	00Eh	PUC 复位
LCD_B 端口控制 3	LCDBPCTL3	读/写	010h	PUC 复位
LCD_B 电荷泵控制	LCDBCPCTL	读/写	012h	PUC 复位
保留		读/写	014h	不变
保留		读/写	016h	不变
保留		读/写	018h	不变
保留		读/写	01Ah	不变
保留		读/写	01Ch	不变
LCD_B 中断向量	LCDBIV	读/写	01Eh	PUC 复位

表 6.14 LCD_B 存储寄存器

寄存器名称	缩写	寄存器类型	地址偏移	初始状态
LCD 存储器 1(S1/S0)	LCDM1	读/写	020h	不变
LCD 存储器 2(S3/S2)	LCDM2	读/写	021h	不变
LCD 存储器 3(S5/S4)	LCDM3	读/写	022h	不变
LCD 存储器 4(S7/S6)	LCDM4	读/写	023h	不变
LCD 存储器 5(S9/S8)	LCDM5	读/写	024h	不变
LCD 存储器 6(S11/S10)	LCDM6	读/写	025h	不变
LCD 存储器 7(S13/S12)	LCDM7	读/写	026h	不变
LCD 存储器 8(S15/S14)	LCDM8	读/写	027h	不变
LCD 存储器 9(S17/S16)	LCDM9	读/写	028h	不变
LCD 存储器 10(S19/S18)	LCDM10	读/写	029h	不变
LCD 存储器 11(S21/S20)	LCDM11	读/写	02Ah	不变
LCD 存储器 12(S23/S22)	LCDM12	读/写	02Bh	不变
LCD 存储器 13(S25/S24)	LCDM13	读/写	02Ch	不变
LCD 存储器 14(S27/S26)	LCDM14	读/写	02Dh	不变
LCD 存储器 15(S29/S28,＞＝128 段)	LCDM15	读/写	02Eh	不变
LCD 存储器 16(S31/S30,＞＝128 段)	LCDM16	读/写	02Fh	不变
LCD 存储器 17(S33/S32,＞＝128 段)	LCDM17	读/写	030h	不变
LCD 存储器 18(S35/S34,＞＝128 段)	LCDM18	读/写	031h	不变

续表 6.14

寄存器名称	缩写	寄存器类型	地址偏移	初始状态
LCD存储器19(S37/S36＞＝128段)	LCDM19	读/写	032h	不变
LCD存储器20(S39/S38,＞＝128段)	LCDM20	读/写	033h	不变
LCD存储器21(S41/S40,＞＝128段)	LCDM21	读/写	034h	不变
LCD存储器22(S43/S42,＞＝128段)	LCDM22	读/写	035h	不变
LCD存储器23(S45/S44,＞＝128段)	LCDM23	读/写	036h	不变
LCD存储器24(S47/S46,＞＝128段)	LCDM24	读/写	037h	不变
LCD存储器25(S49/S48,＞＝128段)	LCDM25	读/写	038h	不变
LCD存储器26(S50,＞＝128段)	LCDM26	读/写	039h	不变
保留		读/写	03Ah	不变
保留		读/写	03Bh	不变
保留		读/写	03Ch	不变
保留		读/写	03Dh	不变
保留		读/写	03Eh	不变
保留		读/写	03Fh	不变

具体的寄存器配置在此就不在说明,可以参见技术手册。利用LCD_B模块驱动段式液晶的应用见第8章。

第7章　无线RF内核

无线射频模块将低于1GHz的射频收发器CC1101集成到MSP430系统中。本章介绍了RF内核，并对其寄存器的初始化以及无协议方式的点对点通信进行了介绍。

7.1　SmartRF Studio初始化寄存器

7.1.1　SmartRF Studio软件介绍

TI公司的CC系列芯片全部都是无线芯片，其内部的部分无线寄存器具有一定的关联性，无法单个配置直接使用对初次使用或较少接触的人来说就显得比较繁琐和复杂，利用本节将要介绍的SmartRF Studio软件可以直接配置出合适的寄存器配置。SmartRF Studio软件是由Chipcon公司提供的一个射频仿真软件用于对单片低成本低功耗RF收发无线传感器芯片的RF参数进行仿真。这对CC系列单片机以及ZigBee的应用都非常有用，目前只有英文版，本书以最新的SmartRF Studio7为例介绍如何初始化RF寄存器。

SmartRF Studio的特性有：

- 连接测试，发送和接收节点间数据包。
- 天线和辐射测试，在持续的TX和RX状态下设置radio。
- 简单模式，用于软件包测试并获取基本寄存器值。
- 一组适用于所有器件的推荐/一般寄存器设置。
- 读写单独的射频寄存器。
- 有关每个寄存器位字段的详情。
- 从文件保存/负载器件配置数据。
- 将寄存器设置导出至用户可定义格式。
- 通过USB端口或并行端口与评估板通信。
- 单个计算机上支持多达32个评估板。

SmartRF Studio 7可在Windows 98、Windows 2000、Windows XP(32位)、Windows Vista(32位)、Windows 7(32位)Windows Vista x64和Windows 7 x64等系统上运行。

7.1.2 SmartRF Studio 的操作

(1) 运行 SmartRF Studio7 软件界面如图 7.1 所示。

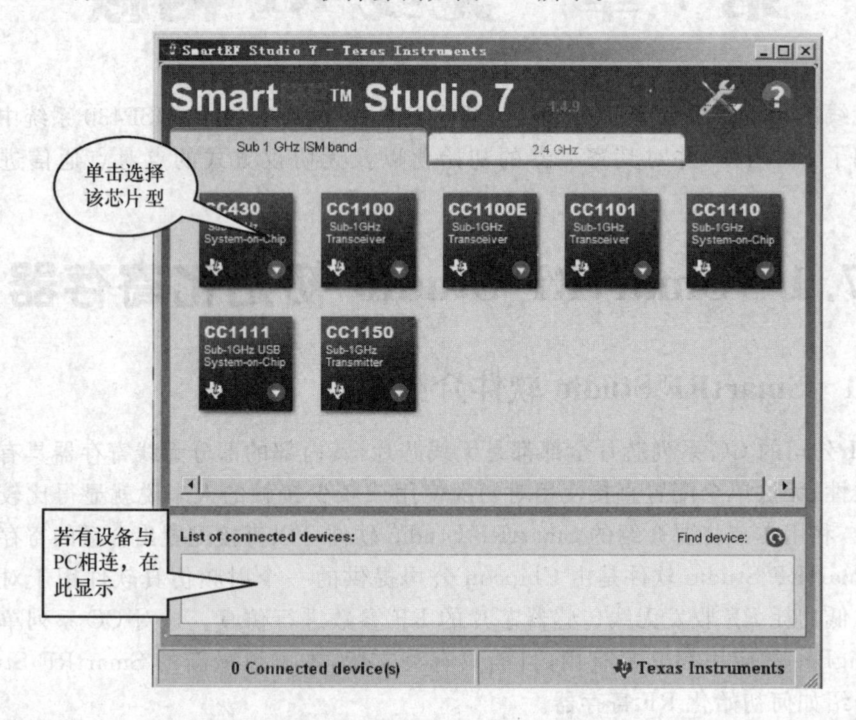

图 7.1 运行 SmartRF Studio7 软件

(2) 由于本节介绍的 CC430 平台以 CC430F6137 为控制芯片，所以在图 7.1 所示的界面中选择 CC430 系列，单击进入 CC430-Device Control Panel(offline)界面，如图 7.2 所示。

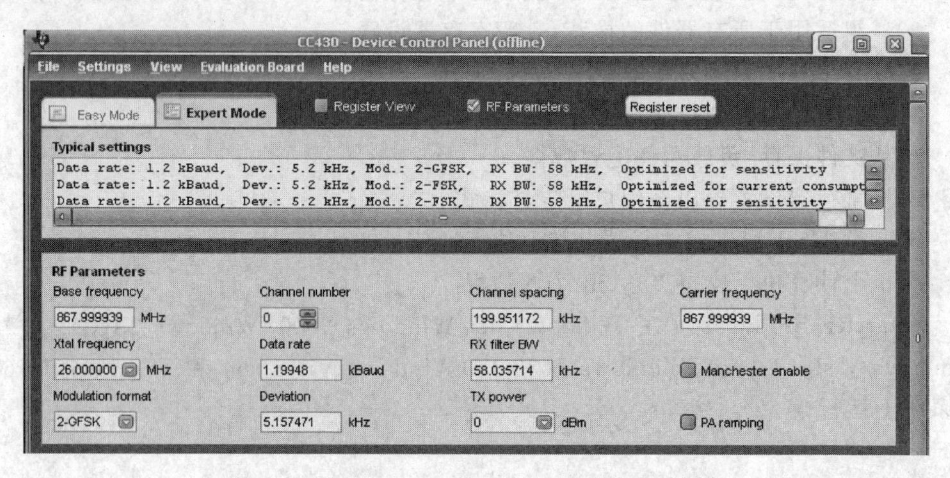

图 7.2 CC430-Device Control Panel(offline)界面

(3) Esay Mode 是一种最简单的使用方式，不再赘述，本节主要介绍 Expert Mode 的使用。需要配置的项目主要有 10 个，如图 7.3 所示：

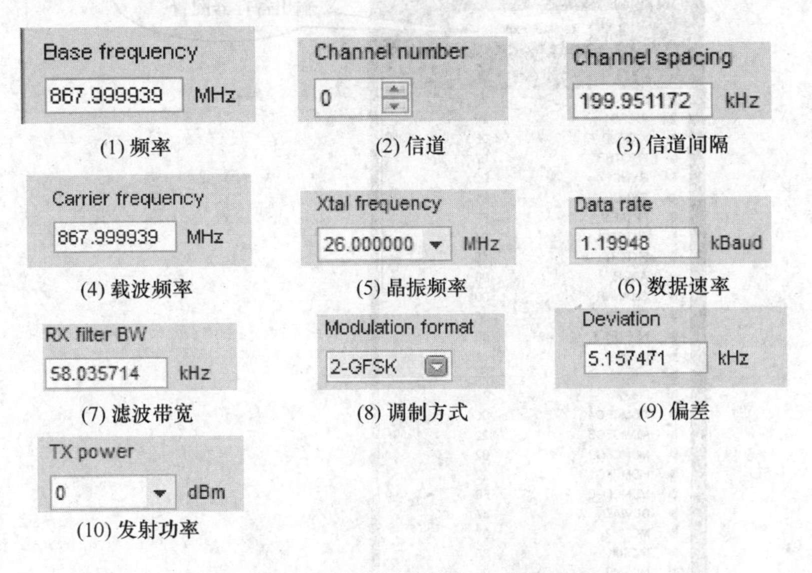

图 7.3 Expert Mode 的主要配置项目

另外，有两个多选框，“Manchester enable”用于设置曼切斯特编码，“PA Yamping”用于设置放大。

目前国内用的比较多的免费频段有 433 MHz 和 315 MHz，315 MHz 使用较多，易干扰；因此 CC430 实验平台采用 433 MHz 频段，寄存器初始化中心频率也采用 433 MHz。真正需要配置的只有频率，调制方式，功率和晶振频率这几项，其他的可以采用默认配置。配置好后会在界面的右边显示如图 7.4 所示的寄存器值。

单击图 7.4 的 Register export 按钮，进入寄存器生成界面 Code export，如图 7.5 所示。生成的代码保存好后可以直接使用。

在图 7.5 所示的界面上可以选择需要配置的寄存器，同时可以根据不同的编程环境和风格选择不同的输出形式，具体的输出形式有 C51 SFR definitions 、html、Packet sniffer settings、RF settings struct typedef、RF settings 和 Simplici TI settings。此处选择 RF settings struct typedef 格式，另外输出文件格式可以是.c 也可以是.h 文件，此处使用.h 文件。单击“Export to File”按钮即可输出文件。输出文件的相关说明将在 7.1.3 小节介绍。

7.1.3 输出文件说明

(1) 寄存器变量定义

```
typedef struct S_RF_SETTINGS {
unsigned char iocfg2;          //GDO2 输出配置寄存器
```

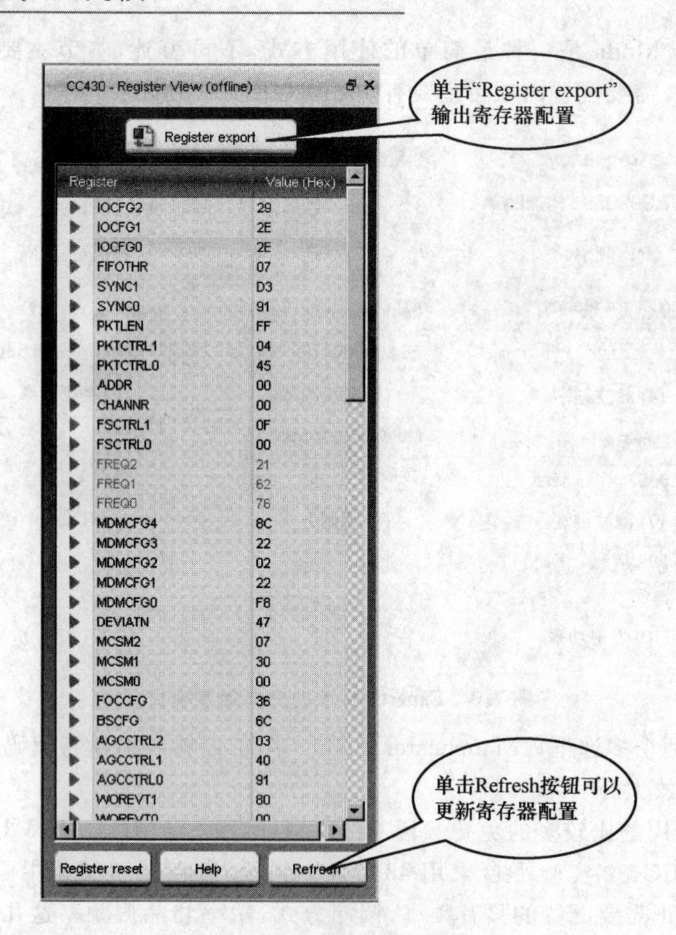

图 7.4　Register View 界面

```
unsigned char iocfg0;        //GDO0 输出配置寄存器
unsigned char fscal0;        //频率合成校准寄存器 0
unsigned char pktlen;        //数据包长度寄存器
unsigned char fsctrl1;       //频率合成控制寄存器
unsigned char addr;          //设备地址
unsigned char pktctrl0;      //数据包自动控制寄存器 0
unsigned char pktctrl1;      //数据包自动控制寄存器 1
unsigned char fstest;        //频率合成校准控制寄存器
unsigned char fsctrl0;       //频率合成校准控制寄存器 0
unsigned char fifothr;       //RX FIFO 和 TX FIFO 阈值
unsigned char freq2;         //频率控制高字节
unsigned char freq1;         //频率控制中间字节
unsigned char freq0;         //频率控制低字节
unsigned char mdmcfg4;       //调制解调器配置寄存器 4
unsigned char mdmcfg3;       //调制解调器配置寄存器 3
```

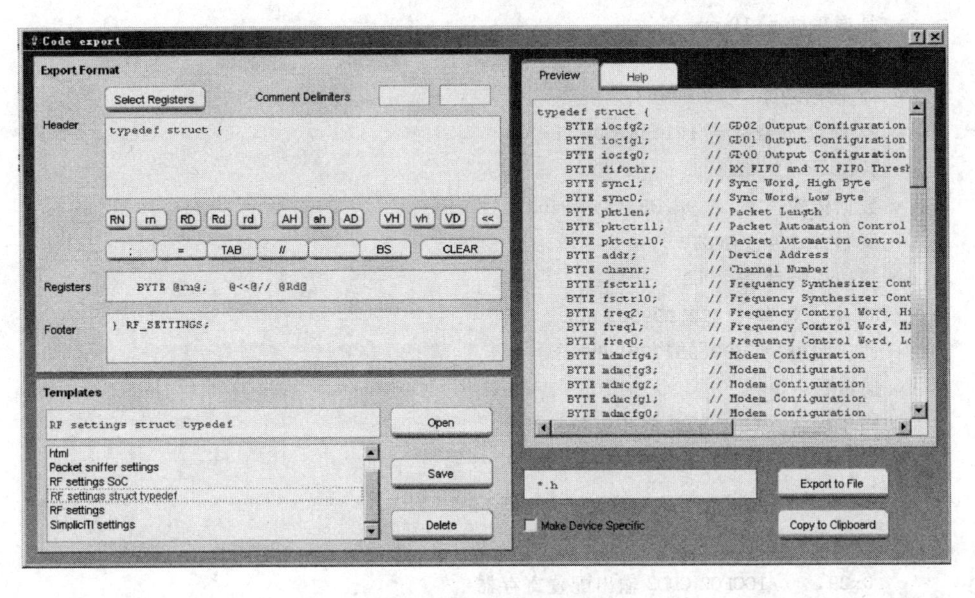

图 7.5　Code export 界面

```
    unsigned char mdmcfg2;        //调制解调器配置寄存器 2
    unsigned char mdmcfg1;        //调制解调器配置寄存器 1
    unsigned char mdmcfg0;        //调制解调器配置寄存器 0
    unsigned char channr;         //通道数
    unsigned char deviatn;        //调制解调器偏差设置
    unsigned char bscfg;          //比特同步配置
    unsigned char agcctrl0;       //AGC 控制寄存器 0
    unsigned char agcctrl1;       //AGC 控制寄存器 1
    unsigned char agcctrl2;       //AGC 控制寄存器 2
    unsigned char fscal1;         //频率合成器校准
    unsigned char test0;          //测试点设置 0
    unsigned char test1;          //测试点设置 1
    unsigned char test2;          //测试点设置 2
    unsigned char fscal2;         //频率合成校准寄存器 2
    unsigned char fscal3;         //频率合成校准寄存器 3
    unsigned char frend1;         //RX 前端配置寄存器
    unsigned char foccfg;         //频率偏移补偿配置寄存器
    unsigned char frend0;         //TX 前端配置寄存器
    unsigned char mcsm0;          //主要无线电控制的状态机配置
    unsigned char pa_table0;      //功放设置寄存器
    } RF_SETTINGS;
```

(2) 寄存器配置值如下：

```
/*****************************************************
```

```
** 晶振精度 = 10 ppm
** 晶振频率 = 26 MHz
** RF 输出功率 = 0 dBm
** RX 滤波器带宽 = 101.562500 kHz
** 频偏 = 19 kHz
** 数据传输速率 = 38.383484 kBaud
** 调制方式 =  GFSK
** 曼切斯特使能 = (0)
** RF 中心频率 = 432.999969 MHz
** 通道间隔 = 199.951172 kHz
** 通道数 = 0
** 同步模式 = (3)30/32 同步字位检测
** CRC 操作 = TX 的 CRC 计算和 RX 的 CRC 校验
*******************************************************************/
RF_SETTINGS rfSettings = {
    0x29,  //IOCFG2 GDO2 输出配置寄存器
    0x06,  //IOCFG0 GDO0 输出配置寄存器
    0x1F,  //FSCAL0 频率合成校准寄存器 0
    0x05,  //PKTLEN 数据包长度寄存器
    0x06,  //FSCTRL1 频率合成控制寄存器
    0x00,  //ADDR 设备地址
    0x04,  //PKTCTRL0 数据包自动控制寄存器 0
    0x04,  //PKTCTRL1 数据包自动控制寄存器 1
    0x59,  //FSTEST 频率合成校准控制寄存器
    0x00,  //FSCTRL0 频率合成校准控制寄存器 0
    0x07,  //FIFOTHR RX FIFO 和 TX FIFO 阈值
    0x10,  //FREQ2 频率控制高字节
    0xA7,  //FREQ1 频率控制中间字节
    0x62,  //FREQ0 频率控制低字节
    0xCA,  //MDMCFG4 调制解调器配置寄存器 4
    0x83,  //MDMCFG3 调制解调器配置寄存器 3
    0x93,  //MDMCFG2 调制解调器配置寄存器 2
    0x22,  //MDMCFG1 调制解调器配置寄存器 1
    0xF8,  //MDMCFG0 调制解调器配置寄存器 0
    0x00,  //CHANNR 通道数
    0x34,  //DEVIATN 调制解调器偏差设置
    0x6C,  //BSCFG 比特同步配置
    0x91,  //AGCCTRL0 AGC 控制寄存器 0
    0x40,  //AGCCTRL1 AGC 控制寄存器 1
    0x43,  //AGCCTRL2 AGC 控制寄存器 2
    0x00,  //FSCAL1 频率合成器校准
```

```
    0x09,  //TEST0 测试点设置 0
    0x31,  //TEST1 测试点设置 1
    0x88,  //TEST2 测试点设置 2
    0x2A,  //FSCAL2 频率合成校准寄存器 2
    0xE9,  //FSCAL3 频率合成校准寄存器 3
    0x56,  //FREND1 RX 前端配置寄存器
    0x16,  //FOCCFG 频率偏移补偿配置寄存器
    0x10,  //FREND0 TX 前端配置寄存器
    0x18,  //MCSM0 主要无线电控制的状态机配置
    0xC0,  //PA Power Setting 0 0xC0/0xC6 为 10dBm 输出
};
```

有上述这两个文件就可以对 RF 寄存器进行操作了，具体的在程序中利用结构体操作 RF 寄存器的函数如下所示。

```
/*****************************************************

//函数功能 :    写 RF 寄存器
//参数     :    RF_SETTINGS *pRfSettings  结构体指针
//返回值   :    无
*****************************************************/

void WriteRfSettings(RF_SETTINGS *pRfSettings){
    WriteSingleReg(FSCTRL1,  pRfSettings->fsctrl1);
    WriteSingleReg(FSCTRL0,  pRfSettings->fsctrl0);
    WriteSingleReg(FREQ2,    pRfSettings->freq2);
    WriteSingleReg(FREQ1,    pRfSettings->freq1);
    WriteSingleReg(FREQ0,    pRfSettings->freq0);
    WriteSingleReg(MDMCFG4,  pRfSettings->mdmcfg4);
    WriteSingleReg(MDMCFG3,  pRfSettings->mdmcfg3);
    WriteSingleReg(MDMCFG2,  pRfSettings->mdmcfg2);
    WriteSingleReg(MDMCFG1,  pRfSettings->mdmcfg1);
    WriteSingleReg(MDMCFG0,  pRfSettings->mdmcfg0);
    WriteSingleReg(CHANNR,   pRfSettings->channr);
    WriteSingleReg(DEVIATN,  pRfSettings->deviatn);
    WriteSingleReg(FREND1,   pRfSettings->frend1);
    WriteSingleReg(FREND0,   pRfSettings->frend0);
    WriteSingleReg(MCSM0 ,   pRfSettings->mcsm0);
    WriteSingleReg(FOCCFG,   pRfSettings->foccfg);
    WriteSingleReg(BSCFG,    pRfSettings->bscfg);
    WriteSingleReg(AGCCTRL2, pRfSettings->agcctrl2);
    WriteSingleReg(AGCCTRL1, pRfSettings->agcctrl1);
    WriteSingleReg(AGCCTRL0, pRfSettings->agcctrl0);
    WriteSingleReg(FSCAL3,   pRfSettings->fscal3);
```

```
    WriteSingleReg(FSCAL2,   pRfSettings->fscal2);
    WriteSingleReg(FSCAL1,   pRfSettings->fscal1);
    WriteSingleReg(FSCAL0,   pRfSettings->fscal0);
    WriteSingleReg(FSTEST,   pRfSettings->fstest);
    WriteSingleReg(TEST2,    pRfSettings->test2);
    WriteSingleReg(TEST1,    pRfSettings->test1);
    WriteSingleReg(TEST0,    pRfSettings->test0);
    WriteSingleReg(FIFOTHR,  pRfSettings->fifothr);
    WriteSingleReg(IOCFG2,   pRfSettings->iocfg2);
    WriteSingleReg(IOCFG0,   pRfSettings->iocfg0);
    WriteSingleReg(PKTCTRL1, pRfSettings->pktctrl1);
    WriteSingleReg(PKTCTRL0, pRfSettings->pktctrl0);
    WriteSingleReg(ADDR,     pRfSettings->addr);
    WriteSingleReg(PKTLEN,   pRfSettings->pktlen);
    WriteSingleReg(PATABLE,  pRfSettings->pa_table0);
}
```


对RF相关寄存器的初始化只需要调用函数void WriteRfSettings(RF_SETTINGS * pRfSettings)即可。

7.2 无协议方式通信程序设计

7.2.1 程序设计流程图

无协议方式通信属于点对点通信，是两个子系统或进程之间的专用通信链路，即两个子系统通信独享一条链路。相反在广播通信中，一个子系统可以向多个子系统传输。两种通信方式的RF寄存器的配置都可以采用TI提供的SmartRF Studio软件进行配置，使用方便，操作简单。

CC430平台的无协议方式通信程序以TI公司提供的例程为例，该例程在文件夹RF_Examples_IAR中（见随书光盘），用来传输固定长度且长度小于FIFO的数据包。该例程运行至少需要两个RF收发器，即两套CC430F6137的核心板，采用按键来进行发射和连接，用LED闪烁表示响应。程序流程图如图7.6所示。

7.2.2 主函数说明

其主函数为：

```
#include "RF_Toggle_LED_Demo.h"
#define  PACKET_LEN    (0x05)           //PACKET_LEN <= 61
#define  RSSI_IDX   (PACKET_LEN)        //Index of RSSI 信号强度指示(Rx) 模式下
#define  CRC_LQI_IDX  (PACKET_LEN + 1)  //Index of appended LQI,链路质量指示
```

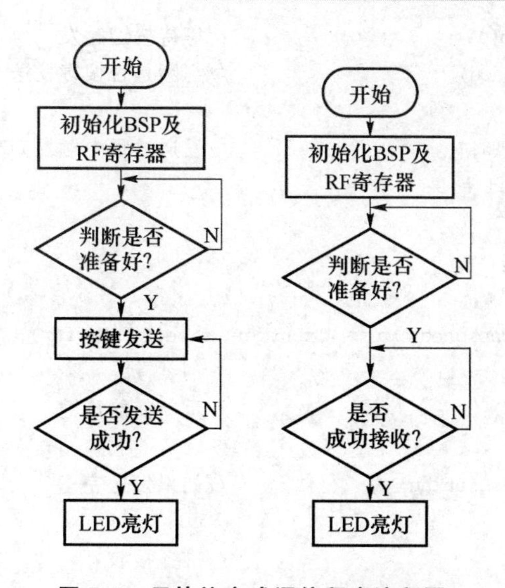

图7.6 无协议方式通信程序流程图

```
#define  CRC_OK          (BIT7)        //CRC_OK bit
#define  PATABLE_VAL     (0xc0)        //0xC0/0xC6 为 10 dBm 输出,
                                       //0x50 为 0 dBm 输出,0x2D 为 - 6 dBm 输出
extern RF_SETTINGS rfSettings;         //RF 寄存器配置
unsigned char packetReceived;          //定义数据接收包
unsigned char packetTransmit;          //定义数据发送包
unsigned char RxBuffer[PACKET_LEN + 2];    //定义接收数据缓冲区
unsigned char RxBufferLength = 0;      //定义接收数据缓冲区长度
const unsigned char TxBuffer[PACKET_LEN] = {0xAA, 0xBB, 0xCC, 0xDD, 0xEE};//发送数据
unsigned char buttonPressed = 0;
unsigned int i = 0,rssi = 0;
unsigned char transmitting = 0;
unsigned char receiving = 0;
void main( void )
{
  WDTCTL = WDTPW + WDTHOLD;            //关闭看门狗定时器
  SetVCore(2);                         //设置内核电压为 2
  ResetRadioCore();                    //复位 RF 内核
  InitRadio();                         //初始化 RF
  InitButtonLeds();                  //初始化接口,按键和 LED 分别为 P1.7、P1.0、P3.6
  ReceiveOn();                         //开启接收中断
  receiving = 1;
  while (1)
  {
    __bis_SR_register( LPM3_bits + GIE );//进入低功耗 3
```

```
    __no_operation();                              //等待按键触发
    if (buttonPressed)                             //判断是否按键发送
    {
      P3OUT |= BIT6;                               //发送过程中触发 LED 亮
      buttonPressed = 0;
      P1IFG = 0;
      ReceiveOff();
      receiving = 0;
      Transmit( (unsigned char *)TxBuffer, sizeof TxBuffer);   //发送数据
      transmitting = 1;
      P1IE |= BIT7;                                //重新使能按键
    }
    else if(! transmitting)                        //如果发送完毕
    {
      ReceiveOn();                                 //准备接收
      receiving = 1;
    }
  }
}
```

其中执行该程序所需的相关文件如图7.7所示。

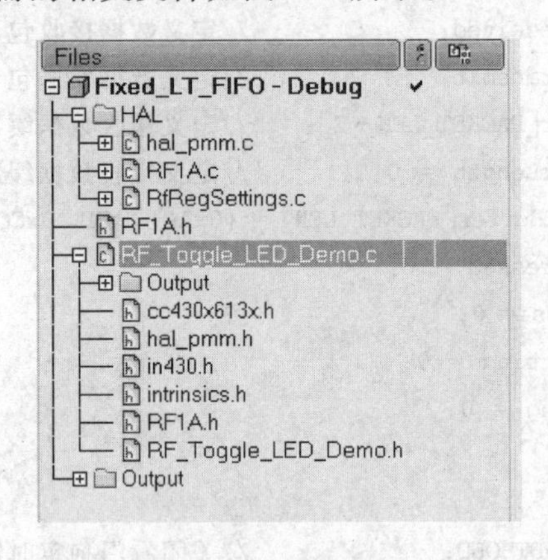

图7.7　执行该程序所需的相关文件

具体的文件说明如下：

● hal_pmm.c文件中主要包含电压管理，将内核电压设置成合适的电压。

● RF1A.c文件包含RF1A相关函数的定义。

● RfRegSettings.c文件主要是RF寄存器配置，该文件可由SmartRF Studio自动生成。

● RF1A.h中定义RF1A相关寄存器。

● RF_Toggle_LED_Demo.c文件是主函数部分，以及相关函数定义，具体函数

介绍见7.2.3小节。

7.2.3 相关函数介绍

(1) 初始化按键和LED函数

```
void InitButtonLeds(void)
{
  //设置按键为中断源
  P1DIR &= ~BIT7;       //设置P1.7方向寄存器,引脚为输入方向
  P1REN |= BIT7;        //上拉/下拉电阻使能
  P1IES &= BIT7;        //中断触发沿选择为下降沿触发
  P1IFG = 0;            //中断标志为0
  P1OUT |= BIT7;
  P1IE  |= BIT7;        //中断使能
  //初始化端口J
  PJOUT = 0x00;
  PJDIR = 0xFF;
  //设置LED端口P1.0
  P1OUT &= ~BIT0;
  P1DIR |= BIT0;
  P3OUT &= ~BIT6;
  P3DIR |= BIT6;
}
```

(2) 初始话无线模块寄存器

```
void InitRadio(void)
{
  PMMCTL0_H = 0xA5;
  PMMCTL0_L |= PMMHPMRE_L;
  PMMCTL0_H = 0x00;
  WriteRfSettings(&rfSettings);
  WriteSinglePATable(PATABLE_VAL);
}
```

(3) 发送函数

```
void Transmit(unsigned char * buffer, unsigned char length)
{
  RF1AIES |= BIT9;
  RF1AIFG &= ~BIT9;                                //清除待定中断标志
  RF1AIE |= BIT9;                                  //使能TX发送完成中断
  WriteBurstReg(RF_TXFIFOWR, buffer, length);
  Strobe( RF_STX );                                //Strobe STX
```

```
}
```

(4) 打开接收函数

```
void ReceiveOn(void)
{
  RF1AIES |= BIT9;                              //RFIFG9 选择下降沿触发
  RF1AIFG &= ~BIT9;                             //清除待定中断标志
RF1AIE  |= BIT9;                                //中断使能
  //Radio is in IDLE following a TX, so strobe SRX to enter Receive Mode
  Strobe( RF_SRX );
}
```

(5) 关闭接收函数

```
void ReceiveOff(void)
{
  RF1AIE &= ~BIT9;                              //清除 RX 中断标志
  RF1AIFG &= ~BIT9;                             //清除待定中断标志
  //很有可能在数据包还在接收时就调用. ReceiveOff 函数
  //因此,很有必要在接收时就将 RX FIFO 中的数据包转移
  //这样就能保证 RX FIFO 在优先接收数据包时不被打断
  Strobe( RF_SIDLE );
  Strobe( RF_SFRX  );
}
```

(6) 中断处理函数

1) 按键中断处理

```
#pragma vector = PORT1_VECTOR
__interrupt void PORT1_ISR(void)
{
  switch(__even_in_range(P1IV, 16))
  {
    case  0: break;
    case  2: break;                             //P1.0 IFG
    case  4: break;                             //P1.1 IFG
    case  6: break;                             //P1.2 IFG
    case  8: break;                             //P1.3 IFG
    case 10: break;                             //P1.4 IFG
    case 12: break;                             //P1.5 IFG
    case 14: break;                             //P1.6 IFG
    case 16:                                    //P1.7 IFG
    P1IE = 0;
    buttonPressed = 1;
```

```
    __bic_SR_register_on_exit(LPM3_bits);
    break;
  }
}
```

2）射频中断处理

```
#pragma vector = CC1101_VECTOR
__interrupt void CC1101_ISR(void)
{
  switch(__even_in_range(RF1AIV,32))              //选择射频中断的优先级
  {
    case  0: break;                               //无射频中断
    case  2: break;                               //RFIFG0
    case  4: break;                               //RFIFG1
    case  6: break;                               //RFIFG2
    case  8: break;                               //RFIFG3
    case 10: break;                               //RFIFG4
    case 12: break;                               //RFIFG5
    case 14: break;                               //RFIFG6
    case 16: break;                               //RFIFG7
    case 18: break;                               //RFIFG8
    case 20:                                      //RFIFG9
    if(receiving)                                 //RX 接收完成
      {
        //读 FIFO 中数据包的长度
        RxBufferLength = ReadSingleReg( RXBYTES );
        ReadBurstReg(RF_RXFIFORD, RxBuffer, RxBufferLength);
        //读 RxBuffer 中的内容
        __no_operation();
        //CRC 校验 s
        if(RxBuffer[CRC_LQI_IDX] & CRC_OK)
          P1OUT ^= BIT0;                          //Toggle LED1
        rssi = RSSI;
      }
      else if(transmitting)                       //TX 数据包结束
      {
        RF1AIE &= ~BIT9;                          //禁止 TX 中断使能
        P3OUT &= ~BIT6;                           //传输完毕关闭 LED
        transmitting = 0;
      }
      else while(1);
      break;
```

```
        case 22: break;                                           //RFIFG10
        case 24: break;                                           //RFIFG11
        case 26: break;                                           //RFIFG12
        case 28: break;                                           //RFIFG13
        case 30: break;                                           //RFIFG14
        case 32: break;                                           //RFIFG15
    }
    __bic_SR_register_on_exit(LPM3_bits);
}
```

在TI公司提供的官方例程中包含了如图7.8所示的6种通信模式，它们分别是：

- Asynchronous_comm：异步串口；
- Fixed_GT_FIFO：发送数据位固定长度，且长度大于FIFO的长度；
- Fixed_LT_FIFO：发送数据位固定长度，且长度小于FIFO的长度；
- Synchronous_comm：同步串口；
- Variable_GT_FIFO：发送数据位可变长度，且长度大于FIFO的长度；
- Variable_LT_FIFO：发送数据位可变长度，且长度小于FIFO的长度。

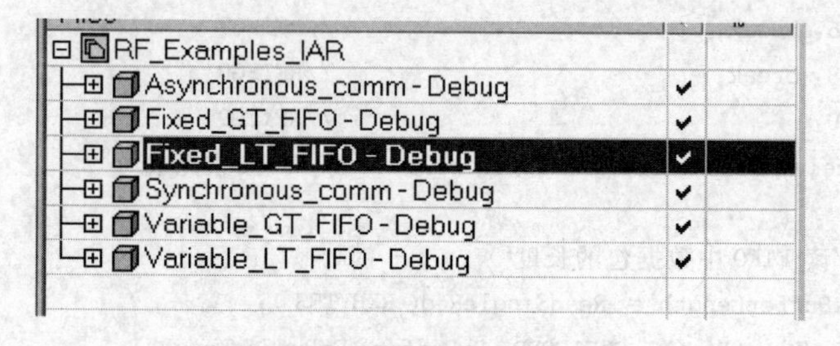

图7.8 无协议方式文件结构

用户使用时可以根据不同的需求移植相应的工程文件。

第3篇　应用篇

本篇主要讲解实际项目，这些项目都是作者在实践中所完成的真实项目。首先详细介绍开发平台，对核心板以及主板电路的设计和调试都是以实践为基础；其次对传感器节点中的RF电路布线以及天线的选型进行了说明；第10、11、12这3章主要是对协议的应用，对其软件程序设计，以及程序移植方法都进行了相关的说明，其中第11章以具体的应用为基础说明了由该实验平台构成的无线传感网络。

- 开发平台介绍和应用
- RF硬件电路的设计
- SimpliciTI协议介绍及协议移植
- 无线传感器网络协议的应用

第8章　开发平台介绍和应用

8.1　开发平台的组成

开发平台由核心板和主板两部分组成，其实物如图8.1所示。其中核心板相当于最小系统板，主板包括了一般开发板的基本功能。除此之外，核心板可以单独供电，可以作为路由节点和网关节点使用，其实物图如图8.2所示。

图8.1　实验平台硬件实物图

图 8.2　路由节点实物图

8.2　核心板功能介绍

核心板电路主要包括 CC430F6137 的最小系统板和外围的 RF 设计。核心板电路的结构框图如图 8.3 所示。

CC430F6137 的 RF 输出为平衡输出,要对无线模块的天线电路进行相关的非平衡转换和阻抗匹配才能实现无线数据收发,故需要天线匹配网络;其中 26 MHz 的晶振用于有射频功能的场合;JTAG 接口可以采用 4-Wire 或者 2-Wire (Spy-Bi-Wire)两种连接方式对 CC430 芯片进行调试;其供电方式灵活,可通过主板供电,或直接使用仿真器供电,也可由外部的直流电源供电。

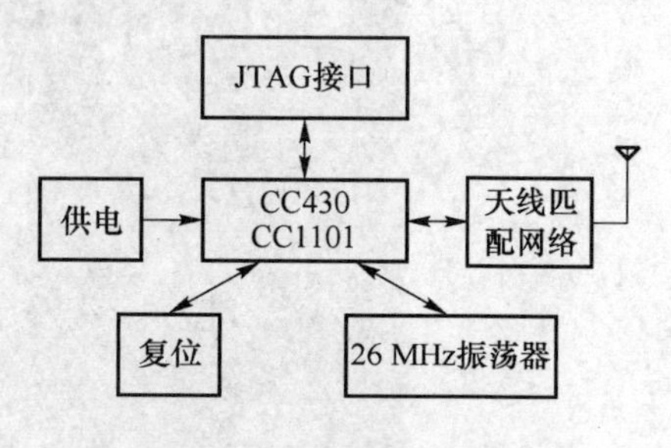

图 8.3　核心板电路框图

8.2.1　供电方式

该核心板的供电方式灵活,若采用外部直流电源供电,只需要将 3.3 V 的电源直接供到芯片就可以,中间可以加磁珠,具体电路如图 8.4 所示。

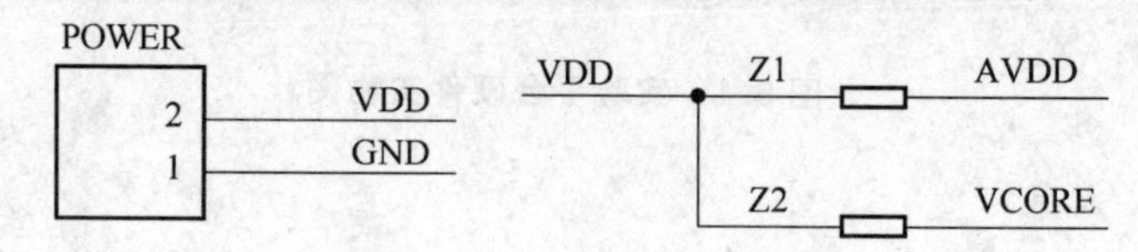

图 8.4　3.3V 直流电源供电电路

若采用仿真器供电，只需将 JTAG 的 2 脚接上电源，将 4 脚接上电源则不采用仿真器供电，详见图 8.5。

8.2.2　JTAG 接口

JTAG 接口可以采用 4-Wire 或者 2-Wire(Spy-Bi-Wire) 两种连接方式，具体的如图 8.5 所示。

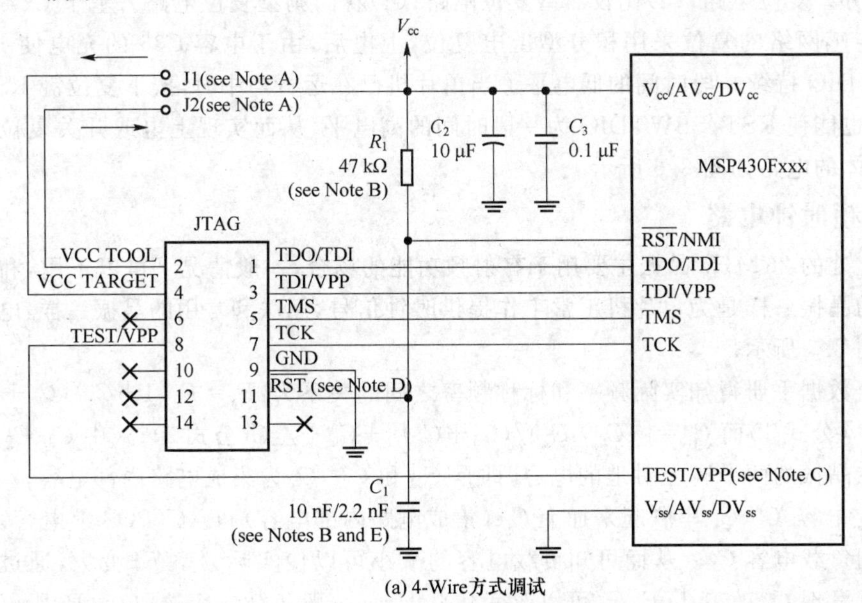

(a) 4-Wire方式调试

(b) 2-Wire(Spy-Bi-Wire)方式调试

图 8.5　JTAG 接口两种连接方式

8.2.3　复位电路和时钟电路

1. 复位电路

为确保系统电路稳定可靠工作,复位电路是必不可少的一部分,复位电路的第一功能是上电复位。目前为止,单片机复位电路主要有4种类型:(1)微分型复位电路;(2)积分型复位电路;(3)比较器型复位电路;(4)看门狗型复位电路。基于CC430的无线传感网络的复位采用积分型上电复位,上电后,由于电容$C33$的充电使RST/SBWTDIO持续一段时间的低电平。当单片机已在运行当中时,按下复位键RST后松开,也能使RST/SBWTDIO为一段时间的高电平,从而实现上电或开关复位的操作,具体的电路如图8.6所示。

2. 高频时钟电路

此处的26 MHz晶振主要用于有射频功能的场合,一般情况下可以不用,和低频场合的晶振一样是为单片机正常工作提供时钟信号,用法和常用的晶振一样,电路结构如图8.7所示。

由数据手册得知实际频率和标称频率之间的关系为:$F_x=F_0(1+C_1/(C_0+C_L))$^(1/2) (公式1)而$C_L=[(C_d*C_g)/(C_d+C_g)]+C_{ic}+\triangle C$(公式2);式中$C_d$、$C_g$为分别接在晶振的两个脚上对地的电容,即是$C_{21}$和$C_{22}$,$C_{ic}$为集成电路内部电容,$\triangle C$为PCB上电容,$C_d$、$C_g$串联起来加上$C_i$c(集成电路内部电容)和$\triangle C$(PCB上电容)即为晶振的负载电容$C_L$。从而可知负载电容的减小可以使实际频率$F_x$变大,通过初步的计算发现$C_L$改变1 pF,$F_x$可以改变几百Hz。一般负载电容选取15 pF,所以选取C_g和C_d为27 pF。

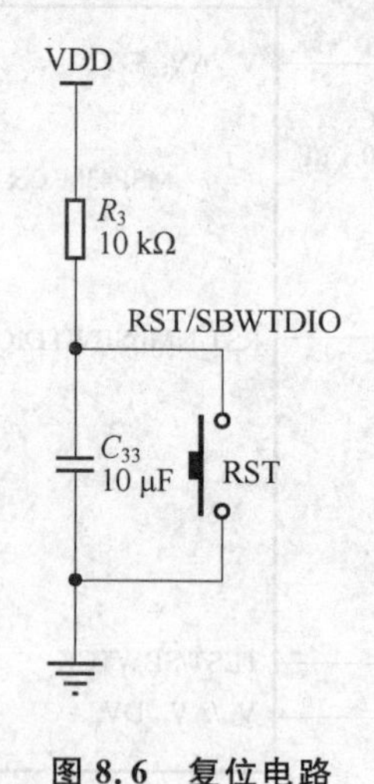

图8.6　复位电路

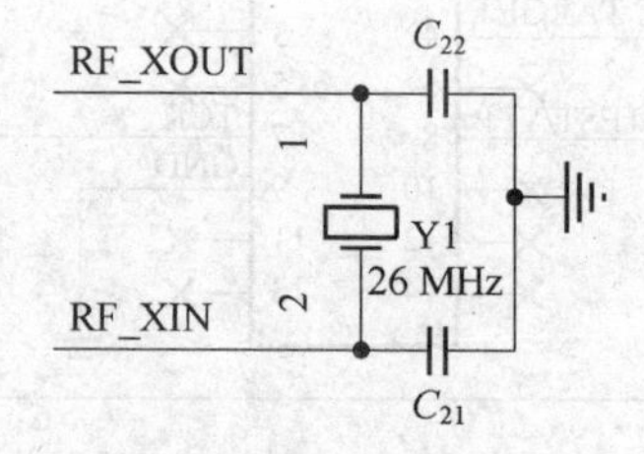

图8.7　26MHz晶振电路

8.2.4 天线匹配网络

由于CC430F6137的RF输出为平衡输出，要对无线模块的天线电路进行相关的转换和阻抗匹配才能实现无线数据收发；天线匹配网络如图8.8所示。

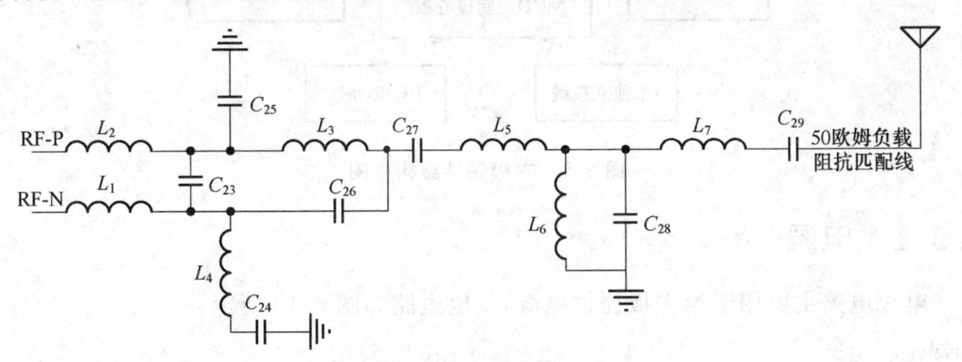

图8.8　天线匹配网络

天线的输出有RF-N、RF-P，两路信号平衡互补，信号由CC430差分输出后经过差分匹配电路进行差分滤波，再通过Bulun非平衡变换器将差分信号变换成非差分信号，然后经过后级PI滤波器(带通滤波)，以50ohm的负载端阻抗匹配输出至天线。若选用的天线带50ohm反馈线，那么50ohm的负载端阻抗匹配可以不加。除此之外，对天线匹配网络的PCB设计要求也比较高，可以采用ADS2008设计仿真；对于50ohm的负载端阻抗匹配也可采用si9000进行微带线设计，具体操作参见第9章。

天线可以选用全向型天线、半定向性天线、定向型天线这3种，其常用的接头类型有SMA接口、TNC接口、MMCX接口、MCX接口、MINIPCI天线接口、MC-CARD(朗迅卡)接口和N型头。国内用的比较多的免费频段有433MHz和315MHz，由于315MHz使用较多，易干扰；因此该系统采用433 MHz频段。433 MHz的天线有鞭状的，柱状螺旋的，还有PCB的，PCB天线无增益，而柱状天线有增益，可根据需要选择。

8.3 主板功能介绍

主板主要包含LCD显示、键盘、LED及蜂鸣器、EEPROM以及UART串口等，主板电路硬件结构框图如图8.9所示。

电源模块主要给系统供电，可以采用USB供电，直流电源供电或者电池供电三种方式；4个独立按键可以在调试程序时使用，例如，可以用作传感器给MCU提供触发信号；LED及蜂鸣器可以作为模拟报警装置；EEPROM扩展将随时采集的信息进行存储；UART串口将采集的数据传到上位机进行处理显示等。

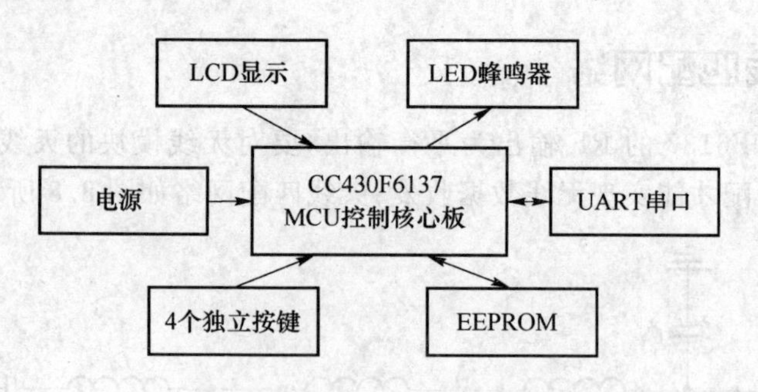

图 8.9　主板硬件结构框图

8.3.1　电源

电源电路主要用于给主板提供电源，供电电路如图 8.10 所示。

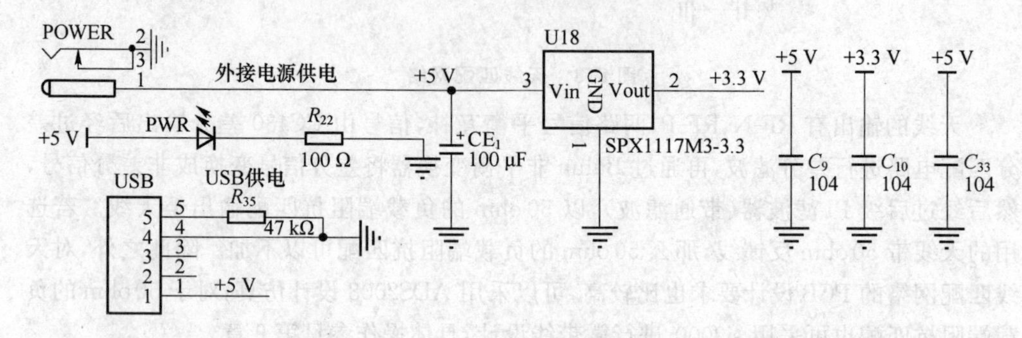

图 8.10　供电电路

供电电路采用外接电源供电时，加入了电源指示，由于一般的电源都是 5 V，因此需要进行相关转换，在这里使用了 SPX1117M33-3.3 低压差稳压芯片进行 5 V 到 3.3 V 的电压转换，使用电压差线性电源稳压芯片可以提高转换效率，降低功耗。当然，除此之外该系统中同样加了一些电容用于滤波和退耦，用于滤除噪声，减少纹波。

8.3.2　按键电路

键盘又分为编码键盘和非编码键盘。键盘上的闭合识别由专门的硬件编码器实现，并产生键编码号和键值的称为编码键盘，如计算机键盘。而靠软件编程来识别的键盘称为非编码键盘，在单片机组成的各种系统中，用的较多的是非编码键盘。非编码键盘又分为独立键盘和行列式(矩阵式)键盘。由于在该系统中用到的按键较少，故只设置了 4 个独立按键。具体的按键电路如图 8.11 所示。

8.3.3　LCD 显示电路

随着市场对产品性能及功能功耗要求的不断提高，液晶显示技术也得到了迅速的发展。LCD 是一种平板薄膜显示器件，除了功耗低以外，它还具有美观、显示工作

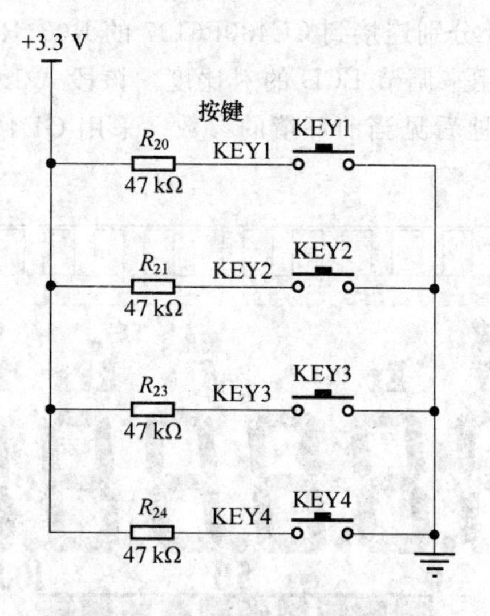

图 8.11　4 个独立按键电路

电压低、抗干扰能力强、与 CMOS 电路电性能匹配好等优点。因此它的应用非常广泛，特别是笔段式液晶显示更是在各种数字仪表中扮演着重要的作用。液晶所用的材料是一种兼有液态和固体双重性质的有机物，它的棒状结构在液晶盒内一般平行排列，但在电场作用下能改变其排列方向。笔段式 LCD 显示器类似于 LED 数码管显示器。每个显示器的段电极包括 7 个笔段和一个背电极 BP(或 COM)，可以显示数字和简单的字符，每个数字和字符与其段码对应。其驱动方式分为两类：一类是静态驱动；另一类是动态驱动，动态驱动又称为多路寻址驱动。在该系统中主要用于温度、湿度、烟雾报警等环境参数的监测显示，故只需要段式液晶即可。如图 8.12 所示为段式液晶 GD46532 的电路连接图。

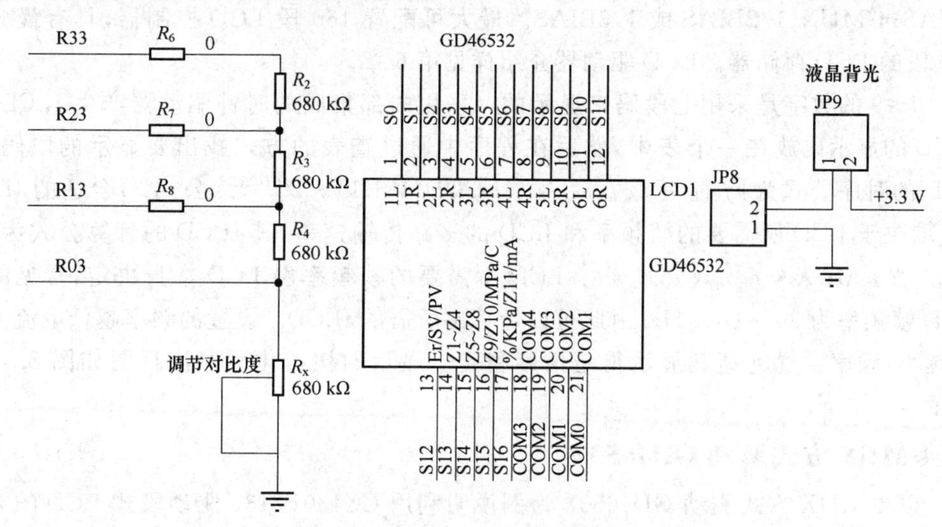

图 8.12　段式液晶 GD46532 的电路连接图

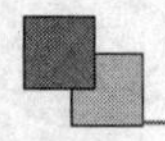

R03、R13、R23、R33 分别连接到 CC430F6137 的 R03、R13、R23、R33 引脚，用于产生 4 个电压等级，R_x 用来调节 LCD 的对比度。该段式 LCD 可以加入液晶背光，这样在夜间也可以清楚地看见当前环境的参数。采用 GD46632 显示的效果图如图 8.13 所示。

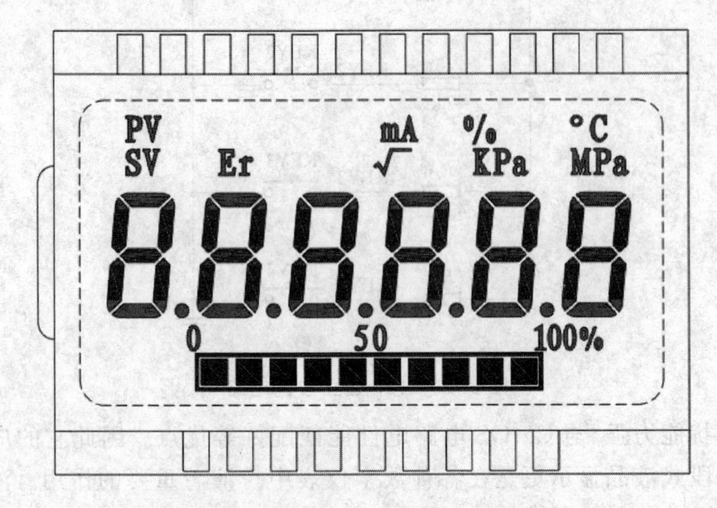

图 8.13　段式 LCD GD46532 显示效果图

1. CC430F6137 驱动 GD46532

由于 CC430F6137 有片上 LCD 控制器，从而进一步降低了基于 LCD 应用的成本与尺寸，同时 CC430 系列单片机继承了 MSP430 微处理器的超低功耗的特点，在低功耗性能的 LCD 显示中进一步降低了功耗。CC430F6137 的片上 LCD 控制器支持 4 种类型的 LCD：静态；2-MUX、1/2BIAS 或 1/3BIAS；3-MUX、1/2BIAS 或 1/3BIAS；4-MUX、1/2BIAS 或 1/3BIAS。最大可配置 160 段 LCD 控制器，具有最大 160 段的 LCD 存储器。LCD 驱动器介绍详见第 6 章。

0～9 的数字是采用七段码来显示的。采用内部集成的时钟驱动器产生 fLCD，fLCD 的显示码放在一个表中，然后在程序中通过查表的方式找出要显示的段码。LCD 的时序公式为：$f_{LCD}=f_{ACLK/VOCLK}/(LCDDIV+1)*2^{LCDPRE}$（公式 3）合适的 fLCD 取决于 LCD 所需要的帧频率和 LCD 的多路传输速率，其 fLCD 的计算公式为：$f_{LCD}=2*MUX*f_{Fream}$（公式 4）。LCD 所需要的帧频率由 LCD 本身决定，常见的 LCD 帧频率为 30～1000 Hz，由此可以计算出所需的 fLCD。设置的频率越低电流消耗越小，频率设置越高其显示得越清晰稳定。显示的初始化程序流程图如图 8.14 所示。

2. 4-MUX 方式驱动 GD46532

以 4-MUX 方式驱动 GD46532 为例说明利用 CC430F6137 驱动段式 LCD 的方法。在 4-MUX 模式下一个字符的 8 段可以放在一个显示存储字节中，其顺序为 ab-

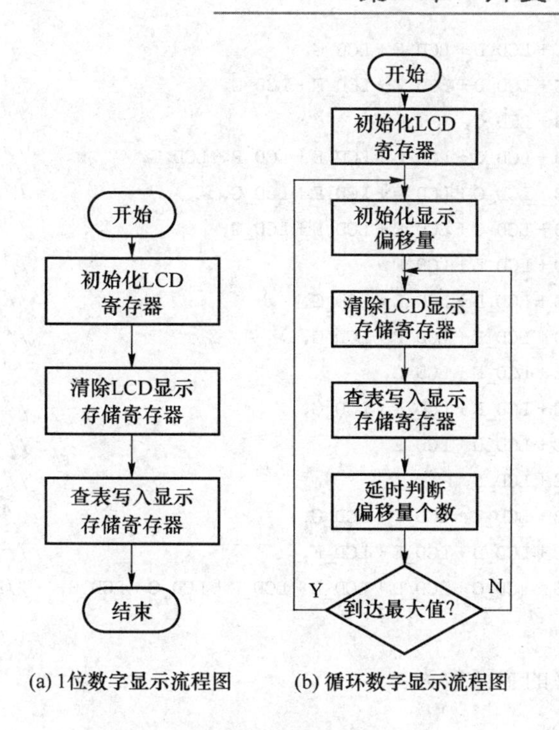

(a) 1位数字显示流程图　　(b) 循环数字显示流程图

图 8.14　显示初始化程序流程图

chfgde,其段码表定义如下所示。

```
#define LCD_A      0x80
#define LCD_B      0x40
#define LCD_C      0x20
#define LCD_D      0x02
#define LCD_E      0x01
#define LCD_F      0x08
#define LCD_G      0x04
#define LCD_H      0x10
```

要显示字符只需映射相应的段码即可,程序设计中只需要将所需要的段码写入相应的 LCD 存储寄存器中即可显示想要驱动的段码。若要显示相应的字符,只需对下面的显示段码映射表进行访问,具体的段码映射表如下所述。

```
const unsigned char  LCD_Char_Map[] =
{
  LCD_A + LCD_B + LCD_C + LCD_D + LCD_E + LCD_F,              //'0' or'O'
  LCD_B + LCD_C,                                              //'1' or'I'
  LCD_A + LCD_B + LCD_D + LCD_E + LCD_G,                      //'2' or'Z'
  LCD_A + LCD_B + LCD_C + LCD_D + LCD_G,                      //'3'
  LCD_B + LCD_C + LCD_F + LCD_G,                              //'4' or'y'
```

```
   LCD_A + LCD_C + LCD_D + LCD_F + LCD_G,                          //'5' or'S'
   LCD_A + LCD_C + LCD_D + LCD_E + LCD_F + LCD_G,                  //'6' or'b'
   LCD_A + LCD_B + LCD_C,                                          //'7'
   LCD_A + LCD_B + LCD_C + LCD_D + LCD_E + LCD_F + LCD_G,          //'8' or'B'
   LCD_A + LCD_B + LCD_C + LCD_D + LCD_F + LCD_G,                  //'9' or'g'
   LCD_A + LCD_B + LCD_C + LCD_E + LCD_F + LCD_G,                  //'A'    10
   LCD_A + LCD_D + LCD_E + LCD_F,                                  //'C'    11
   LCD_B + LCD_C + LCD_D + LCD_E + LCD_G,                          //'d'    12
   LCD_A + LCD_D + LCD_E + LCD_F + LCD_G,                          //'E'    13
   LCD_A + LCD_E + LCD_F + LCD_G,                                  //'F'    14
   LCD_B + LCD_C + LCD_E + LCD_F + LCD_G,                          //'H'    15
   LCD_B + LCD_C + LCD_D + LCD_E,                                  //'J'    16
   LCD_D + LCD_E + LCD_F,                                          //'L'    17
   LCD_A + LCD_B + LCD_E + LCD_F + LCD_G,                          //'P'    18
   LCD_B + LCD_C + LCD_D + LCD_E + LCD_F,                          //'U'    19
   LCD_A + LCD_B + LCD_C + LCD_D + LCD_E + LCD_F + LCD_G + LCD_H,  //LCD 清零
};
```


显示一位数字的主函数为：

```
void main(void)
{
   unsigned char j,k;
   unsigned char i;
   P5SEL |= (BIT5 | BIT6 | BIT7);      //选择 COM1.COM2.COM3
   P5DIR |= (BIT5 | BIT6 | BIT7);      //方向控制
//*****************************************************************
//配置 LCD_B
//LCD_FREQ = ACLK/32/4, LCD Mux 4
   LCDBCTL0 =  (LCDDIV0 + LCDDIV1 + LCDDIV2 + LCDDIV3 + LCDDIV4) | LCDPRE0 |
LCD4MUX | LCDON | LCDSON;
   LCDBVCTL = LCDCPEN | VLCD_3_08;// + LCDSSEL
   LCDBCTL0 |= LCDON + LCDSON;
   REFCTL0 &= ~REFMSTR;
   //Charge pump generated internally at 3.08V, external bias (V2-V4) generation
   //Internal reference for charge pump
   LCDBPCTL0 = 0x0C00;                               //选择显示的位数
   LCDBPCTL1 = 0x0000;
   while(1)
   {
     for(i = 0;i<20;i++)
     {
           for(k = 0;k<10;k++)
```

```
            for(j = 0;j<10;j ++ )
                __delay_cycles(5000);    //延时
          LCDM6 &= ～LCD_Char_Map[20];  //LCD 清零
          LCDM6 |= LCD_Char_Map[i];
      }
    }
}
```

6 位数字轮流显示的主函数为：

```
void main(void)
{  WDTCTL = WDTPW + WDTHOLD;
   P5SEL |= (BIT5 | BIT6 | BIT7);
   P5DIR |= (BIT5 | BIT6 | BIT7);
//**************************************************************
   LCDBCTL0 =  (LCDDIV0 + LCDDIV1 + LCDDIV2 + LCDDIV3 + LCDDIV4)| LCDPRE0 |
               LCD4MUX | LCDON | LCDSON;
   LCDBVCTL = LCDCPEN | VLCD_3_08;// + LCDSSEL
   LCDBCTL0 |= LCDON + LCDSON;
   REFCTL0 &= ～REFMSTR;
   LCDBPCTL0 = 0x0FFF;
   LCDBPCTL1 = 0x0000;
   LCDM1 &= ～LCD_Char_Map[28];
   LCDM1 |= LCD_Char_Map[1];
   LCDM2 &= ～LCD_Char_Map[28];
   LCDM2 |= LCD_Char_Map[1 + 1];
LCDM3 &= ～LCD_Char_Map[28];
LCDM3 |= LCD_Char_Map[1 + 2];
LCDM4 &= ～LCD_Char_Map[28];
LCDM4 |= LCD_Char_Map[1 + 3];
LCDM5 &= ～LCD_Char_Map[28];
LCDM5 |= LCD_Char_Map[1 + 4];
LCDM6 &= ～LCD_Char_Map[28];
LCDM6 |= LCD_Char_Map[1 + 5];
while(1);
}
```

3. 闪烁功能

除了以上所说的 4 种驱动方式，该 LCD_B 还支持闪烁功能，具有双显示存储器。例如，通过设置寄存器 LCDBLKMODx＝01 允许某个单独的段闪烁；LCDBLKMODx＝10 允许所有的段闪烁；LCDBLKMODx＝00 则闪烁被禁止。要使某个单独的段闪烁，其相应的闪烁存储寄存器中的位需要被置位，同时闪烁频率也是可编程的，闪烁频率必须小于帧频率。闪烁频率的计算公式为：$f_{Blink} = f_{ACLK/VLOCLI}/(LCDBLKDIVX+1) \times 2^{(9+LCDBLKPREX)}$（公式 5）。

对于双显示存储器，当 LCDBLKMODx＝01 或 10 时，闪烁寄存器可以当做第二个显示寄存器使用，用以显示的内容可以通过 LCDDISP 位手动选择或通过 LCDBLKMODx＝11 自动选择，实现两存储器之间的切换显示。

例如利用其闪烁功能实现两个字符串的轮流显示。字符段的映射表如上所述，主函数为：

```
void main(void)
{
  WDTCTL = WDTPW + WDTHOLD;                              //关闭看门狗
  P5SEL |= (BIT5 | BIT6 | BIT7);
  P5DIR |= (BIT5 | BIT6 | BIT7);
  //****************************************************************
  //配置 LCD_B
  //LCD_FREQ = ACLK/32/2, LCD Mux 4,打开 LCD
  //LCB_BLK_FREQ = ACLK/512
  LCDBCTL0 =  (LCDDIV0 + LCDDIV1 + LCDDIV2 + LCDDIV3 + LCDDIV4)| LCDPRE0 |
              LCD4MUX | LCDON | LCDSON;
  LCDBVCTL = LCDCPEN | VLCD_3_08;
  REFCTL0 &= ～REFMSTR;
  LCDBPCTL0 = 0x03FF;                                     //选择的位数
  LCDBPCTL1 = 0x0000;                                     //
  //LCD 存储器
  LCDM1 = 0x00;//&= LCD_Char_Map[20];
  LCDM1 |= LCD_Char_Map[15];                              //显示 H
  LCDM2 = 0x00;//&= LCD_Char_Map[20];
  LCDM2 |= LCD_Char_Map[13];                              //显示 E
  LCDM3 = 0x00;//&= LCD_Char_Map[20];
  LCDM3 |= LCD_Char_Map[17];                              //显示 L
  LCDM4 = 0x00;//&= LCD_Char_Map[20];
  LCDM4 |= LCD_Char_Map[17];                              //显示 L
  LCDM5 = 0x00;//&= LCD_Char_Map[20];
  LCDM5 |= LCD_Char_Map[0];                               //显示 0
                                                          //闪烁存储器
  LCDBM1 = 0x00;//&= LCD_Char_Map[20];
  LCDBM1 |= LCD_Char_Map[11];                             //显示 C
  LCDBM2 = 0x00;//&= LCD_Char_Map[20];
  LCDBM2 |= LCD_Char_Map[11];                             //显示 C
  LCDBM3 = 0x00;//&= LCD_Char_Map[20];
  LCDBM3 |= LCD_Char_Map[4];                              //显示 4
```

```
  LCDBM4 = 0x00;//&= LCD_Char_Map[20];
  LCDBM4 |= LCD_Char_Map[3];                  //显示 3
  LCDBM5 = 0x00;//&= LCD_Char_Map[20];
  LCDBM5 |= LCD_Char_Map[0];                  //显示 0
/*****************************************************************/
/* 开启看门狗定时器 WDT                                           */
  WDTCTL = WDT_ADLY_1000;                     //定时 250ms
  SFRIE1 |= WDTIE;                            //使能看门狗定时器中断
/*****************************************************************/
  __bis_SR_register(LPM0_bits + GIE);         //中断处理函数
}
#pragma vector = WDT_VECTOR
__interrupt void watchdog_timer(void)
{
  LCDBMEMCTL ^= LCDDISP;
  P5DIR |= 0x02; //加入 LED 指示
P5OUT |= 0x02;
}
```

8.3.4　EEPROM 电路

1. AT24C02 应用电路

电可擦可编程只读存储器(Electrically Erasable Programmable Read-Only Memory,EEPROM)是种掉电后数据不丢失的存储芯片。EEPROM 可以在电脑上或专用设备上擦除已有信息,重新编程。此处使用的是串行 EEPROM,串行 EEPROM 中,较为典型的有 ATMEL 公司的 AT24CXX 系列和 AT93CXX 等系列产品,简称 I^2C 总线式串行器件。串行器件不仅占用很少的资源和 I/O 线,而且体积大大缩小,同时具有工作电源宽、抗干扰能力强、功耗低、数据不易丢失和支持在线编程等特点。

I^2C 总线是一种用于 IC 器件之间连接的二线制总线。它通过 SDA(串行数据线)及 SCL(串行时钟线)两根线与连到总线上的器件传送信息,并根据地址识别每个器件:不管是单片机、存储器、LCD 驱动器还是键盘接口,电路连接如图 8.15 所示,系统通过 JP11 和 JP12 跳线进行选通。

2. I^2C 总线

AT24C02 支持 I^2C 总线传输协议,典型的两线总线配置图如图 8.16 所示。

总线上发送数据的器件被称为发送器,接收数据的器件被称为接收器,控制信息交换的器件被称为主器件,受主器件控制的器件称为从器件。主器件产生串行时钟 SCL,控制总线的运行状态、产生 START 和 STOP 条件。AT24C02 的总线时序如

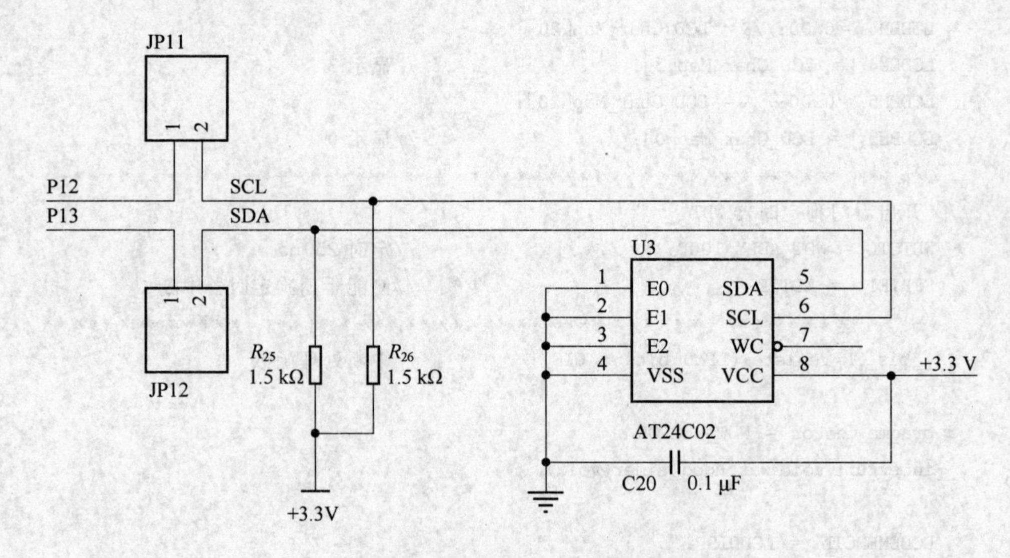

图 8.15　AT24C02 电路连接图

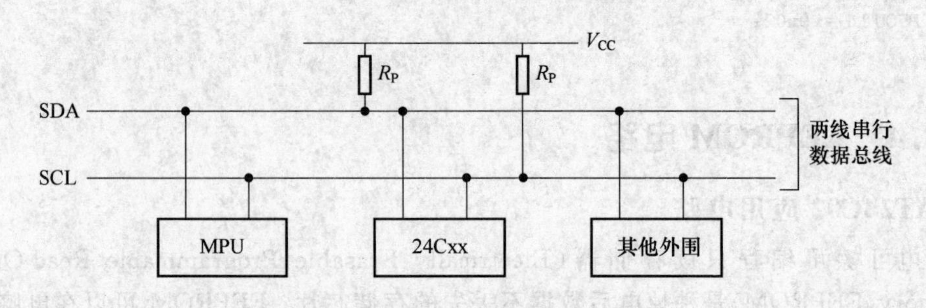

图 8.16　典型的两线总线配置

图 8.17 所示，写周期时序如图 8.18 所示。

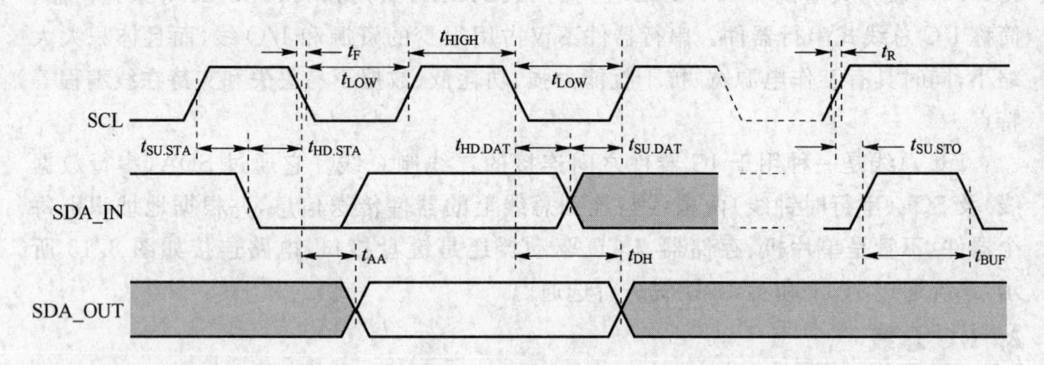

图 8.17　总线时序

3. 程序设计

（1）利用总线时序实现对 I^2C 的操作：

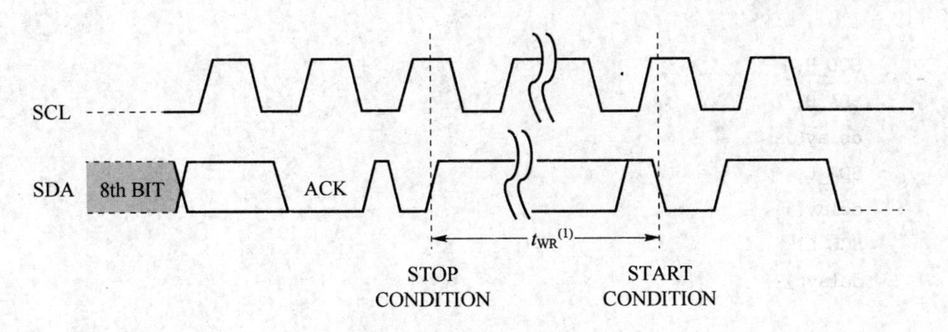

图 8.18 写周期时序

```
#include <cc430x613x.h>
typedef unsigned char uchar;
typedef unsigned int  uint;
#define SCL_H P1OUT |= BIT2
#define SCL_L P1OUT &= ~BIT2
#define SDA_H P1OUT |= BIT3
#define SDA_L P1OUT &= ~BIT3
#define SDA_in  P1DIR &= ~BIT3      //SDA改成输入模式
#define SDA_out P1DIR |= BIT3       //SDA变回输出模式
#define SDA_val P1IN&BIT3           //SDA的位值
#define TRUE    1
#define FALSE   0
/*******************************************
函数名称:delay
功    能:延时约15μs的时间
参    数:无
返回值  :无
********************************************/
void delay(void)
{
    uchar i;
    for(i = 0;i < 15;i++)
      _NOP();
}
/*******************************************
函数名称:start
功    能:完成I2C的起始条件操作
参    数:无
返回值  :无
********************************************/
void start(void)
```

```
{
    SCL_H;
    SDA_H;
    delay();
    SDA_L;
    delay();
    SCL_L;
    delay();
}
/*******************************************
函数名称:stop
功    能:完成 I2C 的终止条件操作
参    数:无
返回值  :无
********************************************/
void stop(void)
{
    SDA_L;
    delay();
    SCL_H;
    delay();
    SDA_H;
    delay();
}
/*******************************************
函数名称:mack
功    能:完成 I2C 的主机应答操作
参    数:无
返回值  :无
********************************************/
void mack(void)
{
    SDA_L;
    _NOP();
    _NOP();
    SCL_H;
    delay();
    SCL_L;
    _NOP();
    _NOP();
    SDA_H;
    delay();
```

```
}
/*****************************************************
函数名称:mnack
功    能:完成 I²C 的主机无应答操作
参    数:无
返回值  :无
*****************************************************/
void mnack(void)
{
    SDA_H;
    _NOP();
    _NOP();
    SCL_H;
    delay();
    SCL_L;
    _NOP();
    _NOP();
    SDA_L;
    delay();
}
/********** 检查应答信号函数 ******************/
/* 如果返回值为 1 则证明有应答信号,反之没有 */
/*****************************************************
函数名称:check
功    能:检查从机的应答操作
参    数:无
返回值  :从机是否有应答:1 表示有,0 表示无
*****************************************************/
uchar check(void)
{
    uchar slaveack;

    SDA_H;
    _NOP();
    _NOP();
    SCL_H;
    _NOP();
    _NOP();
    SDA_in;
    _NOP();
    _NOP();
    slaveack = SDA_val;   //读入 SDA 数值
```

```
    SCL_L;
    delay();
    SDA_out;
    if(slaveack)
      return FALSE;
        else
          return TRUE;
}
/*********************************************
函数名称:write1
功    能:向 I²C 总线发送一个 1
参    数:无
返回值  :无
*********************************************/
void write1(void)
{
    SDA_H;
    delay();
    SCL_H;
    delay();
    SCL_L;
    delay();
}
/*********************************************
函数名称:write0
功    能:向 I²C 总线发送一个 0
参    数:无
返回值  :无
*********************************************/
void write0(void)
{
    SDA_L;
    delay();
    SCL_H;
    delay();
    SCL_L;
    delay();
}
/*********************************************
函数名称:write1byte
功    能:向 I²C 总线发送一个字节的数据
参    数:wdata 为发送的数据
```

```
返回值  :无
*******************************************/
void write1byte(uchar wdata)
{
    uchar i;
    for(i = 8;i > 0;i--)
    {
        if(wdata & 0x80)
          write1();
        else
          write0();
        wdata <<= 1;
    }
    SDA_H;
    _NOP();
}
/*******************************************
函数名称:writeNbyte
功    能:向 I2C 总线发送 N 个字节的数据
参    数:outbuffer 表示指向发送数据存放首地址
          的指针
          n 为数据的个数
返回值  :发送是否成功的标志:1 表示成功,0 表示失败
*******************************************/
uchar writeNbyte(uchar * outbuffer,uchar n)
{
    uchar i;
    for(i = 0;i < n;i++)
    {
        write1byte(* outbuffer);
        if(check())
        {
            outbuffer++;
        }
        else
        {
            stop();
            return FALSE;
        }
    }
    stop();
    return TRUE;
```

```
}
/***********************************************
函数名称:read1byte
功    能:从 I²C 总线读取一个字节
参    数:无
返回值  :读取的数据
***********************************************/
uchar read1byte(void)
{
    uchar  rdata = 0x00,i;
    uchar flag;
    for(i = 0;i < 8;i++)
    {
        SDA_H;
        delay();
        SCL_H;
        SDA_in;
        delay();
        flag = SDA_val;
        rdata <<= 1;
        if(flag)
          rdata |= 0x01;
        SDA_out;
        SCL_L;
        delay();
    }
   return rdata;
}
/***********************************************
函数名称:readNbyte
功    能:从 IIC 总线读取 N 个字节的数据
参    数:inbuffer 表示读取后数据存放的首地址
          n 表示数据的个数
返回值  :无
***********************************************/
void readNbyte(uchar * inbuffer,uchar n)
{
    uchar i;
    for(i = 0;i < n;i++)
    {
        inbuffer[i] = read1byte();
        if(i < (n-1))
```

```
            mack();
        else
            mnack();
    }
    stop();
}
```

(2) 对 AT24C02 的读写操作为：

```
#include "IIC.h"
typedef unsigned char uchar;
typedef unsigned int  uint;
#define deviceaddress 0xa0   //AT24C02的设备地址
/****************************************
函数名称:delay_10ms
功    能:延时约6ms,等待EEPROM完成内部写入
参    数:无
返回值  :无
****************************************/
void delay_10ms(void)
{
    uint i = 1000;
    while(i--);
}
/****************************************
函数名称:Write_1Byte
功    能:向EEPROM中写入一个字节的数据
参    数:Wdata表示写入的数据
          dataaddress表示数据的写入地址
返回值  :写入结果:1表示成功,0表示失败
****************************************/
uchar Write_1Byte(uchar wdata,uchar dataaddress)
{
    start();
    write1byte(deviceaddress);
    if(check())
        write1byte(dataaddress);
    else
        return 0;
    if(check())
        write1byte(wdata);
    else
        return 0;
```

```
    if(check())         stop();
    else            return 0;
    delay_10ms();           //等待 EEPROM 完成内部写入
    return 1;
}
/********************************************
函数名称:Write_NByte
功    能:向 EEPROM 中写入 N 个字节的数据
参    数:outbuf 表示指向写入数据存放首地址的指针
        n 表示数据个数,最大不能超过 8,由页地址
          决定其最大长度
        dataaddress 表示数据写入的首地址
返回值  :写入结果:1 表示成功,0 表示失败
********************************************/
uchar Write_NByte(uchar * outbuf,uchar n,uchar dataaddress)
{
    uchar  flag;
    start();
    write1byte(deviceaddress);                  //写入器件地址
    if(check() == 1)
        write1byte(dataaddress);                //写入数据字地址
    else
        return 0;
    if(check())
        flag = writeNbyte(outbuf,n);
    else
        return 0;
    delay_10ms();                               //等待 EEPROM 完成内部写入
    if(flag)    return 1;
    else        return 0;

}
/********************************************
函数名称:Read_1Byte_currentaddress
功    能:从 EEPROM 的当前地址读取 1 个字节的数据
参    数:无
返回值  :读取的数据
********************************************/
uchar Read_1Byte_currentaddress(void)
{
    uchar temp;
    start();
```

```
    write1byte((deviceaddress|0x01));
    if(check())
        temp = read1byte();
    else
        return 0;
    mnack();
    stop();
    return temp;
}
/*********************************************
函数名称:Read_NByte_currentaddress
功    能:从 EEPROM 的当前地址读取 N 个字节的数据
参    数:readbuf 表示指向保存数据地址的指针
        n 表示读取数据的个数
返回值  :读取结果:1 表示成功,0 表示失败
*********************************************/
uchar Read_NByte_currentaddress(uchar * readbuf,uchar n)
{
    start();
    write1byte((deviceaddress|0x01));
    if(check())
        readNbyte(readbuf,n);
    else
        return 0;
    return  1;
}
/*********************************************
函数名称:Read_1Byte_Randomaddress
功    能:从 EEPROM 的指定地址读取一个字节的数据
参    数:dataaddress 表示数据读取的地址
返回值  :读取的数据
*********************************************/
uchar Read_1Byte_Randomaddress(uchar dataaddress)
{
    uchar temp;
    start();
    write1byte(deviceaddress);
    if(check())
        write1byte(dataaddress);
    else
        return 0;
    if(check())
```

```
    {
        start();
        write1byte((deviceaddress|0x01));
    }
    else
        return 0;
    if(check())
        temp = read1byte();
    else
        return 0;
    mnack();
    stop();
    return temp;
}
/*******************************************
函数名称:Read_NByte_Randomaddress
功    能:从EEPROM的指定地址读取N个字节的数据
参    数:readbuf表示指向保存数据地址的指针
          n表示读取数据的个数
          dataaddress表示数据读取的首地址
返回值  :读取结果:1表示成功,0表示失败
********************************************/
uchar Read_NByte_Randomaddress(uchar * readbuf,uchar n,uchar dataaddress)
{
    start();
    write1byte(deviceaddress);
    if(check())
        write1byte(dataaddress);
    else
        return 0;
    if(check())
    {
        start();
        write1byte(deviceaddress|0x01);
    }
    else
        return 0;
    if(check())
        readNbyte(readbuf,n);
    else
        return 0;
    return 1;
```

```
}
```

主函数为：

```
//************************************************************
//  CC430F613x Demo-USCI_B0 I2C 先写 24C02,再读回来 LCD 显示
//  author:MXM
//  跳线:JP11,JP12,P1.2,P1.3 控制 SCL,SDA
//  运用 IIC 协议,该协议可移植,IIC.c 文件定义了 AT24C02 同 MCU 接口,并构造 IIC
//  协议底层函数,
//  括主机开始、停止、应答、非应答、读取、写入函数,主机读取从机应答信号。
//  EEPROM.c 文件针对 AT24C02 的操作特点,调用 IIC.c 文件底层函数构造读写
//  AT24C02 函数
//************************************************************
#include "cc430x613x.h"
#include "IIC.h"
#include "EEROM.h"
unsigned int data;
unsigned char  rom_sed[50],rec[50];
void main (void)
{
unsigned char i;
  WDTCTL = WDTPW + WDTHOLD;
        for(i = 0;i<50;i++)
        {
          rom_sed[i] = i + 10;
        }
          Write_NByte(rom_sed,8,0x00);
                  Write_NByte(rom_sed + 8,8,0x8);
                  Write_NByte(rom_sed + 16,8,0x10);
                  Write_NByte(rom_sed + 24,8,0x18);
                  Write_NByte(rom_sed + 32,8,0x20);
      while(1)
        {
  Read_NByte_Randomaddress(rec,8,0x00);
                 Read_NByte_Randomaddress(rec + 8,8,0x08);
                 Read_NByte_Randomaddress(rec + 16,8,0x10);
                 Read_NByte_Randomaddress(rec + 24,8,0x18);
                 Read_NByte_Randomaddress(rec + 32,8,0x20);
        }
}
```

8.3.5 报警电路

所谓的报警电路是指当系统电路发生异常时，系统通过 LED 和蜂鸣器来刺激人

的视觉和听觉等，从而来通知用户。该实验板主要使用了 LED 和蜂鸣器来报警。例如当传感器节点的烟雾报警器检测到有可燃性气体时，传给主板的网关，该控制中心可以控制 LED 和蜂鸣器发出报警，从而通知用户。电路如图 8.19 所示。

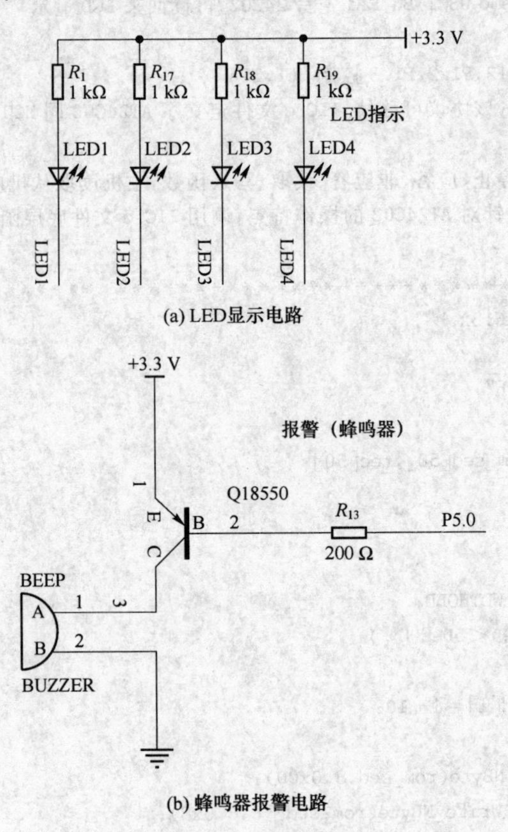

图 8.19 报警电路

8.3.6 UART 串口

1. 串口连接电路

UART 是一种通用串行数据总线，用于异步通信。该总线双向通信，可以实现全双工传输和接收。利用串口可以将网关收到的数据实时传送到上位机上进行显示、处理。电路连接图如图 8.20 所示。

2. 串口操作

利用 CC430F6137 来操作串口的程序如下：

```
# include "cc430x613x.h"
void main(void)
{
```

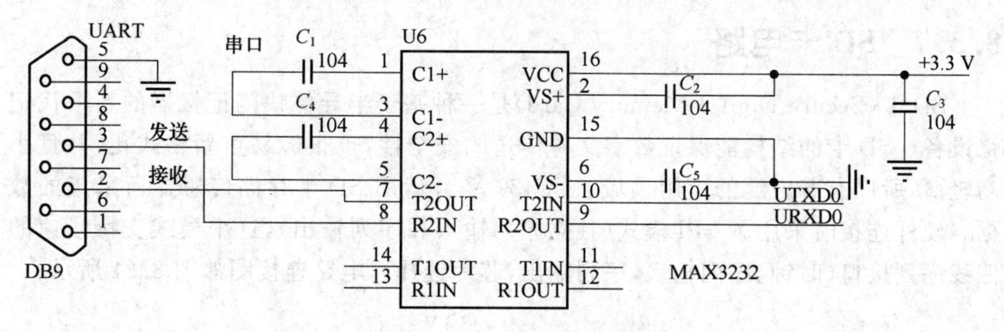

图 8.20　MAX3232 电路连接图

```
  WDTCTL = WDTPW + WDTHOLD;                //关闭看门狗
  P1DIR |= BIT6;                           //设置 P1.6 为 TX 输出
  P1SEL |= BIT6 + BIT5;                    //选择 P1.6 和 P1.5 为串口功能
  UCA0CTL1 |= UCSWRST;                     //重置状态机
  UCA0CTL1 |= UCSSEL_2;                    //时钟选择
  UCA0BR0 = 9;                             //时钟为 1 MHz 时波特率为 115 200
  UCA0BR1 = 0;                             //时钟为 1 MHz 时波特率为 115 200
  UCA0MCTL |= UCBRS_1 + UCBRF_0;
  UCA0CTL1 &= ～UCSWRST;                   //初始化 USCI 状态机
  UCA0IE |= UCRXIE;                        //使能 USCI_A0 RX interrupt 中断
  __bis_SR_register(LPM0_bits + GIE);      //进入 LPM0,中断使能
  __no_operation();                        //等待
}

//配置 TX 缓存
#pragma vector = USCI_A0_VECTOR
__interrupt void USCI_A0_ISR(void)
{
  switch(__even_in_range(UCA0IV,4))
  {
  case 0:break;                            //中断向量 0,无中断产生
  case 2:                                  //中断向量 2,接收完成
    while (!(UCA0IFG&UCTXIFG));            //判断 TX 是否准备好
    UCA0TXBUF = UCA0RXBUF;                 //将接收的送到发送 BUFFER 中
    break;
  case 4:break;                            //中断向量 4,发送完成
  default: break;
  }
}
```

8.3.7　SD 卡电路

SD 卡(Secure Digital Memory Card)是一种基于半导体快闪记忆器的新一代记忆设备。SD 卡的结构能保证数字文件传送的安全性,也很容易重新格式化,并且小巧轻薄,所以有着广泛的应用领域。CC430 平台运用 SD 卡存储传感器所采集的数据。硬件连接时采用了 SPI 模式(独立序列输入和序列输出),这个模式支持慢速的四线序列接口(时钟、序列输入,序列输出,芯片选择),电路连接图如图 8.21 所示。

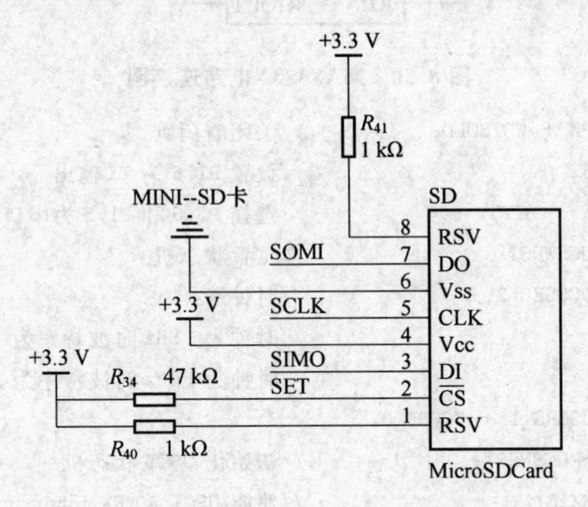

图 8.21　SD 卡电路连接图

8.4　传感器节点电路功能介绍

传感器节点电路主要负责各种传感器信息的采集、处理和发送。传感器节点是信息的汇聚点,这个信息汇聚点包含了一组或多组具有相同作用的传感器。传感器节点将信息采集处理后与路由节点或网关进行无线通信。使用传感器节点可以监测复杂多样的环境参数,比如温度、声音、振动、压力、运动或污染物等。单个传感器节点的尺寸大到一个鞋盒,小到一粒尘埃。传感器节点的成本也是不定的,这取决于传感器网络的规模以及单个传感器节点所需的复杂度。传感器节点尺寸与复杂度的限制决定了能量、存储、计算速度与频宽的受限。

传感器节点一般具有一定的数据处理能力,能够对简单的环境反应做出一个基本性的判断,例如,在做真伪方面的判断时,如果得出的情况为真,则将数据向中心发送;否则,不向中心发送数据。这样,通过智能节点就可以减少传感器与数据处理中心的联系,从而有效减轻对整个网络以及数据中心的压力。这样不仅不会造成整个系统效率的下降,相反还可以有效地提高整个系统的反应速度。

传感器节点除了配备有一个或多个传感器之外,还装备了一个无线电收发器、一个很小的微控制器和一个能源(通常为电池)。传感器网络节点的组成和功能包括如下4个基本单元:传感单元(由传感器和模数转换功能模块组成)、处理单元(由嵌入式系统构成,包括CPU、存储器、嵌入式操作系统等)、通信单元(由无线通信模块组成)、以及电源部分。此外,可以选择的其他功能单元,包括:定位系统、运动系统以及发电装置等。传感器节点的结构框图如图8.22所示。

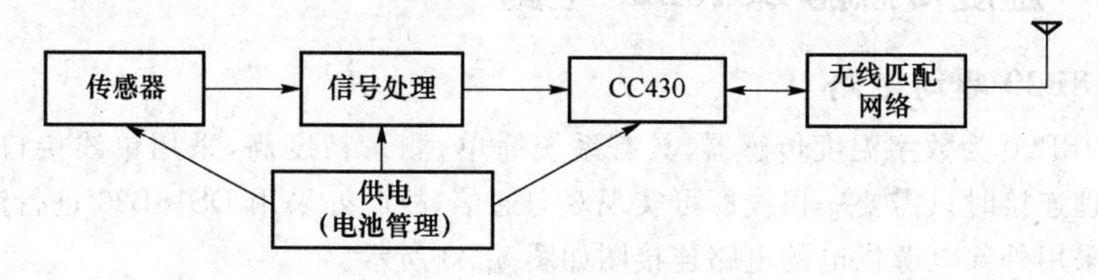

图8.22 传感器节点的结构框图

● 传感器:用于感知周围环境的参数,如声音、光强、温度、湿度、红外、加速度等各种信息。

● 信号处理单元:对传感器的输出信号做出相应处理及变换,使之适应微处理器对信号接口的要求,例如,传感器的输出信号比较微弱,需要经过放大滤波后才能被MCU采样。

● CC430:作为微处理器,在传感器节点中的主要功能是负责数据处理及控制,通常包括传感网络的算法、协议;同时CC430内部集成有RF内核,通过RF单元实现网络节点之间的无线通信。

● 天线匹配网络:CC430F6137的RF输出为平衡式输出,而天线的收发为单端形式,因此,要对无线模块的天线电路进行相关的转换和阻抗匹配才能实现无线数据传输。

● 供电(电源管理):为系统供电。

在传感器网络中,节点通过各种方式大量部署在被感知对象内部或者附近。这些节点通过自组织方式构成无线网络,以协作的方式感知、采集和处理网络覆盖区域中特定的信息,可以实现对任意地点信息在任意时间的采集,处理和分析。传感节点之间可以相互通信,自己组织成网并通过多跳的方式连接至Sink(基站节点),Sink节点收到数据后,通过网关(Gateway)完成和公用Internet网络的连接。整个系统通过任务管理器来管理和控制。传感器网络的特性使得其有着非常广泛的应用前景,其无处不在的特点使其在不远的未来成为人们生活中不可缺少的一部分。

无线传感器节点在设计过程中需要注意以下几点:

● 传感器:根据具体的应用,通过传感器的种类、精度、采样频率等参数来选择合适的传感器类型。

● 无线收发器,根据具体的应用要求以及无线收发器的工作频率、传输距离、数据收发速率、功耗等选择合适的无线收发器。

● 微处理器:处理器本身必须是超低功耗的,并且支持超低功耗模式。同时,根据传感器的选取等因素，选择 I/O 端口的数量，CC430F6137 内部集成有 RF 内核，同时具有 48 个 I/O 口，资源丰富，这样既能降低尺寸，又满足了要求。

● 电源管理：无线传感器节点对功耗具有较高的要求，好的电源供电方案可以延长传感器的工作时间，同时在有的地方需要电池供电，这也给其提出了更高的要求。

8.4.1 温度传感器 DS18B20 电路

1. DS18B20 驱动电路

DS18B20 为数字温度传感器，具有系统简单，测量精度高，采用单线接口方式，与微处理连接时只需要一根线即可实现双向通信，故此处采用 DS18B20 进行温度采集。其采用外部电源供电的电路连接图如图 8.23 所示。

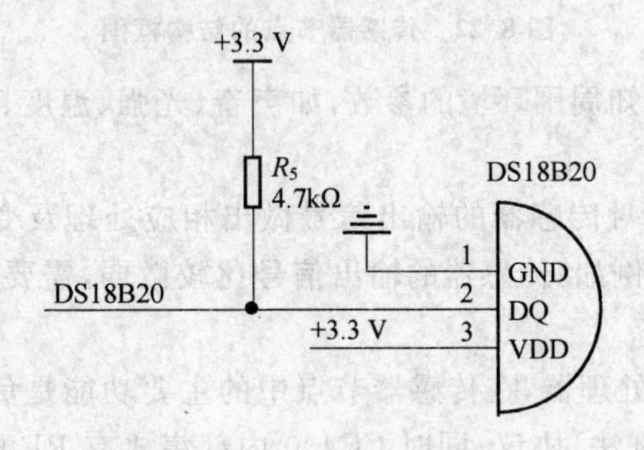

图 8.23 DS18B20 传感器电路

DS18B20 的主要特征：

● 全数字温度转换及输出。
● 先进的单总线数据通信。
● 最高 12 位分辨率，精度可达±0.5℃。
● 12 位分辨率时的最大工作周期为 750 ms。
● 可选择寄生工作方式。
● 检测温度范围为－55～＋125℃（－67 ～＋257℉）。
● 内置 EEPROM，限温报警功能。
● 64 位光刻 ROM，内置产品序列号，方便多机挂接。
● 多样封装形式，适应不同硬件系统。

2. DS18B20 驱动程序

DS18B20 为数字温度传感器，电气连接简单，使用方便，采用单总线接口方式与微处器实现双向通信。程序设计中，单片机与 DS18B20 的通信需要严格遵守数据手册提供的时序图，DS18B20 的复位时序图如图 8.24 所示。

DS18B20 的复位时序如下：

(1) 单片机拉低总线 480～960 μs，然后释放总线(拉高电平)。

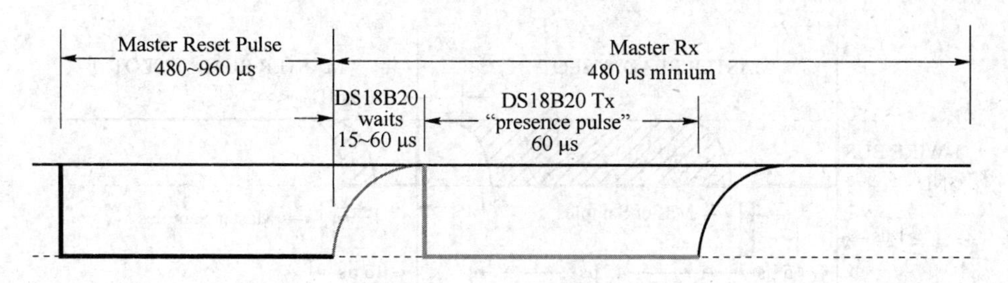

图 8.24　DS18B20 复位时序图

(2) 这时 DS18B20 会拉低信号大约 60～240 μs，表示应答。

(3) DS18B20 拉低电平的 60～240 μs 之间，单片机读取总线的电平，如果是低电平，那么表示复位成功。

(4) DS18B20 拉低电平 60～240 μs 之后，会释放总线。

写时序图如图 8.25 所示。

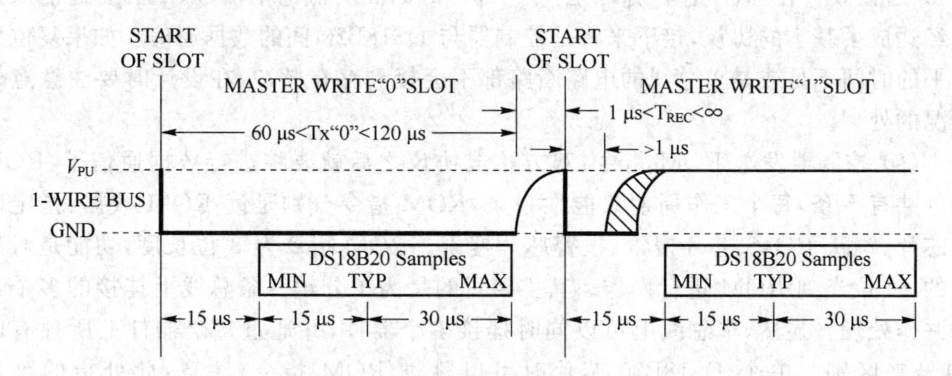

图 8.25　写时序图

写数据分为写"0"和写"1"，时序如图 8.25 所示。在写数据时，间隙的前 15 μs 总线需要被控制器拉置低电平，而后是芯片对总线数据的采样时间，采样时间为 15～60 μs，采样时间内如果控制器将总线拉高则表示写"1"，如果控制器将总线拉低则表示写"0"。每一位的发送都应该有一个至少 15 μs 的低电平起始位，随后的数据"0"或"1"应该在 45 μs 内写完。整个位的发送时间应该保持在 60～120 μs，否则不能保证通信的正常。

读数据的时序图如图 8.26 所示。

读数据的采样时间应该更加精确才行，也必须先由主机产生至少 1 μs 的低电平，表示读数据的起始。随后在总线被释放后的 15 μs 中 DS18B20 会发送内部数据位，这时如果发现总线为高电平表示读出"1"，如果总线为低电平则表示读出数据"0"。每一位数据读取之前都由控制器加一个起始信号。在通信时是以 8 位"0"或"1"为一个字节，字节的读或写是从高位开始的，即以 A7～ A0 的顺序。

控制器对 DS18B20 的操作流程：

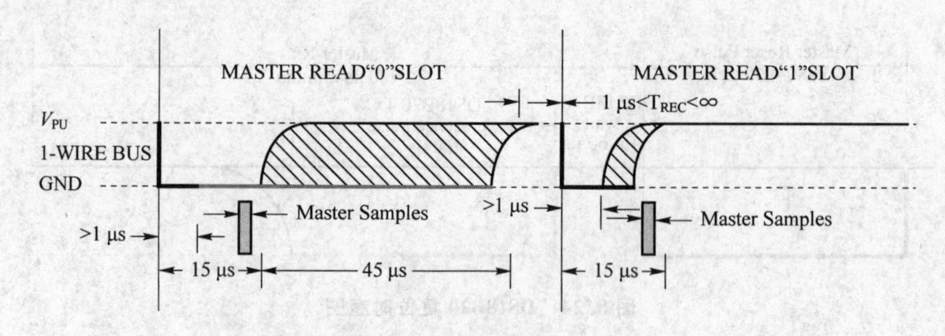

图 8.26　读数据的时序

(1) 复位:复位就是由控制器(单片机)给 DS18B20 单总线至少 480 μs 的低电平信号。当 DS18B20 接到此复位信号后会在 15～60 μs 后回发一个芯片的存在脉冲。

(2) 存在脉冲:复位电平结束之后,控制器应该将数据单总线拉高,以便在 15～60 μs 后接收存在脉冲,存在脉冲是一个 60～240 μs 的低电平信号。至此,通信双方已经达成了基本的协议,接下来将是控制器与 DS18B20 间的数据通信。如果复位低电平的时间不足或是单总线的电路断路都不会接到存在脉冲,在设计时要注意意外情况的处理。

(3) 控制器发送 ROM 指令:双方达成协议之后就要将进行数据通信了,ROM 指令共有 5 条,每个工作周期只能发一条,ROM 指令分别是读 ROM 数据、指定匹配芯片、跳跃 ROM、芯片搜索、报警芯片搜索。ROM 指令为 8 位长度,功能是对片内的 64 位光刻 ROM 进行操作。其主要目的是为了分辨一条总线上挂接的多个器件并作处理。显然,单总线上可以同时挂接多个器件,并通过每个器件上所独有的 ID 号来区别。单个 DS18B20 芯片时可以跳过 ROM 指令(注意:此处指的跳过 ROM 指令并非不发送 ROM 指令,而是用特有的一条"跳过指令")。ROM 指令在下文有详细的介绍。

(4) 控制器发送存储器操作指令:在 ROM 指令发送给 DS18B20 之后,紧接着(不间断)就是发送存储器操作指令了。操作指令同样为 8 位,共 6 条,存储器操作指令分别是写 RAM 数据、读 RAM 数据、将 RAM 数据复制到 EEPROM、温度转换、将 EEPROM 中的报警值复制到 RAM、工作方式切换。存储器操作指令的功能是命令 DS18B20 作什么样的工作,是芯片控制的关键。

(5) 执行或数据读写:一个存储器操作指令结束后将进行指令执行或数据的读写,这个操作要视存储器操作指令而定。如执行温度转换指令则控制器(单片机)必须等待 DS18B20 执行其指令,一般转换时间为 500 μs。如执行数据读写指令则需要严格遵循 DS18B20 的读写时序来操作。

若要读出当前的温度数据,则需要执行两次工作周期,第一个周期为复位、跳过 ROM 指令、执行温度转换存储器操作指令、等待 500 μs 温度转换时间。紧接着执行第二个周期为复位、跳过 ROM 指令、执行读 RAM 的存储器操作指令、读数据(最多为9个字节,中途可停止,只读简单温度值则读前两个字节即可)。其他的操作流程也大同小异,在此不多介绍。

DS18B20芯片ROM指令表:

(1) Read ROM(读ROM)[33H] (方括号中的为16进制的命令字)。

这个命令允许总线控制器读到DS18B20的64位ROM。只有当总线上只存在一个DS18B20时才可以使用此指令,如果挂接不只一个,当通信时将会发生数据冲突。

(2) Match ROM(指定匹配芯片)[55H]。

这个指令后面紧跟着由控制器发出的64位序列号,当总线上有多只DS18B20时,只有与控制发出的序列号相同的芯片才可以做出反应,其他芯片将等待下一次复位。这条指令适应单芯片和多芯片挂接。

(3) Skip ROM(跳跃ROM指令)[CCH]。

这条指令使芯片不对ROM编码做出反应,在单总线的情况之下,为了节省时间则可以选用此指令。多芯片挂接时使用此指令将会出现数据冲突,导致错误出现。

(4) Search ROM(搜索芯片)[F0H]。

在芯片初始化后,搜索指令允许总线上挂接多芯片时用排除法识别所有器件的64位ROM。

(5)Alarm Search(报警芯片搜索)[ECH]。

在多芯片挂接的情况下,报警芯片搜索指令只对符合温度高于TH或小于TL报警条件的芯片做出反应。只要芯片不掉电,报警状态将被保持,直到再一次测得温度达不到报警条件为止。

DS18B20芯片存储器操作指令表:

(1) Write Scratchpad (向RAM中写数据)[4EH]。

这是向RAM中写入数据的指令,随后写入的两个字节的数据会被存到地址2(报警RAM之TH)和地址3(报警RAM之TL)。写入过程中可以用复位信号中止写入。

(2) Read Scratchpad (从RAM中读数据)[BEH]。

此指令将从RAM中读数据,读地址从地址0开始,一直可以读到地址9,完成整个RAM数据的读出。芯片允许在读过程中用复位信号中止读取,即可以不读后面不需要的字节以减少读取时间。

(3) Copy Scratchpad (将RAM数据复制到EEPROM中)[48H]。

此指令将RAM中的数据存入EEPROM,以使数据掉电不丢失。此后由于芯片忙于EEPROM储存处理,当控制器发一个读数据指令时,总线上输出“0”,储存工作完成后,总线将输出“1”。在寄生工作方式时必须在发出此指令后立刻使用强上拉并至少保持10ms,来维持芯片工作。

(4) Convert T(温度转换)[44H]。

收到此指令后芯片将进行一次温度转换，将转换的温度值放入 RAM 的第 1、2 地址。此后由于芯片忙于温度转换处理，当控制器发一个读数据指令时，总线上输出“0”，储存工作完成后，总线将输出“1”。在寄生工作方式时必须在发出此指令后立刻使用强上拉并至少保持 500 ms，来维持芯片工作。

(5) Recall　EEPROM(将 EEPROM 中的报警值复制到 RAM)[B8H]。

此指令将 EEPROM 中的报警值复制到 RAM 中的第 3、4 个字节里。由于芯片忙于复制处理，当控制器发一个读数据指令时，总线上输出“0”，储存工作完成后，总线将输出“1”。另外，此指令在芯片上电复位时将被自动执行。这样 RAM 中的两个报警字节位将始终为 EEPROM 中数据的镜像。

(6) Read　Power　Supply(工作方式切换)[B4H]

此指令发出后发出读数据指令时，芯片会返回它的电源状态字，“0”为寄生电源状态，“1”为外部电源状态。

该程序利用 DS18B20 实现温度的采集和并将转换后的温度值在段式 LCD 上显示。根据 DS18B20 的时序图其操作程序为：

```
/*************************************************************/
//DS18B20 单线温度传感器示例程序,循环进行温度检测
//LCD 显示温度值,用手捏住 DS18B20 温度值将改变
//跳线:P1.7
/*************************************************************/
#include "cc430x613x.h"
#include "LCD 段码表.h"
#define DS18B20_DIR  P1DIR
#define DS18B20_IN   P1IN
#define DS18B20_OUT  P1OUT
#define DS18B20_DQ   BIT7                        //定义 DS18B20 的接口
#define ReadRom   0x33
#define MatchRom  0x55
#define SearchRom  0xf0
#define AlertSearch  0xec
#define CopyScratchpad  0x48
#define SkipRom   0xcc
#define ReadPower  0xb4
#define uchar unsigned char
#define uint  unsigned int
//DS18B20 功能命令宏定义
#define ConvertTemperature 0x44
#define ReadScratchpad  0xbe
#define WriteScratchpad  0x4e
#define RecallE   0xb8
```

```
#define SMCLK   5000                                    //(KHz)用于系统延时
//温度的十进制编码(查表用)
unsigned char decimalH[16] = {00,06,12,18,25,31,37,43,50,56,62,68,75,81,87,93};
unsigned char decimalL[16] = {00,25,50,75,00,25,50,75,00,25,50,75,00,25,50,75};
//变量定义
unsigned char GetScratchpad[9];
unsigned char ResultTemperatureH;                       //温度的整数部分
unsigned char ResultTemperatureLH;                      //温度的小数部分(高位)
unsigned char ResultTemperatureLL;                      //温度的小数部分(低位)
unsigned int shifen,baifen,shi,ge,temp;
/***********************************************************************/
//函数声明
/***********************************************************************/
void DS18B20_WriteBit(unsigned char oww_dat);
void DS18B20_WriteByte(unsigned char oww_dat);
unsigned int DS18B20_ReadTemp(void);
unsigned char DS18B20_Init(void);
unsigned char DS18B20_ReadBit(void);
unsigned char DS18B20_ReadByte(void);
void Delay10us(void);
void DelayX10us(unsigned char x10us);
/***********************************************************************/
//DS18B20 初始化
/***********************************************************************/
unsigned char DS18B20_Init(void)
{
    unsigned char result;
    DS18B20_DIR |= DS18B20_DQ;                          //设置 DQ 为输出
    DS18B20_OUT &= ~DS18B20_DQ;                         //DS18B20_DQ = 0,输出为低电平
    DelayX10us(500);                                    //延时 480 μs
    DS18B20_OUT |= DS18B20_DQ;                          //DS18B20_DQ = 1,释放总线
    DelayX10us(3);                                      //延时 30 μs;
    DS18B20_DIR &= ~DS18B20_DQ;                         //设置 DQ 为输出
    DelayX10us(3);
    result = DS18B20_IN & DS18B20_DQ;
    DS18B20_DIR |= DS18B20_DQ;
    DelayX10us(100);
return(result);
device;
}//Intialization the 1-wire devices;
/***********************************************************************/
//读一位数据
```

```
/***************************************************************/
unsigned char DS18B20_ReadBit(void)
{
    unsigned char result;
    DS18B20_DIR |= DS18B20_DQ;                    //设置 DQ 为输出
    DS18B20_OUT &= ~DS18B20_DQ;                   //DS18B20_DQ = 0,输出为低电平
    _NOP();                                       //等待
    DS18B20_OUT |= DS18B20_DQ;                    //DS18B20_DQ = 1,释放总线
    _NOP();
    _NOP();
    _NOP();
    _NOP();                                       //延时
    DS18B20_DIR &= ~DS18B20_DQ;                   //设置 DQ 为输出
    result = DS18B20_IN & DS18B20_DQ;
    DS18B20_DIR |= DS18B20_DQ;                    //设置 DQ 为输出
    return(result);                               //返回
}                                                 //读总线上的 1bit 数据
/***************************************************************/
//写一位数据
/***************************************************************/
void DS18B20_WriteBit(unsigned char oww_dat)
{
    DS18B20_DIR |= DS18B20_DQ;                    //设置 DQ 为输出
    DS18B20_OUT &= ~DS18B20_DQ;                   //DS18B20_DQ = 0,输出为低电平
    if (1 == oww_dat)
    DS18B20_OUT |= DS18B20_DQ;                    //DS18B20_DQ = 1,释放总线
    DelayX10us(10);                               //延时 100μs;
    DS18B20_OUT |= DS18B20_DQ;                    //DS18B20_DQ = 1,释放总线
}                                                 //向总线上写 1bit 的数据
/***************************************************************/
//读一个字节数据
/***************************************************************/
unsigned char DS18B20_ReadByte(void)
{
    unsigned char i;
    unsigned char result = 0;
    for(i = 0; i < 8; i++)
    {
        if(DS18B20_ReadBit())
        result |= 0x01 << i;
        DelayX10us(10);
    }
```

```
  return(result);
}                                                          //在总线上读一个字节数据
/**********************************************************/
//写一个字节数据
/**********************************************************/
void DS18B20_WriteByte(unsigned char oww_dat)
{
    unsigned char i,temp;
    for(i = 0; i < 8; i++)
    {
        temp = oww_dat >> i;
        temp &= 0x01;
        DS18B20_WriteBit(temp);
    }
    DelayX10us(5);
}                                                          //向总线上写一个字节数据
/**********************************************************/
//读取温度
/**********************************************************/
unsigned int DS18B20_ReadTemp(void)
{
      unsigned char tempH,tempL;
      unsigned char loop = 0;
      DS18B20_Init();
      DS18B20_WriteByte(SkipRom);
      _NOP();
        //There is just one DS1820 on the bus;
      DS18B20_WriteByte(ConvertTemperature);
      DelayX10us(10);
        //开始转换温度
      DS18B20_Init();
      DS18B20_WriteByte(SkipRom);
      _NOP();
      DS18B20_WriteByte(ReadScratchpad);
      for(loop = 0;loop<100;loop++)
      {
          DelayX10us(250);
      }
      GetScratchpad[0] = DS18B20_ReadByte();
      GetScratchpad[1] = DS18B20_ReadByte();
      GetScratchpad[2] = DS18B20_ReadByte();
      GetScratchpad[3] = DS18B20_ReadByte();
```

```
        GetScratchpad[4] = DS18B20_ReadByte();
        GetScratchpad[5] = DS18B20_ReadByte();
        GetScratchpad[6] = DS18B20_ReadByte();
        GetScratchpad[7] = DS18B20_ReadByte();
        GetScratchpad[8] = DS18B20_ReadByte();
        tempH = GetScratchpad[1];                     //读低 8 位，LS Byte，RAM0
        tempL = GetScratchpad[0];                     //读高 8 位，MS Byte，RAM
        DS18B20_Init(); //Issue a reset to terminate left parts;
        return ((int)((tempH<<8)|tempL) * 6.25);   //0.0625 = xx, 0.625 = xx.x, 6.25
                                                            = xx.xx
/*************************************************************/
//延时 10μs
/*************************************************************/
void Delay10us(void)
{
    unsigned char i = 1;
    while(i--);
}
//  Time is accurately !!
/*************************************************************/
//延时 10μs 的整数倍
/*************************************************************/
void DelayX10us(unsigned char x10us)
{
    unsigned int i;
    for (i = 0; i< x10us;i++);
}
/*************************************************************/
//主函数
/*************************************************************/
void main(void)
{
    WDTCTL = WDTPW + WDTHOLD;                         //停止看门狗
    P5SEL |= (BIT5 | BIT6 | BIT7);
    P5DIR |= (BIT5 | BIT6 | BIT7);
//*************************************************************
//Configure LCD_B
//LCD_FREQ = ACLK/32/4, LCD Mux 4, turn on LCD
  LCDBCTL0 =   (LCDDIV0 + LCDDIV1 + LCDDIV2 + LCDDIV3 + LCDDIV4)| LCDPRE0 |
               LCD4MUX | LCDON | LCDSON;
  LCDBVCTL = LCDCPEN | VLCD_3_08;     // + LCDSSEL
  LCDBCTL0 |= LCDON + LCDSON;
```

```
REFCTL0 &= ~REFMSTR;
LCDBPCTL0 = 0xC0FF;
LCDBPCTL1 = 0x0000;
  DS18B20_Init();                              //初始化 DS18B20
  DelayX10us(100);                             //300μs
  while(1)
  {
    temp = DS18B20_ReadTemp();                 //读取温度
    shi = temp/1000;                           //换算
    ge = temp % 1000/100;
    shifen = temp % 100/10;
    baifen = temp % 10;
    LCDM4 &= ~LCD_Char_Map[20];
    LCDM4 |= LCD_Char_Map[baifen];
    LCDM3 &= ~LCD_Char_Map[20];
    LCDM3 |= LCD_Char_Map[shifen];
    LCDM2 &= ~LCD_Char_Map[20];
    LCDM2 |= LCD_Char_Map[ge] + LCD_H ;
    LCDM1 &= ~LCD_Char_Map[20];
    LCDM1 |= LCD_Char_Map[shi];
    LCDM8 &= ~LCD_Char_Map[20];
    LCDM8 |= LCD_A;
  }
}
```

8.4.2 温湿度传感器 DHT11 电路

1. DHT11 驱动电路

DHT11 数字温湿度传感器是一款含有已校准数字信号输出的温湿度复合传感器。它应用专用的数字模块采集技术和温湿度传感技术，确保产品具有极高的可靠性与卓越的长期稳定性。传感器包括一个电阻式感湿元件和一个 NTC 测温元件，并与一个高性能 8 位单片机相连接。因此该产品具有品质卓越、超快响应、抗干扰能力强、性价比极高等优点。每个 DHT11 传感器都在极为精确的湿度校验室中进行校准。校准系数以程序的形式储存在 OTP 内存中，传感器内部在检测信号的处理过程中要调用这些校准系数。单线制串行接口，使系统集成变得简易快捷。超小的体积、极低的功耗，信号传输距离可达 20 m 以上，使其成为各类应用甚至最为苛刻的应用场合的最佳选则。单线制串行接口，只需要一根普通的 I/O 口线与 DHT11 的数据线相连，采用 DHT11 的单总线数据传输协议使操作变得简易快捷。应用电路如图 8.27 所示。

DHT11 性能指标和特性如下：

- 工作电压范围 :3.5～5.5 V
- 工作电流　　:平均 0.5 mA
- 湿度测量范围 :20%～90%RH
- 温度测量范围 :0～50℃
- 湿度分辨率　:1%RH　8 位
- 温度分辨率　:1℃ 8 位
- 采样周期　　:1 s
- 单总线结构
- 与 TTL 兼容(5 V)

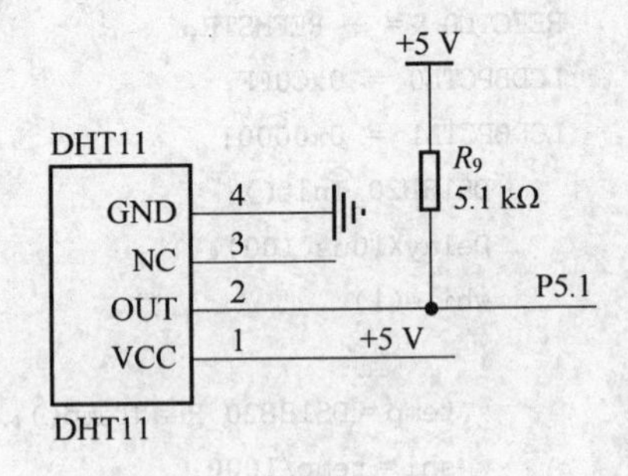

图 8.27　温湿度传感器电路

2. DHT11 的数据结构

DHT11 数字温湿度传感器采用单总线数据格式,即单个数据引脚端口完成输入输出双向传输。其数据包由 5 B(40 Bit)组成。数据分小数部分和整数部分,具体格式在下面说明。

一次完整的数据传输为 40 bit,高位先出。

数据格式:8bit 湿度整数数据＋8 bit 湿度小数数据＋8bit 温度整数数据＋8bit 温度小数数据＋8bit 校验和。校验和数据为前 4 个字节相加。传感器数据输出的是未编码的二进制数据。数据(湿度、温度、整数、小数)之间应该分开处理。如果某次从传感器中读取出 5 B 数据,如表 8.1 所列。

表 8.1　DHT11 数据格式

byte4	byte3	byte2	byte1	byte0
00101101	00000000	00011100	00000000	01001001
整数	小数	整数	小数	校验和
湿度		温度		校验和

由以上数据就可得到湿度和温度的值,计算方法:

humi (湿度)＝ byte4. byte3＝45.0(%RH)

temp (温度)＝ byte2. byte1＝28.0(℃)

jiaoyan(校验)＝byte4＋byte3＋byte2＋byte1＝73(＝humi＋temp)(校验正确)

注意:DHT11 一次通信时间最大 3 ms,主机连续采样间隔建议不小于 100 ms。

3. DHT11 的传输时序

(1) DHT11 开始发送数据流程,如图 8.28 所示。

总线空闲状态为高电平,主机把总线拉低等待 DHT11 响应,主机把总线拉低必须大于 18 ms,保证 DHT11 能检测到起始信号。DHT11 接收到主机的开始信号后,等待主机开始信号结束,然后发送 80 μs 的低电平响应信号。主机发送开始信号结束后，延时等待 20～40 μs 后，读取 DHT11 的响应信号，主机发送开始信号后，可以切换到输入模式，或者输出高电平均可，总线由上拉电阻拉高。

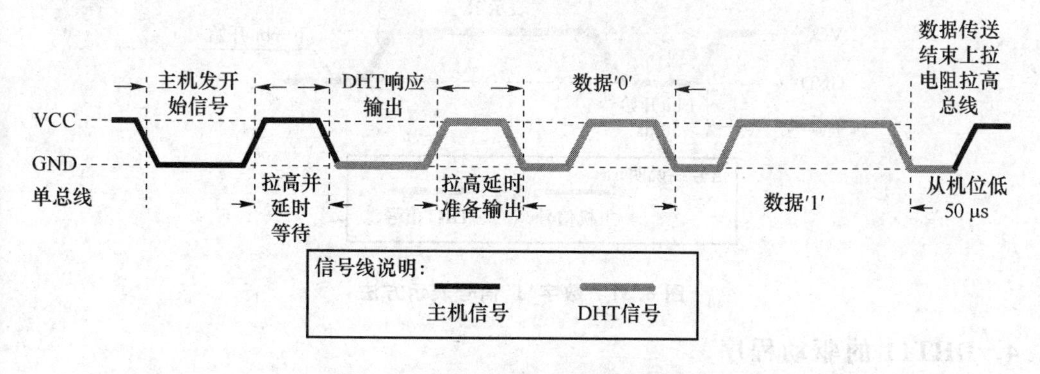

图 8.28 DHT11 开始发送数据流程

(2) 主机复位信号和 DHT11 响应信号，如图 8.29 所示。

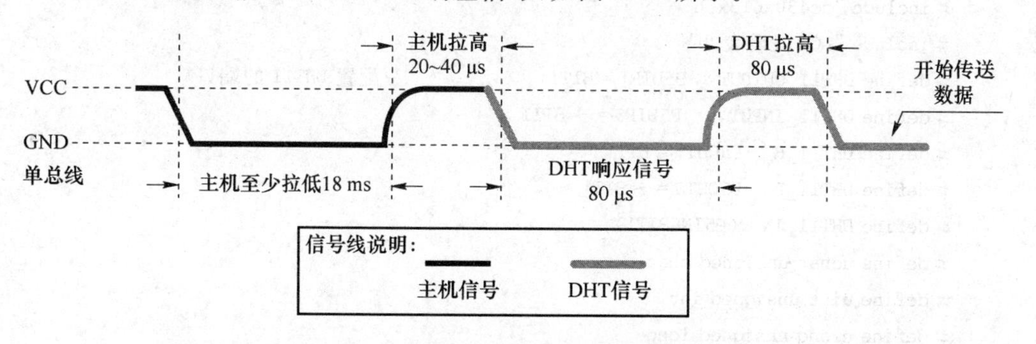

图 8.29 主机复位信号和 DHT11 响应信号

主机发送开始信号后，延时等待 20～40 μs 后读取 DHT11 的回应信号，读取总线为低电平说明 DHT11 发送响应信号，DHT11 发送响应信号后，再把总线拉高，准备发送数据，每一 bit 数据都以低电平开始，格式如图 8.29 所示。如果读取响应信号为高电平，则说明 DHT11 没有响应，请检查线路是否连接正常。

(3) 数字'0'信号表示方法，如图 8.30 所示。

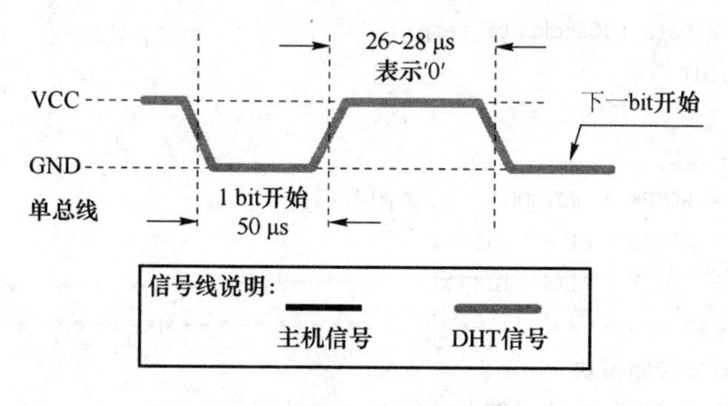

图 8.30 数字'0'信号表示方法

(4) 数字'1'信号表示方法,如图 8.31 所示。

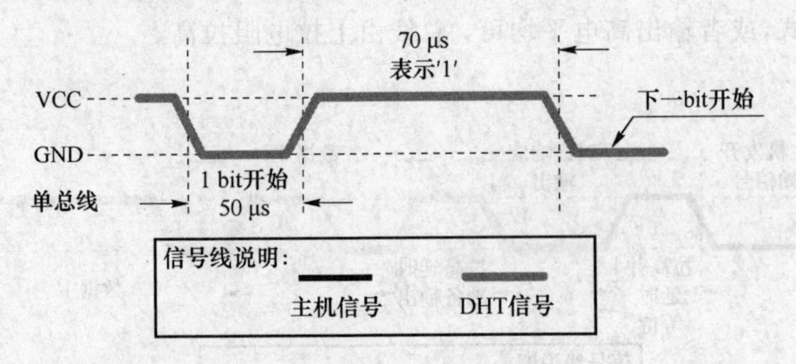

图 8.31　数字'1'信号表示方法

4. DHT11 的驱动程序

利用 DHT11 对温湿度进行信息的采集,并在段式液晶上显示,程序如下所示:

```
#include "cc430x613x.h"
#include "LCD段码表.h"
#define DHT11_OUTPUT    P5DIR| = BIT1                    //配置 DHT11 的端口
#define DHT11_INPUT     P5DIR& = ~BIT1
#define DHT11_H    P5OUT| = BIT1
#define DHT11_L    P5OUT& = ~BIT1
#define DHT11_IN   (P5IN&BIT1)
#define uchar unsigned char
#define uint unsigned int
#define ulong unsigned long
#define delay_us(x)    (__delay_cycles(x))
#define delay_ms(x)    (__delay_cycles(1000 * x))
uint shifen,baifen,shi,ge,temp;
uchar TData_H_temp,TData_L_temp,RHData_H_temp,RHData_L_temp,checktemp;
uchar start_DHT11(void);
uchar DHT11_ReadChar(void);
uchar DHT11T_Data_H, DHT11T_Data_L, DHT11RH_Data_H;
uchar DHT11RH_Data_L,CheckData_temp;
void main(void)
{
    uchar i;
    WDTCTL = WDTPW + WDTHOLD;  //关闭看门狗
    P5SEL | = (BIT5 | BIT6 | BIT7);
    P5DIR | = (BIT5 | BIT6 | BIT7);
//*************************************************************************
  //配置 LCD_B 控制模块
  //LCD_FREQ = ACLK/32/4, LCD Mux 4, turn on LCD
```

```
LCDBCTL0 =  (LCDDIV0 + LCDDIV1 + LCDDIV2 + LCDDIV3 + LCDDIV4)| LCDPRE0 |
          LCD4MUX | LCDON | LCDSON;
LCDBVCTL = LCDCPEN | VLCD_3_08;// + LCDSSEL
LCDBCTL0 |= LCDON + LCDSON;
REFCTL0 &= ~REFMSTR;
LCDBPCTL0 = 0x0FF;                          //选择 LCD 要显示的段
LCDBPCTL1 = 0x0000;
DHT11_OUTPUT;
while(1)
{
    start_DHT11();
    shi = RHData_H_temp/10;                 //温湿度换算
    ge = RHData_H_temp % 10;
    shifen = RHData_L_temp/10;
    baifen = RHData_L_temp % 10;
    //显示
    LCDM4 &= ~LCD_Char_Map[20];
    LCDM4 |= LCD_Char_Map[baifen];
    LCDM3 &= ~LCD_Char_Map[20];
    LCDM3 |= LCD_Char_Map[shifen];
    LCDM2 &= ~LCD_Char_Map[20];
    LCDM2 |= LCD_Char_Map[ge] + LCD_H ;
    LCDM1 &= ~LCD_Char_Map[20];
    LCDM1 |= LCD_Char_Map[shi];
    for(i = 0;i<100;i++)
    {
      delay_ms(25);
      delay_ms(25);
    }
    shi = TData_H_temp/10;                  //换算
    ge = TData_H_temp % 10;
    shifen = TData_L_temp/10;
    baifen = TData_L_temp % 10;
    //显示
    LCDM4 &= ~LCD_Char_Map[20];
    LCDM4 |= LCD_Char_Map[baifen];
    LCDM3 &= ~LCD_Char_Map[20];
    LCDM3 |= LCD_Char_Map[shifen];
    LCDM2 &= ~LCD_Char_Map[20];
    LCDM2 |= LCD_Char_Map[ge] + LCD_H ;
    LCDM1 &= ~LCD_Char_Map[20];
    LCDM1 |= LCD_Char_Map[shi];
```

```
        for(i = 0;i<100;i++)
        {
            delay_ms(25);
            delay_ms(25);
        }
    }
}
uchar start_DHT11(void)
{
    uchar  flag;
    DHT11_OUTPUT;                          //设为输出:主机发送起始信号
    DHT11_L;                               //拉低 18ms 以上
    delay_ms(30);                          //拉高 30ms
    DHT11_H;
    delay_us(25);                          //拉高 30μs
    DHT11_INPUT;                           //设为输入:等待 DHT11 返回湿度和温度信息
    while(DHT11_IN);
    while((! DHT11_IN));                   //等待低电平
    while((DHT11_IN));                     //等待高电平
    RHData_H_temp  = DHT11_ReadChar();
    RHData_L_temp  = DHT11_ReadChar();
    TData_H_temp   = DHT11_ReadChar();
    TData_L_temp   = DHT11_ReadChar();
    CheckData_temp = DHT11_ReadChar();
    DHT11_OUTPUT;
    DHT11_H;
    checktemp = (RHData_H_temp + RHData_L_temp + TData_H_temp + TData_L_temp);
    if (checktemp == CheckData_temp)
    {
        DHT11RH_Data_H = RHData_H_temp;
        DHT11RH_Data_L = RHData_L_temp;
        DHT11T_Data_H = TData_H_temp;
        DHT11T_Data_L = TData_L_temp;
        flag = 1;
    }
    return flag;
}
uchar DHT11_ReadChar(void)
{
    unsigned char dat;
    unsigned char i;
    for(i = 0;i<8;i++)
```

```
    {
        while((! DHT11_IN));                //等待 50μs 低电平结束
        delay_us(35);                       //40μs
        dat <<= 1;                          //50μs 低电平 + 28μs 高电平表示'0'
        if(DHT11_IN)                        //50μs 低电平 + 70μs 高电平表示'1'
        dat |= 1;
        while(DHT11_IN);
    }
  return dat;
}
```

8.4.3 气敏传感器 MQ-2

1. 驱动电路

气敏传感器是将气体的浓度转换成与其成一定关系的电量输出的装置或器件，常见的 MQ-2/MQ-2S 气体传感器对液化气、丙烷、氢气的灵敏度高，对天然气和其他可燃蒸汽的检测也很理想。这种传感器可检测多种可燃性气体，是一款适合多种应用的低成本传感器。主要应用于家庭气体泄漏报警器，酒精测试仪，煤气报警器，汽车尾气报警器等。由于其驱动电路简单，可以采用 CC30F6137 内部比较器，也可以采用外部比较器输出 TTL 电平进行监控，操作简单。硬件电路如图 8.32 所示。

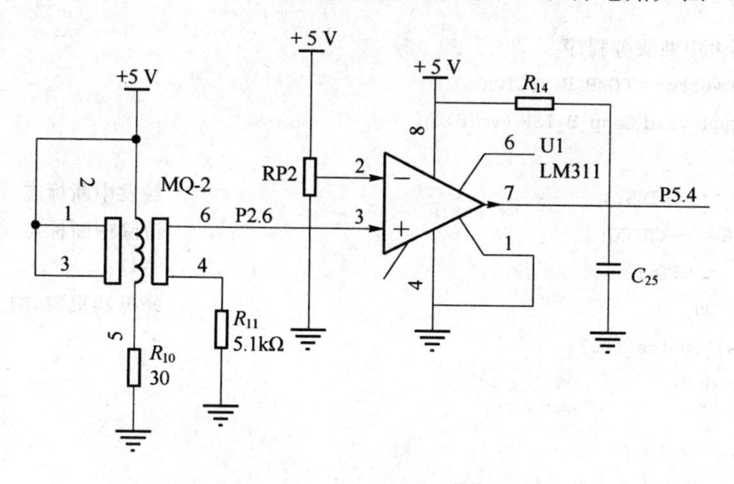

图 8.32 MQ-2 电路原理图

2. 驱动程序

```
//*************************************************************
//运用内部比较器,参考电压 1.5V
//MQ-2 输出电压范围 0～5V
//跳线:P2.6 比较输入,P5.0 蜂鸣器
```

```
//*****************************************************************************
#include "cc430x613x.h"
#define  Buzzer_ON      P5DIR| = BIT0,P5OUT& = ~BIT0  //蜂鸣器响
#define  Buzzer_OFF     P5DIR| = BIT0,P5OUT| = BIT0   //蜂鸣器停
void main(void)
{
  WDTCTL = WDTPW + WDTHOLD;                          //关闭看门狗
  P3DIR | = BIT6;                                    //P3.6 的输出方向
  P2SEL | = BIT0;
  CBCTL0 | = CBIPEN + CBIPSEL_0;                     //使能 V+，输入通道为 CB0
  CBCTL1 | = CBPWRMD_1;                              //电压模式
  CBCTL2 | = CBRSEL;
  CBCTL2 | = CBRS_3 + CBREFL_1;                //参考电压 Vcref = 1.5 V (CBREFL_2)
  CBCTL3 | = BIT0;                                   //输入缓冲 @P2.0/CB0
  CBCTL1 | = CBON;                                   //开启比较器 CN0
  __delay_cycles(75);                                //延时等待
  CBINT & =  ~(CBIFG + CBIIFG);                      //清除任何不定的中断
  CBINT  | = CBIE;                                   //使能比较器的上升沿中断
  __bis_SR_register(LPM4_bits + GIE);                //进入低功耗模式,并使能中断
  __no_operation();
}
//比较器 B 中断服务程序
#pragma vector = COMP_B_VECTOR
__interrupt void Comp_B_ISR (void)
{
  CBCTL1 ^= CBIES;                                   //触发中断标志
  CBINT & =  ~CBIFG;                                 //清除中断标志
  P3OUT ^= BIT6;                                     //亮灯
  Buzzer_ON;                                         //蜂鸣器报警,响 100 ms
  __delay_cycles(100);
  Buzzer_OFF;
}
```

8.4.4 红外热释电传感器

红外热释电传感器采用 RE200B,该传感器能够检测人或动物发射的红外线,从而输出电信号。使用 RE200B 必须配合传感信号处理块 BISS0001,对传感器信号进行放大,一起构成红外热释电传感器模块。在电子防盗、人体探测领域中应用非常广泛。为了更好的获得红外探测的灵敏度,还需要在红外热释电传感器上加上菲涅尔透镜。该设计中,当有生物入侵时,可以发出报警。硬件电路如图 8.33 所示。

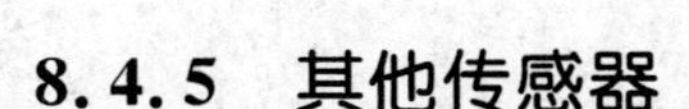

8.4.5 其他传感器

除了以上所说的传感器外，还有很多传感器，根据不同需求可以选择不同的传感器。例如使用光敏传感器实现灯光的控制；采用加速度传感器实现速度及距离的控制等。同时要对环境参数实现多点采集也可以利用单片机的 I^2C 技术实现。

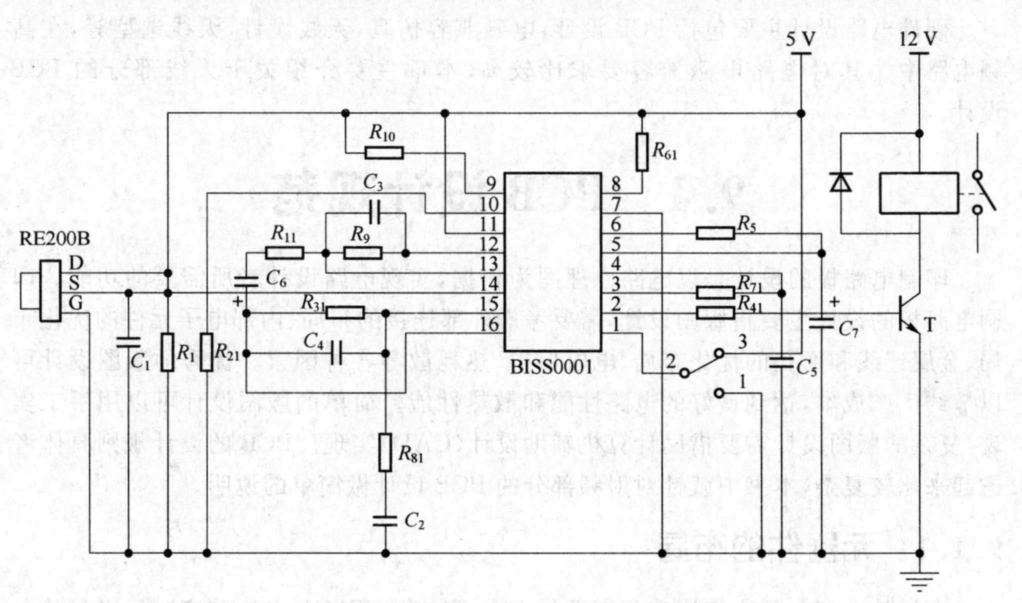

图 8.33 外热释电传感器硬件电路

第9章 RF硬件电路的设计

硬件电路设计主要包括PCB设计，电磁兼容仿真，天线设计，天线选型等，在高频电路中尤其对电路电磁兼容要求比较高，本章主要介绍关于天线部分的PCB设计。

9.1 PCB设计规范

印制电路板的设计是以电路原理图为根据，实现电路设计者所需要的功能。印刷电路板的设计主要指版图设计，需要考虑外部连接的布局、内部电子元件的优化布局、金属连线和通孔的优化布局、电磁保护、热耗散等各种因素。优秀的版图设计可以节约生产成本，达到良好的电路性能和散热性能。简单的版图设计可以用手工实现，复杂的版图设计需要借助计算机辅助设计(CAD)实现。PCB的设计规则具体考虑起来比较复杂，本书中就针对射频部分的PCB设计做简单的说明。

9.1.1 元器件的布局

布局的合理与否直接影响到产品的寿命、稳定性、EMC(电磁兼容)等，必须从电路板的整体布局、布线的可通性和PCB的可制造性、机械结构、散热、EMI(电磁干扰)、可靠性和信号的完整性等方面综合考虑。一般先放置与机械尺寸有关的固定位置的元器件，再放置特殊的和较大的元器件，最后放置小元器件。同时，要兼顾布线方面的要求，高频元器件的放置要尽量紧凑，信号线的布线才能尽可能短，从而降低信号线的交叉干扰等。

射频部分的元器件主要是电容、电感、电阻，对于高频元件的布局需按照：高频元件之间的连线越短越好，设法减小连线的分布参数和相互之间的电磁干扰，易受干扰的元件不能离得太近。隶属于输入和隶属于输出的元件之间的距离应该尽可能大一些。

9.1.2 PCB走线

1. 布线的走向

电路的布线最好按照信号的流向采用全直线，需要转折时可用45°折线或圆弧曲线来完成，这样可以减少高频信号对外的发射和相互间的耦合。高频信号线的布线应尽可能短。要根据电路的工作频率，合理地选择信号线布线的长度，这样可以减少分布参数，降低信号的损耗。制作双面板时，在相邻的两个层面上布线最好相互垂直、斜交或弯曲相交。避免相互平行，这样可以减少相互干扰和寄生耦合。高频信号线与低频信号线要尽可能分开，必要时采取屏蔽措施，防止相互间干扰。接收比较弱信号的输入端，容易受到外界信号的干扰，可以利用地线做屏蔽将其包围起来或做好高频接插件的屏蔽。同一层面上应该避免平行走线，否则会引入分布参数，对电路产生影响。若无法避免时可在两平行线之间引入一条接地的铜箔，构成隔离线。在数字电路中，对于差分信号线，应成对的走线，尽量使它们平行、靠近，并且要长短相差不大。

2. 布线的形式

在PCB的布线过程中，走线的最小宽度由导线与绝缘层基板之间的粘附强度以及流过导线的电流强度所决定。当铜箔的厚度为0.05mm、宽度为1～1.5mm时，可以通过2A电流。除一些比较特殊的走线外，同一层面上的布线宽度应尽可能一致。高频电路中布线的间距将影响分布电容和电感的大小，从而影响信号的损耗、电路的稳定性以及引起信号的干扰等。在高速开关电路中，导线的间距将影响信号的传输时间及波形的质量。因此，布线的最小间距应大于或等于0.5mm，只要允许，PCB布线最好采用比较宽的线。印制导线与PCB的边缘应留有一定的距离(不小于板厚)，这样不仅便于安装和进行机械加工，而且还提高了绝缘性能。布线中遇到只有绕大圈才能连接的线路时，要利用飞线，即直接用短线连接来减少长距离走线带来的干扰。含有磁敏元件的电路对周围磁场比较敏感，而高频电路工作时布线的拐弯处容易辐射电磁波，如果PCB中放置了磁敏元件，则应保证布线拐角与其有一定的距离。同一层面上的布线不允许有交叉。对于可能交叉的线条，可用“钻”与“绕”的办法解决，即让某引线从其他的电阻、电容、三极管等器件引脚下的空隙处“钻”过去，或从可能交叉的某条引线的一端“绕”过去。在特殊情况下，如果电路很复杂，为了简化设计，也允许用导线跨接方式解决交叉问题。当高频电路工作频率较高时，还需要考虑布线的阻抗匹配及天线效应问题。

3. 电源线与地线的布线要求

根据不同工作电流的大小，尽量加大电源线的宽度。高频PCB应尽量采用大面积地线并布局在PCB的边缘，可以减少外界信号对电路的干扰；同时，可以使PCB的接地线与壳体很好地接触，使PCB的接地电压更加接近于大地电压。应根据具体情况选择接地方式，与低频电路有所不同，高频电路的接地线应该采用就近接地或多点接地的方式，接地线短而粗，以尽量减少地阻抗，其允许电流要求能够达到3倍于工作电流的标准。

9.2　天线匹配电路设计

天线匹配电路的印制电路如图9.1所示。

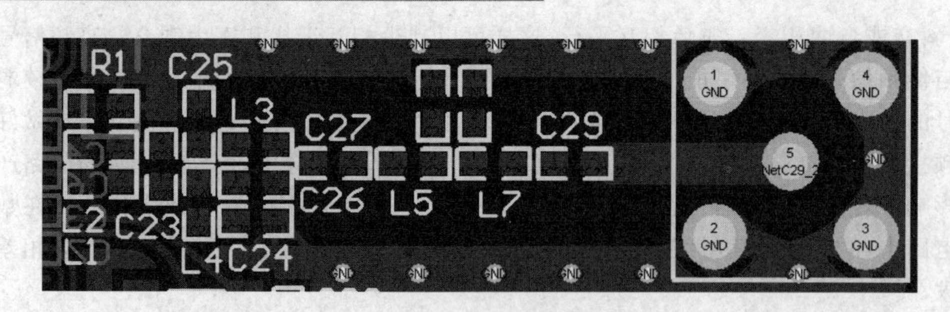

图 9.1　天线匹配 PCB 电路

C29 到 SMA 天线座之间的微带线设计采用了 SI9000 对其线宽和铜厚进行了设计。

9.3　天线的选型

天线的基本作用是发射和接收无线电波。发射时，把高频电流转换为电磁波；接收时，把电磁波转换为高频电流。天线的一般原理是：当导体上通以高频电流时，在其周围空间会产生电场和磁场。按电磁场在空间的分布特性，可分为近区、中间区和远区。设 R 为空间一点到导体的距离，是高频电流信号的波长，在 $R<\lambda/2\pi$ 时的区域称近区，在该区内的电磁场和导体中的电流、电压有紧密的联系；在 $R>A/2\pi$ 的区域称为远区，在该区域内电磁场能离开导体向空间传播，它的变化相对于导体上的电流、电压就要滞后一段时间，此时传播出去的电磁波已不和导线上的电流、电压有直接的联系了，这区域的电磁场称为辐射场。

9.3.1　天线的种类

按天线用途可分为通信天线、导航天线、广播电视天线、雷达天线和卫星天线；按天线的辐射方向可划分为全向天线和定向天线；按工作波长可将天线分为超长波天线、长波天线、中波天线、短波天线、超短波天线和微波天线；按馈电方式分为对称天线和非对称天线，但无论是什么天线，都有它的频率工作范围，在这个频率范围内，它的工作效率是相对最高的。

9.3.2　天线的形状

天线有各种各样的形状，下面简单的介绍几种：

【微波天线】：工作于米波、分米波、厘米波、毫米波等波段的发射或接收天线，统称为微波天线。中国联通的 CDMA 和中国移动的 GSM 都离不开微波天线，微波主要靠空间波直线传播，通信距离比较近，为增通信距离，天线架设较高，这种天线是定向天线、垂直极化天线。

【宽频带天线】:方向性、阻抗和极化特性在一个很宽的波段内几乎保持不变的天线,称为宽频带天线。在微波通信,DCDMA通信,也就是计算机终端通信中使用比较多。

【调谐天线】:仅在一个很窄的频带内,才具有预定方向性的天线,称为调谐天线或称调谐的定向天线。通常,调谐天线仅在它的调谐频率附近5%的波段内,其方向性才保持不变,而在其他频率上,方向性变化非常厉害,在CQ上常介绍的400M的J型天线(将振子弯折成相互平行的对称天线称为折合天线),就属于调谐天线。调谐天线不适于频率多变的短波通信。

【垂直天线】:垂直天线是指和地面垂直放置的天线。它有对称和不对称两种形式,不对称应用较广。对称垂直天线常常是中心馈电的。不对称垂直天线则在天线底端和地面之间馈电,其最大辐射方向在高度小于1/2波长的情况下,集中在地面方向,不对称垂直天线又称垂直接地天线。为了提高效率,厂家按1/2波长的倍数制造了很多天线,X510.任丘4m都是这种天线。

【倒L天线】:在单根水平导线的一端连接一根垂直向下线而构成的天线。因其形状像英文字母L倒过来,故称倒L形天线。倒L天线一般用于长波通信。它的优点是结构简单、架设方便;缺点是占地面积大、耐久性差。

【T形天线】:在水平导线的中央,接上一根垂直向下线,形状像英文字母T,故称T形天线。它是最常见的一种垂直接地的天线。它的水平部分辐射可忽略,产生辐射的是垂直部分。一般用于长波和中波通信。

【伞形天线】:在单根垂直导线的顶部,向各个方向引下几根倾斜的导体,这样构成的天线形状像张开的雨伞,故称伞形天线。伞形天线的特点和用途与倒L形、T形天线相同。

【鞭状天线】:鞭状天线是一种可弯曲的垂直杆状天线,其长度一般为1/4或1/2波长。大多数鞭状天线都不用地线而用地网。小型鞭状天线常利用小型电台的金属外壳作地网。鞭状天线可用于小型通信机、步谈机、汽车收音机、军用电台等。

【对称天线】:两部分长度相等而中心断开并接以馈电的导线,可用作发射和接收天线,这样构成的天线叫做对称天线。因为天线有时也称为振子,所以对称天线又叫对称振子,或偶极天线。总长度为半个波长的对称振子,叫做半波振子,也叫做半波偶极天线。它是最基本的单元天线,用得也最广泛,很多复杂天线都是由它组成的。半波振子结构简单,馈电方便,在近距离通信中应用较多。

【角形天线】:角形天线属于对称天线的一类,但它的两臂不排列在一条直线上,而成90°或120°角,故称角形天线。这种天线一般是水平装置的,它的方向性不显着。

【折合天线】:将振子弯折成相互平行的对称天线称为折合天线。折合天线是一种调谐天线,工作频率较窄。它在短波和超短波波段获得广泛应用。

【V及倒V形天线】:是由彼此成一角度的两条导线或两个振子组成,形状像英文字母V的天线，把V倒过来就叫倒V形天线。BD1VFO,BD1VIU架设的都是这种天线。

【八木天线】：八木天线又叫引向天线，由一个阵子和多个引向组成，八木天线的优点是结构简单、轻便坚固、馈电方便，方向效率很高；缺点是频带窄、抗干扰性差。在移动通信应用非常广泛。

天线中的振子能够谐振到特有频率上，更加有效地接收信号，因此天线的选型非常重要，天线的主要参数如表9.1所列。

表9.1 天线参数

序号	参数	关键点	选用原则
1	极化方式	极化方向：水平极化与垂直极化 单极化与双极化 分集技术：空间分集、极化分集等	±45°双极化 极化分集
2	带宽	振子越粗，带宽越宽 振子越多，增益越高，带宽越窄	适当
3	阻抗	天线阻抗＝馈线阻抗	50 Ω
4	半功率角	半功率角＝波瓣宽度＝主瓣宽度＝波束宽度 $10\lg(1/2)\approx-3\,dB$	依实际应用环境而定
5	倾角	定向天线——机械下倾 （主瓣方向水平，天线本身下倾） 全向天线——电调下倾（主瓣方向下倾）	依实际应用环境而定
6	隔离度	两根单极化天线或一根双极化天线的不相关性	适当
7	前后比	主瓣最大值/后瓣最大值	越大越好
8	驻波比	信号能量没能完全辐射出去，有部分反射驻留，导致功率损耗	越小越好，没有必要性
9	增益	无源器件总增益恒为0 某方向上的增益靠另一方向上的能量减少来获得	适当
10	方向性	向某方向上辐射或接收电磁波的能力	越强越好

在与本书配套的系统板上采用了SMA接头的天线。

第 10 章　SimpliciTI 协议介绍及协议移植

协议是网络中为了进行数据交换而建立的规则、标准或约定的集合，SimpliciTI 协议是美国 TI 公司提供的针对低于 1GHz 的小型射频网络而设计的简单的低功耗射频网络协议。该协议简化了无线网络的设计难度，降低了微控制系统的资源占用，实现了最优化，从而降低了成本，具有简单、低速、低功耗的特点。SimpliciTI 协议栈属于小型协议栈，但是，它包括了一般协议栈的完整结构，即无线网络协议类型、网络拓扑、核心协议栈等，是一个入门级别的协议栈，可以为下一步学习更加复杂的无线网络打下基础。

10.1 SimpliciTI 简介

SimpliciTI 是 TI 开发的一份专门针对其 CCxxxx 系列无线通信芯片的网络协议，是一个基于链接的点对点通信协议。SimpliciTI 支持两种基本的拓扑结构：直接的点对点通信结构和基于星型链接的网络拓扑结构，在星型链接中，数据中心(hub)点在 SimpliciTI 中被称为 Access Point，简写为 AP。Access Point 负责网络的构建和维护，它具备存储转发机制，能够支持多种特性和功能，比如支持休眠 EndDevices 的储存并转发(store-and-forward)。网络设备的管理从某方面来看类似于成员权限管理，例如，链接许可，安全钥匙等。AP 也有中断设备的功能，譬如，它可以自己在网络中实例化传感器或激励，作为网络中的集成器。Access Point 支持以 EndDevices 的方式工作，例如，它能够将自己实例化为网络中的一个传感器或者传动器设备。通过几个简单的 API 调用就可以实现整个协议。这些 API 支持用户程序点对点的传输信息。两个应用程序之间的协调(链接)可以动态完成。Link 程序建立一个基于对象的链接，使得应用节点之间可以传输消息。如果一个链接已经确立，那么它就是一个双向的链接。这里提供了一个基本的授权机制，而目前流行的作法是应用程序直接链接到外面。

同时 SimpliciTI 还支持以泛洪方式进行广播数据传输，这种数据通信方式在各种报警器网络中使用尤为广泛，同时也显得非常必要。

SimpliciTI 将其网络功能封装为几个 API 函数形式，应用程序可以通过直接调用其 API 函数实现点对点的通信。SimpliciTI 对硬件资源要求非常低，除了程序空间所需要的 Flash 和运行时随机变量所占用的 RAM 外，SimpliciTI 不需要任何其他资源，它甚至不需要定时器，内部需要的定时器都使用软件模拟实现。它在运行过程中不会进行动态内存分配，因此根本不会占用程序的堆空间。如果MCU资源富裕用P可以给SimpliciTI配一个定时器以提供更好的服务。

10.2 SimpliciTI的特点

随着传感器技术、嵌入式计算机技术、分布式处理技术和通信技术等相关技术的迅速发展，数据通信也从有线方式逐步向无线方式发展，同时无线通信技术也不断地向通信速率高、通信安全性高和通信距离远的方向发展。期间也出现了无线标准和规范，例如IEEE 802.11、WiFi、蓝牙、ZigBee、6LoWPAN、Wireless MBUS、Opentag、VEmesh等，各种技术各有千秋，运用的频段和领域都各有不同。

总体来讲SimpliciTI的特色是简单便捷、成本低、低功耗、低速率、安全性好等：

● 低功耗通信，支持存储转发机制，支持休眠设备；

● 低成本，最大使用8KB Flash以及1KB RAM；

● 网络结构灵活，支持点对点的链接方式和星型网络两种通信结构；

● 使用方便，协议仅仅通过8个API接口和应用程序进行交互。

10.3 设备类型和网络结构

10.3.1 设备类型

SimpliciTI协议规定了3种类型的设备，它们是：

● Access Point——网关，构成网络的数据中心，同一个网络中Access Point可以和终端设备共存，它可以组成一个网络，挂接多个传感器设备，同一个网络中也允许有两个Access Point。在特殊模式下它可以接收所有能够接收到的数据，包括通过范围扩展到的数据。

● Range extender——中继器，也称路由节点，Range extender负责数据转发以提高通信距离。它有目的地对网络覆盖范围进行扩展，这是一个常开设备。它的主要功能是重复发送从发送设备发来的数据，从而实现网络范围的扩展。在一个网络中，要使网络稳定，数据所经的中继器必须限制在4个以内。范围扩展运行在混杂模式可以收到它能收到的所有数据。

● End device——终端设备，负责数据接收和发送，和传感器绑定，向Access point提供采集数据。可以是传感器节点，也可以是控制节点，其硬件系统可以用电池供电。

10.3.2 网络结构

SimpliciTI支持多种网络拓扑，图10.1是其典型的无线传感器网络中使用的星

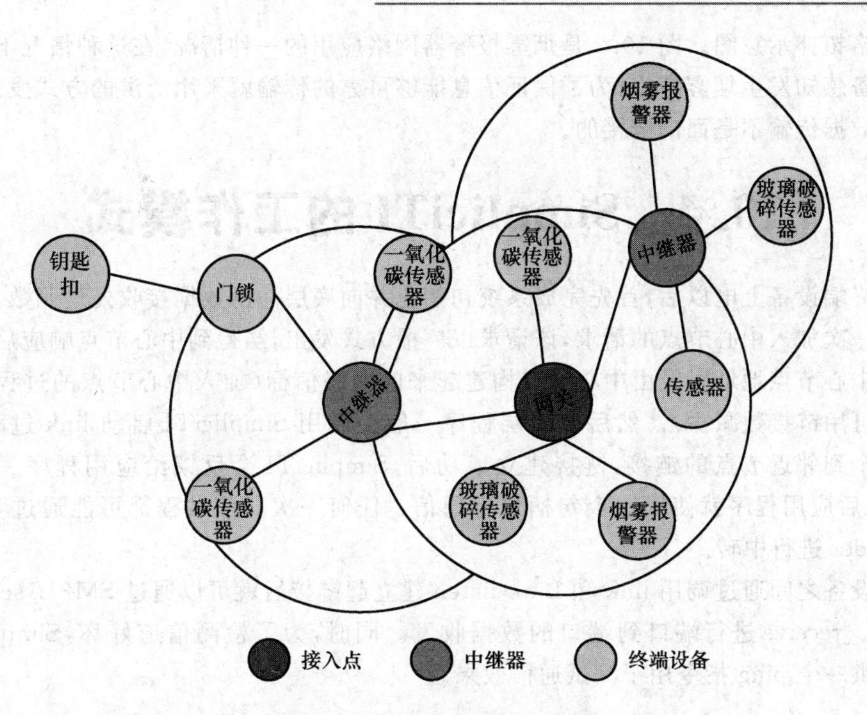

图 10.1　星型网络拓扑示意图

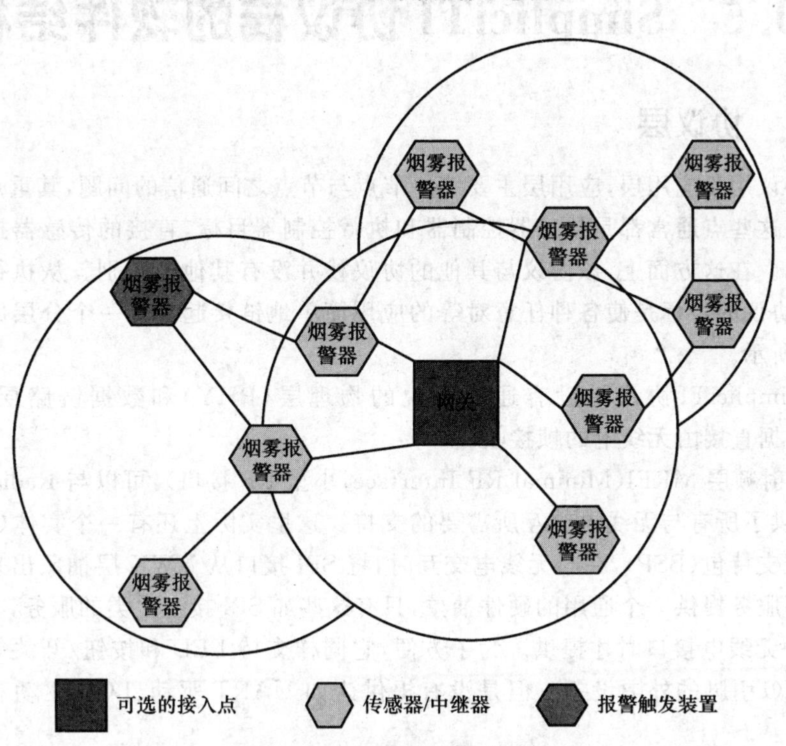

图 10.2　烟雾报警器网络应用

型网络拓扑示意图。图10.2是烟雾报警器网络应用的一种情况，在这种情况下当一个设备感知发生烟雾警报，为了保证信息能够可靠的传输就采用泛洪的方式发送，这样的数据传输不是面向链接的。

10.4 SimpliciTI 的工作模式

终端设备上电以后，首先完成系统初始化并向底层注册数据接收处理函数，然后启动一次加入中心节点的请求，该请求以广播方式发出，当得到中心节点响应后可以获取中心节点地址以及由中心节点构建起来的网络信标(加入中心节点的过程不会导致可用链接数减少)。然后应用层程序一般会调用 SimpliciTI 启动 link 过程，建立一个到邻近节点的链接，链接建立成功后，SimpliciTI 会反馈给应用程序一个句柄，之后应用程序就使用这个句柄进行通信。任何一次通信过程都可能通过 range extender 进行中转。

设备之间通过调用 link 和 Link-listen 建立起链接后就可以通过 SMPL_send 和 SMPL_receive 进行端口到端口的数据收发。同时，为了检测信道好坏，SimpliciTI 还提供一个 ping 指令用于测试通信效果。

10.5 SimpliciTI 协议栈的软件结构

10.5.1 协议层

该协议用于应用层，应用层主要解决节点与节点之间通信的问题，其重点是点对点通信。这些点通常都是传感器控制器和执行控制器目标，直接的传感器执行器也可以使用。在这方面上，该协议与其他的协议栈并没有其他的区别。从执行的角度来看，该协议的目标是使各种任意对等的应用简单地链接起来。一个分层原理图如图10.3所示。

在 SimpliciTI 协议中没有通常所说的物理层(PHY)和数据链路层(MAC/LLC)，数据直接由无线电的帧接收。

(1) 射频层 MRFI(Minimal RF Interface，小型 RF 接口)：可以与 Radio 芯片交互，并提供了所有与无线电交互所需要的支持。这里实际上还有一个实体(未显示)叫做板级支持包(BSP)，在与无线电交互时，将 SPI 接口从 NWK 层抽象出来。它不是为应用服务提供一个通用的硬件抽象，只有这些如 SPI 接口之类的服务，在直接支持 NWK-无线电接口时才提供。为了方便，它同样支持 LED 和按钮/开关等一类依附于 GPIO 引脚的外围设备。但是没有提供诸如 UART 驱动、LCD 驱动和计时器的服务。

(2) 网络层 Network Layer，NWK：是十分关键的协议层，该协议层处理了整个

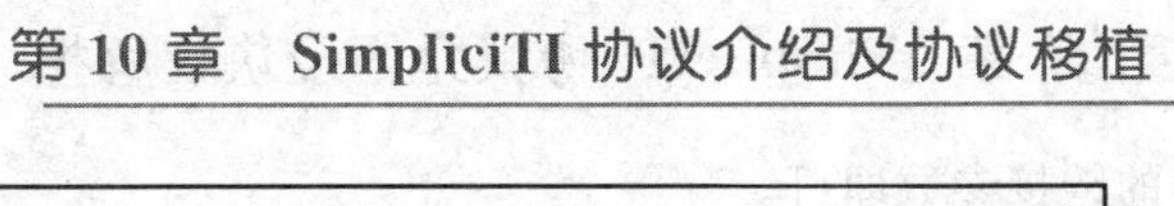

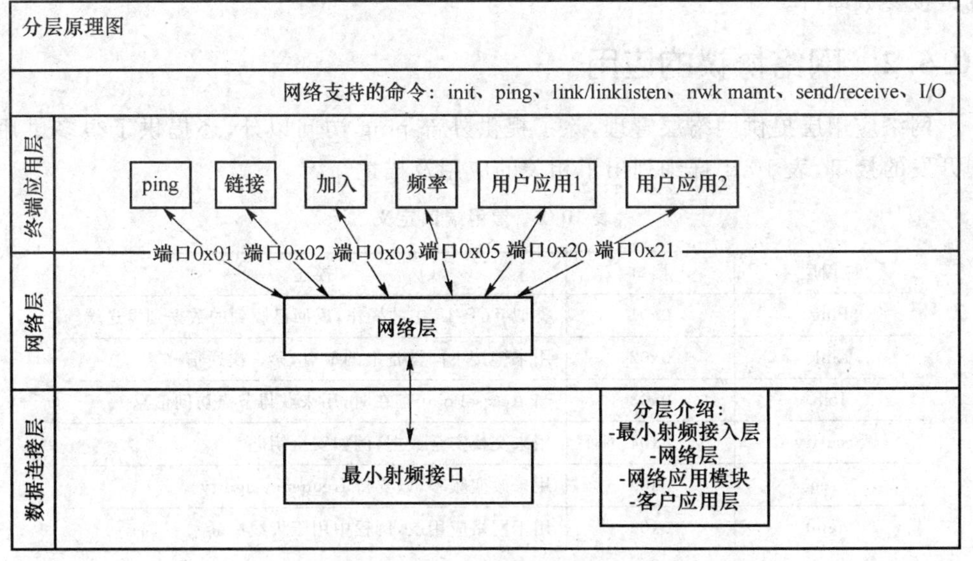

图 10.3 分层原理图

协议的很多任务，主要的功能是管理 Rx 和 Tx 队列，并且分发到目的地，即应用程序指定的端口号。NWK 层不解析数据。这里的端口类似于 TCP/IP 协议中端口的概念，可以理解为是地址的扩展。网络帧数据的数据头被剥离，其余的有效数据会被分发到应用程序所依附的那个端口。NWK 层使用"well-known"端口，它们的值都小于 0x1F。NWK 层通过这些端口来管理网络。这些端口不会直接被用户程序访问。用户程序端口在链接的过程中已经由 NWK 层指定，在用户程序中被称为 Link-ID。NWK 完成 Link-ID 到地址的映射。应用程序不需指定和维护这些端口对象。网络层主要负责：频段管理，跳频支持，调制方式、数据传输速率等无线参数管理，加密管理，数据传输，CCA(清除信道评估)，网络 ID，设备地址，加入、链接网络。

网络层的参数主要有：

- 中心频率和频率间隔。
- 可用的信道数目(频率跳转)。
- 调制方式、数据波特率以及其他射频参数。
- 默认和产生加密算法的密码。
- 设备地址。
- Tx-only 设备的重发周期。
- 加入和链接标志。

(3) 应用层 Application Layer，应用层包含了 TCP/IP 协议中很经典的端口(port)机制。应用层又分为网络应用层(NWK Application)和用户程序应用层(Peer Application)。对于应用层来说，只需要知道建立链接的相关信息和利用网络层处理的链接参数即可。

10.5.2 网络协议的应用

网络应用层提供网络层管理，除了提供外部ping访问以外，还提供了很多供用户开发的接口，表10.1详细列出了相关的应用及描述。

表10.1　常用端口定义

应用层	接口	描述
Ping	0x01	类似TCP/IP中的操作，返回已收到的数据到发送端
Link	0x02	用来链接不同设备上的节点，第一次通信
Join	0x03	当AccessPoint存在时，用来获得节点访问信息
Security	0x04	用来交换安全数据，例如安全钥匙
Freq	0x05	用来改变频率，以支持frequency agility
Mgmt	0x06	用于网络应用层，例程中用于天线中断

在每一个NWK应用层数据帧负载中，第一个字节都是一个信息字节。这个字节传达了特殊的应用信息，如长度信息和应答信息。每个应用都有其自身的负载机制，如果使用了安全机制，那么负载中的长度信息将被强制要求，因为在帧长度计算中不能计算加密长度。

1. 查询指令Ping(0x01)

用来探测某一个特定节点的存在性。发送者发送一个数据帧给接收者，接收者则回应一个应答帧给发送者。发送之后发送者将会等待应答，因此需要使用一种超时机制。在超时规定时间后没有收到Ping的应答，则认为是该节点已经不在自己可达到的通信范围内（包括通过AP、RE或者AP加RE的方式到达）或者已经失效。数据帧采用单播，第一位为1表示这是一个应答。

- 发起者的数据负载（单播）

请求	TID
1(0x01)	1

- 应答方式负载（单播）

REQ回复	TID
1(0x80)	1

2. 链接指令Link(0x02)

链接指令Link是为两个节点间的链接提供服务的指令。目前提供两个链接请求内容，如表10.2所列。

表 10.2 提供的 Link 服务内容

请求	值	内容
Link	1	发送者请求建立链接
UnLink	2	发送者请求终止链接

建立链接后，两节点间便可以通信。请求者的数据帧是广播的，而应答者的数据帧是单播的，双方都是从数据帧中获得对方的地址。调用一个 Link 模块，需要一个超时机制。假如存在多个链接请求，则在请求的接收方是用“先到先得”的原则，即先收到谁的链接就先与谁建立链接。同样可以发起多个链接请求来建立多个链接。接收方将为每个链接设置一个访问标志，用以建立多个链接，而发起方也可以发起多个链接请求来建立多个链接。

(1) 链接发起方负载：广播

未加密的

请求	TID	Link Token	Local Port	Rx Type	Protocol Ver
1(0x01)	1	4	1	1	1

加密的

请求	TID	Link Token	Local Port	Rx Type	Protocol Ver	CRT Value
1(0x01)	1	4	1	1	1	4

表中的 Link Token 是链接标志，用来标志两者之间的唯一链接关系，为了防止链接到一个错误的设备上，可以由用户设置成唯一的。Local Port 表示一个本地的端口号，让所链接的对方设备向这个指定的端口发送数据。Rx Type 是链接接收方在向发起方发送数据时计算跳数的一个线索；例如，发起方是一个 Polling 设备，那么发送给发送方的数据需要设置足够大的跳数以使发起者能够通过 AP 接收数据；另外还可以从接收到的数据帧推算出发给链接者的跳数。Protocol Ver 是协议规定的内容，是运行参数，可以在版本不兼容时拒绝接收数据。CRT Value 是加密算法的值，当使用了加密功能时，在链接帧中就有了这 4 字节的加密值。

(2) 链接接收方负载

采用单播方式送给发送方。REQ Reply 当最高位被置位时表示这是一个应答。Local Port 在发送时会加入 Port 到数据帧中，具体由 NWK 来决定。

未加密的

REQ Reply	TID	Local Port	Rx Type
1(0x81)	1	1	1

加密的

REQ Reply	TID	Local Port	Rx Type	CRT Value
1(0x81)	1	1	1	4

UnLink Request 是一个扩展的网络应用功能，该命令允许任何一方发起终止链接请求，发起方将等待对方的应答，请求接收方在有可能的情况下回应一个应答。

(1) 发起方负载：单播

请求	TID	Remote Port
1(0x02)	1	1

发起方提供一个 Port 来接收来自接收方的数据，接收方使用这个 Port 值结合数据帧中的源地址在链接表中查找正确的入口，在接收方看来就是一个远程端口。

(2) 接收方负载：单播

REQ Reply	TID	Remote Code
1(0x82)	1	1

Remote Code 指示接收方是否已经成功消除它这一方的链接。

3. 加入网络(Join0x03)

若一个网络中有 AP 设备，那么每个设备必须加入(Join)网络。在链接的基础之上，一个设备可以得到加密内容、链接标志、保存和转发数据的服务。有了这些服务，网络就具有稳定性，以抵抗流氓设备节点，同时，AP 节点还可以发起频率捷变命令帧，发起频率捷变动作。

加入网络时，很可能会因为 AP 节点还没有开机而超时，这时需要用户继续尝试链接，因为 AP 的存在是一个 build-time 参数，所有设备都知道应该怎么去运行才能加入网络。

Request	值	内容
Join	1	发送者要求加入

◆ 发起者：广播

Request	TID	Join Token	Number of Connections	Protocol Ver
1(0x01)	1	4	1	1

Join Token 用来证明该设备节点在网络中是合法可用的。

Number of Connections 是 AP 设备节点在分配资源时作为参考线索使用的，在 AP 作为数据中心的星形拓扑结构中，一个加入请求的数据帧可用激发一次 listening (帧听)给要加入的节点(Client)建立链接。假如要加入网络的节点不需要建立链接(比如是 RE 设备节点)，那么 Number of Connections 需要设置为 0，这样 AP 设备节点就可以不帧听链接帧以建立链接和分配链接资源。

◆ 接收者:单播

Request	TID	Link Token	FUNC/LEN	KEY
1(0x81)	1	4	1	n

Link Token是请求加入方使用的,后面的FUNC/LEN和KEY与后面的Security具有相同的格式和功能。

4. 安全Security(Port 0x04)

该命令用于改变加密密钥和加密内容,只能由AP来执行这个功能,因此只出现在有AP的网络中,并且不能有Tx-only和RE设备。AP来发起这个交换同样有利于那些受AP管理的睡眠接收设备节点,以使它们不会失去同步。AP可以维护多个加密内容并且在睡眠设备节点醒来查询数据时告知它们。

5. 频率捷变Freq(Port 0x05)

如果网络中有AP设备节点,那么就有频率切换功能,AP通过在Freq Port端口发布一个频率切换的广播命令来发布一次频率捷变。这个端口提供了以下3种操作:

(1) 改变通道(Change Channel):只有AP能发布这个命令,数据中包含了请求标志"1"和需要改变的新的射频信道,而且是作为一个索引指针,指向下一个包含所有频率切换所需内容的信道表格。该数据帧不需要TID,而且该帧是以广播形式发送,不需要应答。

(2) 应答请求(Echo request):该操作在设备扫描时使用,它要求该设备在扫描某个频率时,如果该频率中有相应AP的话,AP回应一个应答信号。该帧包含一个请求标志“2”和TID。

(3) 跳频请求(Change Channel request):当一个非AP节点请求频率切换时,频率切换的命令还是由AP提供,当然AP可以不执行,表示该命令没有应答,如果AP响应了该命令,那么表示AP同意并广播发布一个频率切换的命令。该帧包含有标志“3”,无应答和TID。

6. 网络管理Mgmt(Port 0x06)

网络管理是一个综合管理设备的管理端口,可以用来访问超出边界的设备节点,也可以用来复位其他端口的状态机和TID等,它也可以被poll设备用来向AP查询数据,除此之外,这个端口也可以作为一个紧急的匹配(meet-me)端口,在任何时刻数据都可以在该端口上透明传输。

7. 端节点查询End device polling

当一个终端设备节点加入网络时,向AP设备节点查询数据,里面的内容携带了该设备的设备类型(DEVICE INFO),询问帧是在管理端口发送的。请求发起方是以单播的形式发送给AP的,向AP询问的数据帧主要是端口号(Port)和地址(Address)。Port 是源自于 Link ID 在应用时产生的,用来应答数据端口。Address 就是请求发起方的地址(Client)。TID 可以让 AP 判断在合适的时候发送给请求方。

来自 AP 的应答并不在 Mgmt 端口,而是在请求方查询指定端口时,如果有一个属于被查询端口的数据帧,那么就发送这个数据帧,否则就构造一个没有数据负载的数据帧并发送给 Client 的查询端口。这两种数据帧都采用 Client 查询时使用的 TID。

10.6 数据结构

10.6.1 MCU 相关的数据结构

除了一些代码空间、常量和 RAM,SimpliciTI 不使用更多的资源。目前它并不依赖于定时器或者动态内存分配,所以它不占用大量的内存。所有内存分配要么是静态的要么就是自动变量,因此只需要使用堆栈。如果可能,将尽量使用 CONST 型内存以便节省 RAM。运行时态的上下文不储存在任何连续的内存中。仅有的几个例外也在代码中被处理过了,初始化目标(CC1100/CC2500)的过程不会在睡眠模式下丢失运行时态的上下文。大多数的 SRAM 被保留下来,那些 critical values 都被释放掉了。

与 MCU 相关的数据结构如下所示:

```
typedef signed char int8_t;
typedef signed short int16_t;
typedef signed long int32_t;
typedef unsigned char uint8_t;
typedef unsigned short uint16_t;
typedef unsigned long uint32_t;
```

10.6.2 SimpliciTI 数据帧相关的数据结构

(1) 自定义类型:typedef unsigned char linkID_t

LinkID_t 定义的数据结构类似于 TCP/IP 中的端口,这些端口是逻辑意义的面向应用程序存在的。应用程序之间建立基于端口的链接,而后也是面向端口的通信。在 linkID_t 定义的所有端口中 SimpliciTI 保留了一个端口,这个端口由宏 SMPL_LINKID_USER_UUD 定义,命名为无链接的用户数据端口,该端口数据可以被用户程序侦测。

(2) 自定义类型:typedef enum smplStatus smplStatus_t

smplStatus_t 是一个枚举类型,它定义的是 SimpliciTI 运行过程中所有可能的状态返回,具体项参见表 10.3。

表 10.3 smplStatus_t 各项意义

状 态	描 述
SMPL_SUCCESS	操作成功
SMPL_TIMEOUT	操作超时退出
SMPL_BAD_PARAM	函数调用参数错误
SMPL_NOMEM	没有空间可以用来分配给 rx port,connection table,output frame queue
SMPL_NO_FRAME	接收数据缓冲区无有效数据帧
SMPL_NO_LINK	链接请求发出后没有收到回复
SMPL_NO_JOIN	加入网络请求发出后没有收到回复
SMPL_NO_CHANNEL	频段扫描未找到有效频道
SMPL_NO_PEER_UNLINK	删除链接请求失败
SMPL_TX_CCA_FAIL	因为 CCA 失败导致数据发送失败
SMPL_NO_PAYLOAD	接收到数据帧但无有效载荷
SMPL_NO_AP_ADDRESS	未设置 Access point 的地址

```
typedef struct
{
    const uint8_t      structureVersion;
        uint8_t     numConnections;          /*可建立的链接数*/
        uint8_t     curNextLinkPort;
        uint8_t     curMaxReplyPort;
        linkID_t    nextLinkID;
        connInfo_t connStruct[SYS_NUM_CONNECTIONS];
} persistentContext_t;
typedef struct
{
        volatile uint8_t       connState;        /*被分配标志*/
            uint8_t     hops2target;
            uint8_t     peerAddr[NET_ADDR_SIZE];
            rxMetrics_t sigInfo;                 /*信号强度指示*/
            uint8_t     portRx;
            uint8_t     portTx;
            linkID_t    thisLinkID;
} connInfo_t;
```

10.7 SimpliciTI 协议的接口函数

10.7.1 SimpliciTI 底层接口

SimpliciTI 底层接口如表 10.4 所列。

表 10.4 SimpliciTI 底层接口

函数名	描 述	使用的全局变量
void MRFI_SetLogicalChannel (uint8_t chan)	设置通信频率。 设置完信道后将根据全局变量[1]的值决定是否将系统设置为接收状态	1. mrfiRadioState
void MRFI_SetRFPwr (uint8_t idx)	设置功率因子。 设置完信道后将根据全局变量[1]的值决定是否将系统设置为接收状态	1. mrfiRadioState
uint8_t MRFI_SetRxAddrFilter (uint8_t * pAddr)	设置接收数据帧的地址过滤	
void MRFI_EnableRxAddrFilter (void)	使能接收数据帧地址过滤。 该操作将会使全局变量[1]被置位	1. mrfiRxFilterEnabled
void RFI_DisableRxAddrFilter (void)	失能接收数据帧地址过滤。 该操作将会使全局变量[1]被清零	1. mrfiRxFilterEnabled
void MRFI_Init(void)	初始化。主要指初始化底层接口专用的接收数据缓冲区[1];初始化通信过程需要使用到的相关 I/O;根据配置初始化通信频率等特征值;初始化需要向上层提供的随机数种子[2];初始化系统状态[3]为 IDLE;获取系统通信速率并据此初始化[4]	1. mrfiIncomingPacket 2. mrfiRndSeed 3. MrfiRadioState 4. sReplyDelayScalar
uint8_t MRFI_Transmit (mrfiPacket_t * pPacket, uint8_t txType)	根据输入参数使用相应模式发送数据。 数据发送完毕后将根据[1]设置通信状态	1. mrfiRadioState
void MRFI_Receive (mrfiPacket_t * pPacket)	将底层独有的接收数据缓冲区内的数据复制到 pPacket 指向的缓冲区中	

续表 10.4

函数名	描 述	使用的全局变量
void MRFI_WakeUp(void)	如果系统处于 RADIO_STATE_OFF 状态则将其唤醒并将[1]设置为 IDLE 状态	1. mrfiRadioState
int8_t MRFI_Rssi(void)	读取通信通道的 RSSI 值,转换后返回	
uint8_t MRFI_RandomByte (void)	对随机数种子[1]进行一次迭代更新产生一个新随机数	1. mrfiRndSeed
void MRFI_DelayMs (uint16_t milliseconds)	软件延时函数	
void MRFI_ReplyDelay (void)	数据发送后等待接收所调用的延时函数。该函数将启动[1]以使中断函数可以操作[2]。当[2]被置位证明数据接收正常,提前退出	1. sReplyDelayContext 2. sKillSem
void MRFI_PostKillSem (void)	根据[1]赋予的权限对[2]操作以终止接收数据等待	1. sReplyDelayContext 2. sKillSem
uint8_t MRFI_GetRadioState (void)	返回当前的系统通信状态。 读取[1]并返回	1. mrfiRadioState
static void Mrfi_SyncPinRxIsr (void)	该函数由中断触发并调用,模拟物理层对数据进行接收。主要完成的工作是对帧完整性进行验证;对数据帧的校验和进行验证;根据自身地址和功能开关对地址进行过滤(地址过滤操作将允许广播地址通过);转换帧信号标识(RSSI,LQI 转换为 DB 位计量单位的量)。 如果接收到数据,该数据将会填充到[1]内	1. mrfiIncomingPacket

10.7.2 SimpliciTI 应用层接口

1. smplStatus_t SMPL__Init(uint8_t (* callback)(linkID_t))

(1) 功能描述

该函数主要用于初始化通信系统和 simpliciti 的协议栈。完成的工作包括:

1) 直接调用驱动层函数 MRFI_Init 完成通信硬件设备初始化,随机数种子初始化,物理层数据接收缓冲区初始化等工作。

2) 调用网络层函数 nwk_nwkInit 注册用户接收数据处理函数并初始化链接表数据结构,初始化最大链接数,初始化下一个链接将使用到的接收和发送端口号,初始化下一个链接号;将中心节点地址设置为 0,从 ROM 中获取自身地址并搬移到 RAM 中;初始化设备类型,数据接收和发送方式,初始化 TRACE ID,将数据接收处理函数注册给 nwk_frame.c 文件（而 nwk_nwkInit 则继续调用 nwk_frameInit 初始化本设备帧的固有数据结构并向下注册用户接收数据处理函数，nwk_frameInit 注册用户数据处理函数的过程是根据预编译宏 RX_POLLS 来完成的，这个宏设置了用户程序对接收数据的处理方式。当其被置一，则表明用户程序将采用查询的方式来处理数据，底层用户数据处理函数注册被放弃。这种情况下，接收到用户程序需要处理的数据时，该数据被保存在网络层的接收数据队列 sInFrameQ 中，等待应用程序来查询获取。反之，用户数据处理程序被注册给底层函数供中断调用处理。获取自身地址，并初始化 nwk_frame.c 文件的 TID)；初始化应用层接收和发送数据处理队列 sInframeQ 和 sOutFrameQ，这两个数据队列在逻辑层次上刚刚高于物理层的数据接收缓冲区；同时 nwk_nwkInit 还将初始化网络层内置的一些应用的 TID 以及相应的默认信标；初始化广播用到的链接号和端口号。

3）如果不是 end device 则使通信系统处于接收状态。

4）如果是 end device 则开启地址过滤。

5）调用 nwk_join 启动一次链接 AP 的过程。该过程通过广播地址使用 JOIN 端口发起一次向 AP 的加入请求。加入成功将获得 AP 的地址和新的链接信标。

(2) 输入参数

uint8_t (* callback)(linkID_t)是用户数据处理函数的函数指针，用户数据处理函数只有在 end device 上才能生效。

(3) 返回值

返回值为 SMPL_SUCCESS 表示初始化成功。

返回值为 SMPL_NO_JOIN 表示因为没有收到 AP 返回，加入 AP 失败。

返回值为 SMPL_NO_CHANNEL 表示频率信道扫描失败，这种情况只有跳频条件编译功能开关打开时才会发生。

2. smplStatus_t SMPL_Link(linkID_t * lid)

功能描述：用广播地址发起一个链接请求，如果收到回复则成功建立起一个链接，同时会生成一个链接号供应用程序使用该链接。链接建立过程受到等待时间的限制，等待超时将返回链接失败。等待时间是在初始化系统时根据通信速率自动计算获取的。该函数可以被重复多次条用以获得多个链接。这些链接可以基于同一个设备也可以建立在不同设备之间。

执行过程：首先从链接表中选取一个空链接，选取空链接的时候需要更新链接表的下一个链接号，然后不断新建节点插在尾部，每个节点都包含一组数据，改组数据即是节点收到广播命令后的回复数据。

10.8 SimpliciTI 接收数据处理机制

Simplici TI 接收数据的最小单位为数据帧，因为其外接的射频收发芯片是按帧为单位进行数据收发的。在适当的配置下，射频芯片接收到数据帧后将触发一个中断告之 MCU，MCU 响应这个中断并处理接收数据。SimpliciTI 中断调用并处理这个数据帧的结构非常复杂，异常庞大，它几乎将除了用户应用程序外所有 SimpliciTI 内部协议的接收处理都放在了中断函数中。

➢ Mrfi_SyncPinRxIsr：该函数由中断触发并调用，模拟物理层对数据进行接收。主要完成的工作是对帧完整性进行验证；对数据帧的校验；根据自身地址和功能开关对地址进行过滤(地址过滤操作将允许广播地址通过)；转换帧信号标识(RSSI，LQI 转换为 db 计量单位的量)。该函数涉及到的一个全局变量：mrfiIncomingPacket。这个变量专门用于存放接收到的单帧数据。

➢ nwk_QfindSlot：寻找一个数据帧空隙，将接收到的数据放入该数据帧。如果所有数据帧都满了，那么将最老的那个数据帧去掉。该过程涉及到的全局变量是：sInFrameQ[]，这个变量是由结构体 frameInfo_t 定义的。

➢ MRFI_Receive：该函数实现将接收到的数据填充到刚刚找到的空隙中。这里有一个技巧，原代码设计时使用了结构体变量之间直接赋值。

➢ dispatchFrame：检测信息类型，并根据信息类型投递到相应的应用层处理函数。主要完成工作是：检测信息是否是自身的回声(这种情况一般来自 extender 的转发)；根据获取到的端口判断是否调用内部网络层固有处理函数；根据网络层内部处理函数结果判断是否转发；根据端口判断是否存在相应的服务程序。

10.9 SimpliciTI 支持的两种网络拓扑结构

SimpliciTI 支持两种基本的拓扑结构：直接的点对点通信结构和基于星型链接的网络拓扑结构。不管是哪种结构，SimpliciTI 工程一般都包括 components 和 peer application 两部分，下面分别以 Simple_Peer_to_Peer 和 AP_as_Data_Hub 两种通信模式来说明 SimpliciTI 协议栈的软件实现方法。

10.9.1 直接点对点通信

SimpliciTI 网络最简单的通信形式就是点对点对等网络，严格的说来它并不是一个网路，因为它只有两个节点，但是它应用了网络的相关概念，并拥有网络的相关结构。

1. 文件架构

Simple_Peer_to_Peer 是 TI 官方提供的一个点对点传输，整个网络只有两个设备，并且都是终端(End Devices)，打开的工程结构如图 10.4 所列。

2. Simple_Peer_to_Peer 的工作过程

两个 ED：CC430F6137-Link To 和 CC430F6137-Link Listen，即建立直接的

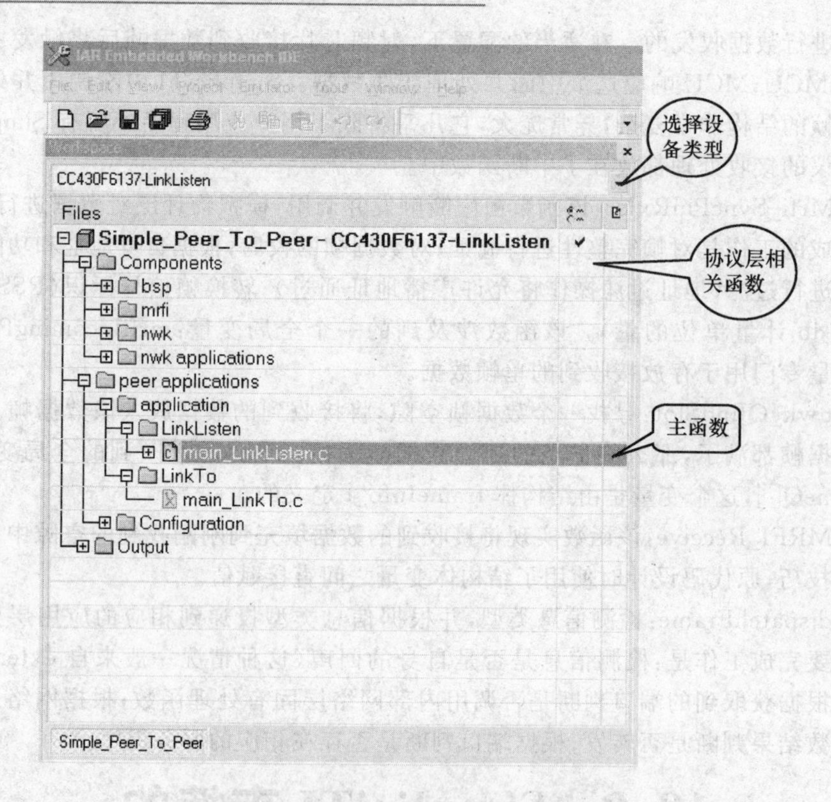

图 10.4　Simple_Peer_to_Peer 工程结构

peer-to-peer;两个设备分时段形成一个讲一个听的网络结构,开始 Listener 等待一个来自 Talker 链接的消息。链接建立后,Talker 定期发送两个字节的消息到 Listener,然后 Listener 发送一个两字节的消息答复 Talker。链接实际上是双向的,但初始链接分配 Talker 和 Listener 两个角色。呼叫端发送出的信息包含两个字节的有效负载,每隔 1～4 s 进行一次交换。

这两个 ED 在这个例子演示了使用的 SimpliciTI 接收回拨功能。消息中的信息包括了触发 LED 的编号(1 或 2)和当前是第几次交换数据(Transaction ID)两个字节。

3. 工作流程图

peer-to-peer 的程序工作流程图如图 10.5 所示,例程中所涉及的设备分别依靠按键和 LED 的闪烁来确定工作情况。

操作过程:

(1) 上电后所有的 LED 都将点亮。

(2) 分别将 CC430F6137-LinkTo 和 CC430F6137-LinkListen 下载到两个板子中,Listener 板子上的 button 来准备监听链接消息,准备好后只有 LED2(P3.6)亮,接着按键 Talker 板子上的 button 来发送一个链接信息,链接成功后所有的灯都将

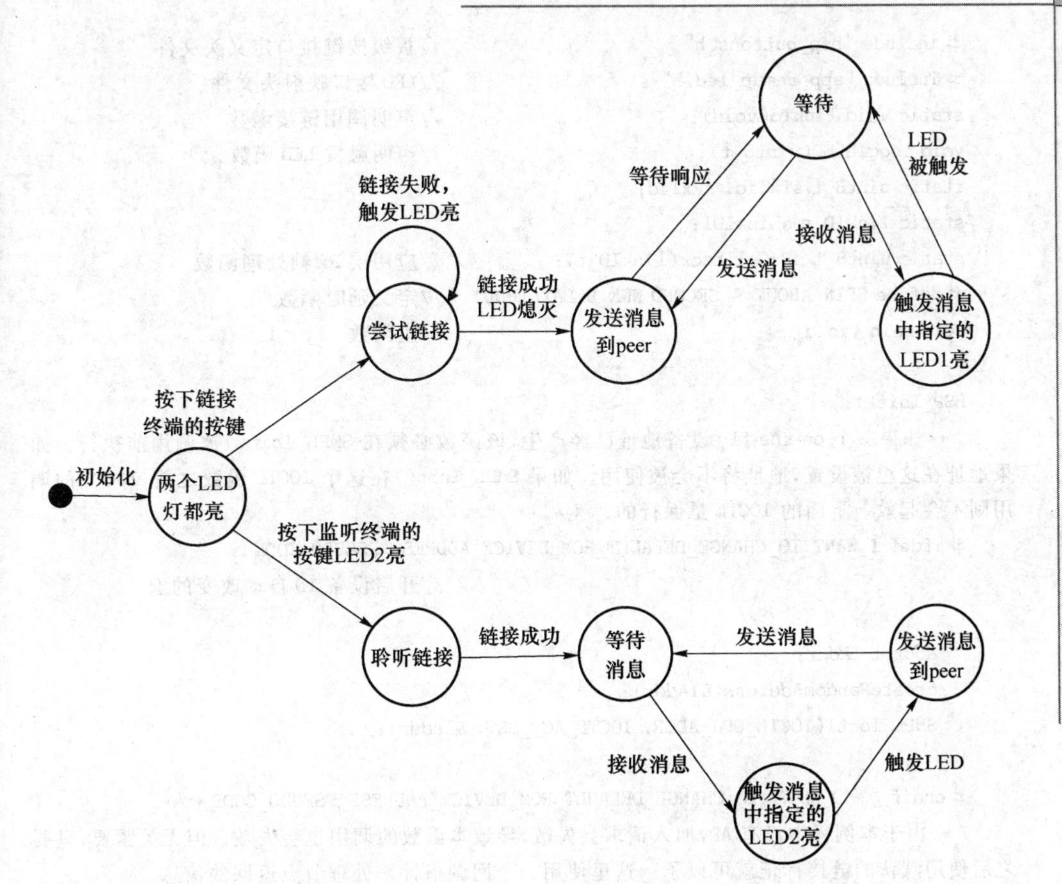

图 10.5　Simple Peer-To-Peer 程序流程图

熄灭。

(3) Talker 发送一个消息(两字节的有效负载)到 Listener，该消息中包含要触发的 LED 和一个 transaction ID，每一个新的消息 transaction ID 都会递增，(无符号整型，增加到最大自动清零)。Listener 接收到两字节的消息，立即触发指示灯(接收消息中指示的灯)，并返回到接收中断处理程序中。接着 Listener 会回复 Talker 一个两字节的消息表示已接收到，消息的格式也一样，Talker 也会触发相应的 LED 亮。

4. 主函数编译和执行

(1) 发送函数 Sender code (main Link_To. c)

```
#include "bsp.h"                          //关于板级的头文件
#include "mrfi.h"                         //包含所有关于最小 RF 接口的头文件
#include "nwk_types.h"                    //关于网络层的相关结构体头文件
#include "nwk_api.h"                      //网络应用层头文件
#include "bsp_leds.h"                     //板级 LED 接口定义头文件
```

```
#include "bsp_buttons.h"                          //板级按键接口定义头文件
#include "app_remap_led.h"                        //LED接口映射头文件
static void linkTo(void);                         //声明调用链接函数
void toggleLED(uint8_t);                          //声明触发LED函数
static uint8_t sTxTid, sRxTid;
static linkID_t sLinkID1;
static uint8_t sRxCallback(linkID_t);             //应用层Rx帧处理函数
#define SPIN_ABOUT_A_SECOND NWK_DELAY(1000)      //定义延时函数
void main (void)                                  //主函数
{
BSP_Init();
```

/* 如果一个 on-the-fly 设备地址已经产生，该函数必须在 SMPL_Init()被调用前执行。如果地址在这里被设置，地址将不会被使用。如果 SMPL_Init()在这个 IOCTL 函数之前，IOCTL 的调用则不会起效。下面的 IOCTL 是保行的。 */

```
#ifdef I_WANT_TO_CHANGE_DEFAULT_ROM_DEVICE_ADDRESS_PSEUDO_CODE
                                                  //开启设备ID自动改变的宏
{
  addr_t lAddr;
  createRandomAddress(&lAddr);
  SMPL_Ioctl(IOCTL_OBJ_ADDR, IOCTL_ACT_SET, &lAddr);
}
#endif /* I_WANT_TO_CHANGE_DEFAULT_ROM_DEVICE_ADDRESS_PSEUDO_CODE */
```

/* 由于本例程中没有 AP，加入请求会失败，导致本函数的调用也会失败。但无关紧要，只要之后使用默认的链接标记就可以了。这里使用一个回调指针来处理节点返回的信息。 */

```
SMPL_Init(sRxCallback);                           //初始化底层接口
if (! BSP_LED2_IS_ON())                           //判断点亮相关LED亮
  {
    toggleLED(2);
  }
  if (! BSP_LED1_IS_ON())
  {
    toggleLED(1);
  }
  do {
    if (BSP_BUTTON1() || BSP_BUTTON2())           //等待按键，即是等待传感器信息
    {
      break;
    }
  } while (1);
  linkTo();                                       //一直发送链接消息，直到链接成功为止
while (1) ;
}
```

```
static void linkTo()
{
uint8_t msg[2], delay = 0;
while (SMPL_SUCCESS != SMPL_Link(&sLinkID1))
/* 这个函数发送了一个广播链接帧后等待应答，一接到应答，两节点的链接就被建立，一个
链接 ID 作为应用层对链接的处理结果被指定使用。*/
  {
/* 红色 LED 闪烁，直到链接成功 */
toggleLED(1);
toggleLED(2);
SPIN_ABOUT_A_SECOND;;                               //不精确的 1 s 延时；
  }
/* 链接成功，关闭红色 LED。接收到的信息将会转换绿色 LED */
  if (BSP_LED2_IS_ON())
  {
    toggleLED(2);
  }
/* 开启 RX。默认情况下 RX 是关闭的。*/
SMPL_Ioctl( IOCTL_OBJ_RADIO, IOCTL_ACT_RADIO_RXON, 0);
/* 在信息中加入转换 led */
msg[0] = 2;                                         //转换为红色 LED 亮
while (1)
{
   SPIN_ABOUT_A_SECOND;
   if (delay > 0x00)
   {
     SPIN_ABOUT_A_SECOND;
   }
  if (delay > 0x01)
   {
     SPIN_ABOUT_A_SECOND;
   }
  if (delay > 0x02)
   {
     SPIN_ABOUT_A_SECOND;
   }
/* 延时越来越长，然后再循环 */
delay = (delay+1) & 0x03;                          //delay = 0x00,0x01,0x02,0x03,0x00…
/* 向信息中加入序列 ID */
msg[1] = ++sTxTid;
SMPL_Send(sLinkID1, msg, sizeof(msg));
}
}
void toggleLED(uint8_t which)                       //根据 msg[0]的值选择要转换的 LED
```

```
  {
    if (1 == which)
    {
      BSP_TOGGLE_LED1();
    }
    else if (2 == which)
    {
      BSP_TOGGLE_LED2();
    }
    return;
  }
  /*处理收到的帧*/
  static uint8_t sRxCallback(linkID_t port)
  {
  uint8_t msg[2], len, tid;
  /*判断这是否是需要处理的链接 ID 的回调函数*/
  if (port == sLinkID1)                          /*如果是,则获取帧*/
    {
     if((SMPL_SUCCESS == SMPL_Receive(sLinkID1, msg, &len)) && len)
//SMPL_Receive()这个函数的功能就是核对从任何节点收到的数据帧
    {
         /* 检查应用层序列号以检测出迟到或丢失的帧*/
         tid = *(msg+1);                         //提取 sTxTid 值
         if (tid)
           {
             if (tid > sRxTid)
               {
                 toggleLED(*msg);                //接收成功触发相应 LED 亮
                 sRxTid = tid;
               }
           }
         else
           {
             if (sRxTid)
               {
                  toggleLED(*msg);               //接收成功触发相应 LED 亮
                  sRxTid = tid;
               }
           }
          return 1;
      }
    }
  /*保存该帧,稍后处理 */
  return 0;
```

```
}
```

(2) 听函数 Listener code (main LinkListen.c)

```
#include "bsp.h"                                  //关于板级的头文件
#include "mrfi.h"                                 //包含所有关于最小 RF 接口的头文件
#include "nwk_types.h"                            //关于网络层的相关结构体头文件
#include "nwk_api.h"                              //网络应用层头文件
#include "bsp_leds.h"                             //板级 LED 接口定义头文件
#include "bsp_buttons.h"                          //板级按键接口定义头文件
#include "app_remap_led.h"                        //LED 接口映射头文件
static void linkFrom(void);                       //声明链接函数
void toggleLED(uint8_t);                          //声明触发 LED 函数
static          uint8_t   sRxTid = 0;
static          linkID_t sLinkID2 = 0;
static volatile uint8_t   sSemaphore = 0;
void main (void)                                  //主函数
{
BSP_Init();
```

/* 如果一个 on-the-fly 设备地址已经产生,该函数必须在 SMPL_Init()被调用前执行。如果地址在这里被设置,地址将不会被使用。如果 SMPL_Init()在这个 IOCTL 函数之前,IOCTL 的调用则不会起效。下面的 IOCTL 是保行的。*/

```
#ifdef I_WANT_TO_CHANGE_DEFAULT_ROM_DEVICE_ADDRESS_PSEUDO_CODE
                                                  //开启设备 ID 自动改变的宏
  {
    addr_t lAddr;
    createRandomAddress(&lAddr);
    SMPL_Ioctl(IOCTL_OBJ_ADDR, IOCTL_ACT_SET, &lAddr);
  }
#endif
```

/* 由于本例程中没有 AP,加入请求会失败,导致本函数的调用也会失败。但无关紧要,只要之后使用默认的链接标记就可以了。这里使用一个回调指针来处理节点返回的信息。*/

```
  SMPL_Init(sRxCallback);                         //初始化底层接口
    if (! BSP_LED2_IS_ON())                       //上电触发 LEDs 亮
  {
    toggleLED(2);
  }
  if (! BSP_LED1_IS_ON())
  {
    toggleLED(1);
  }
  /*等待按键*/
  do {
```

```
    if (BSP_BUTTON1() || BSP_BUTTON2())
    {
      break;
    }
  } while (1);
  /*一直处于等待链接状态*/
  linkFrom();

  /* 直到收到链接信息*/
  while (1) ;
}

static void linkFrom()
{
  uint8_t     msg[2], tid = 0;

  //熄灭一个 LED,用来告知设备现在已经准备好接听,收到的信息会指明所要触发的 LED
  toggleLED(1);
  /*永远等待链接,处于链接状态*/
  while (1)
  {
    if (SMPL_SUCCESS == SMPL_LinkListen(&sLinkID2))
    {
      break;
    }
    /* 链接失败运行至此,否则重新链接*/
  }
  /* 触发 LED1 亮用来相应接收到的帧 *msg = 0x01;*/
  /* 开启 RX,默认的 RX 关闭*/
  SMPL_Ioctl( IOCTL_OBJ_RADIO, IOCTL_ACT_RADIO_RXON, 0);
  while (1)
  {
    /* 等待接收帧,并处理*/
    if (sSemaphore)
    {
      *(msg+1) = ++tid;                    //向信息中加入序列 ID
      SMPL_Send(sLinkID2, msg, 2);
      sSemaphore = 0;
    }
  }
}
void toggleLED(uint8_t which)
```

```
{
  if (1 == which)
  {
    BSP_TOGGLE_LED1();
  }
  else if (2 == which)
  {
    BSP_TOGGLE_LED2();
  }
  return;
}
/*处理所收到的信息 */
static uint8_t sRxCallback(linkID_t port)
{
  uint8_t msg[2], len, tid;

  /* 判断链接 ID 是否是所需要的 */
  if (port == sLinkID2)
  {
    /* 如果是,则获取帧 */
    if ((SMPL_SUCCESS == SMPL_Receive(sLinkID2, msg, &len)) && len)
    {              //这个函数的功能就是核对从任何节点收到的数据帧
      tid = *(msg+1);
      if (tid)
      {
        if (tid > sRxTid)
        {
          /* 接收成功触发相应 LED 亮 */
          toggleLED(*msg);
          sRxTid = tid;
        }
      }
      else
      {
        /* 处理数据包 */
        if (sRxTid)
        {
          /* 接收成功触发相应 LED 亮 */
          toggleLED(*msg);
          sRxTid = tid;
        }
      }
```

```
/* 标记信号以告知应用层信息已发送 */
      sSemaphore = 1;
    /* 完成后丢弃帧 */
      return 1;
    }
  }
/*未完成则保留帧以待处理*/
  return 0;
}
```

10.9.2　星型链接的网络拓扑结构

该例程中 AP 作为数据收集器或网关,除此之外还可以演示 Simplici TI 的频率捷变特性,可以改变通道数量和通道设置来适应具体的应用。起初每个 ED 向 AP 发送一个链接信息加入网络,建立网络后 AP 将会触发特殊的 LED 亮,具体的由 ED 决定(按下按钮 1 触发 LED1 和按下按钮 2 触发 LED2)。

1. 文件架构

AP_as_Data_Hub 是 TI 官方提供的 AP,作为数据中心的实验,该实验中需要两个终端(ED),打开工程结构如图 10.6 所示。

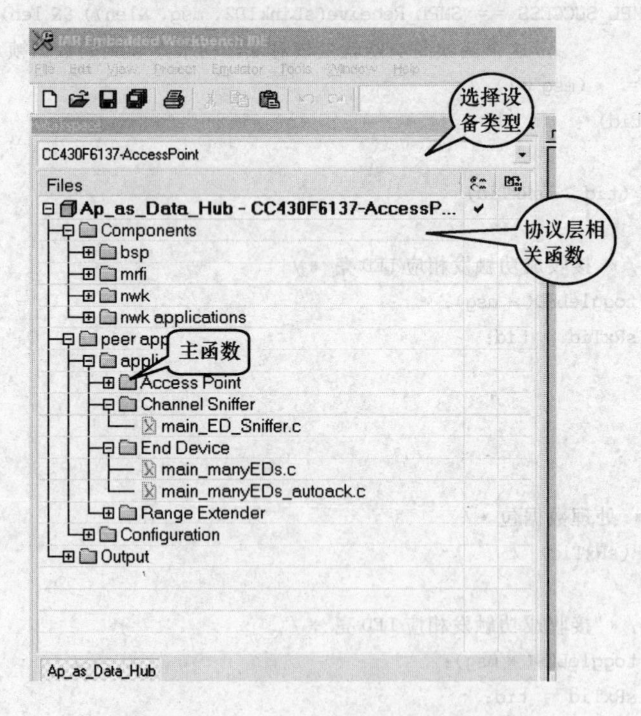

图 10.6　AP_as_Data_Hub 工程结构图

2. AP_as_Data_Hub 的工作过程

执行过程：

(1) 分别下载 End-Device，End-Device，Access Point device 到 3 个板子中，上电后所有的 LED 都将点亮，该 AP 支持后来加入网络的 ED，这种功能是上电时 LED 将会闪烁，表明频率敏捷噪声检测可以引起通道的自动变化，在收到 ED 的消息使产生一个新的通道之前，LED 都会闪烁。

(2) 上电 ED 后 LED 会闪烁一次，然后就熄灭。

(3) 按 ED 的按键，AP 的 LED 亮，接着 ED 收到回复消息后触发 LED1 亮。

3. 工作流程图

AP_as_Data_Hub 的程序工作流程图如图 10.7 所示，例程中所涉及的设备分别依靠按键和 LED 的闪烁来确定工作情况。

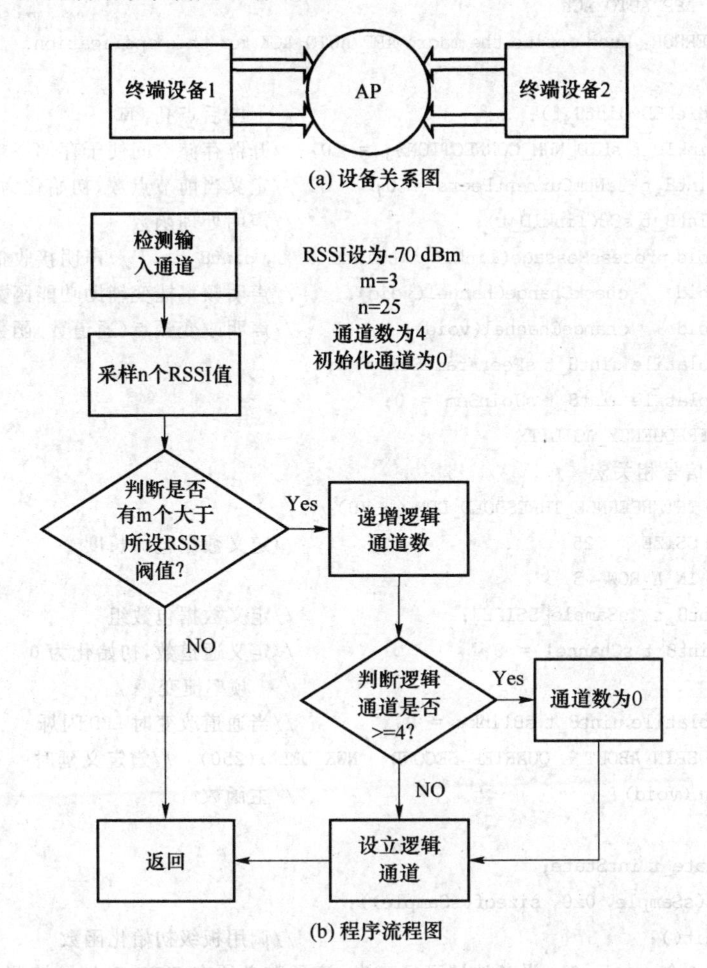

图 10.7　AP_as_Data_Hub 程序的工作流程图

4. 主函数编译和执行

(1) AcessPoint主函数

```
#include <string.h>
#include "bsp.h"                                //关于板级的头文件
#include "mrfi.h"                               //包含所有关于最小RF接口的头文件
#include "bsp_leds.h"                           //板级LED接口定义头文件
#include "bsp_buttons.h"                        //板级按键接口定义头文件
#include "nwk_types.h"
#include "nwk_api.h"                            //网络应用层头文件
#include "nwk_frame.h"                          //网络层帧结构定义头文件
#include "nwk.h"                                //网络层头文件
#include "app_remap_led.h"                      //LED接口映射头文件
#ifndef APP_AUTO_ACK
#error ERROR: Must define the macro APP_AUTO_ACK for this application.
#endif
void toggleLED(uint8_t);                        //上电后点亮LED
static linkID_t sLID[NUM_CONNECTIONS] = {0};//开辟存储空间便于存储终端链接ID
static uint8_t  sNumCurrentPeers = 0;           //定义当前节点数,初始化为0
static uint8_t sCB(linkID_t);                   //声明处理函数
static void processMessage(linkID_t, uint8_t *, uint8_t);  //声明接收信息处理函数
static void    checkChangeChannel(void);        //声明频率捷变辅助功能函数
static void    changeChannel(void);             //声明改变频点(通道数)函数
static volatile uint8_t sPeerFrameSem = 0;
static volatile uint8_t sJoinSem = 0;
#ifdef FREQUENCY_AGILITY
/* 定义信号相关宏 */
#define INTERFERNCE_THRESHOLD_DBM (-70)
#define SSIZE     25                            //定义数据包的长度
#define IN_A_ROW  3
static int8_t  sSample[SSIZE];                  //定义数据包数组
static uint8_t sChannel = 0;                    //定义通道数,初始化为0
#endif                                          /* 频率捷变 */
static volatile uint8_t sBlinky = 0;            //当通道改变时LED闪烁
#define SPIN_ABOUT_A_QUARTER_SECOND   NWK_DELAY(250)  //宏定义延时
void main (void)                                //主函数
{
  bspIState_t intState;
  memset(sSample, 0x0, sizeof(sSample));
  BSP_Init();                                   //调用板级初始化函数
/* 如果一个on-the-fly设备地址已经产生,该函数必须在SMPL_Init()被调用前执行。如果地址在这里被设置,地址将不会被使用。如果SMPL_Init()在这个IOCTL函数之前,IOCTL的调
```

```
用则不会起效。下面的 IOCTL 是保行的。*/
  #ifdef I_WANT_TO_CHANGE_DEFAULT_ROM_DEVICE_ADDRESS_PSEUDO_CODE
                                                    //开启设备 ID 自动改变的宏
    {
      addr_t lAddr;
      createRandomAddress(&lAddr);
      SMPL_Ioctl(IOCTL_OBJ_ADDR, IOCTL_ACT_SET, &lAddr);
    }
  #endif /* I_WANT_TO_CHANGE_DEFAULT_ROM_DEVICE_ADDRESS_PSEUDO_CODE */
    SMPL_Init(sCB);                                 //初始化底层接口
      if (! BSP_LED2_IS_ON())                       //红色和绿色 LED 亮等待节点申请加入网络
      {
        toggleLED(2);
      }
      if (! BSP_LED1_IS_ON())
      {
        toggleLED(1);
      }
      /* 主要的工作循环 */
      while (1)
      {
        /* 不断检测空中是否有信号,即终端设备申请加入网络信息帧,在本实验中利用按键
来触发申请加入网络 */
        if (sJoinSem && (sNumCurrentPeers < NUM_CONNECTIONS))
        {
          /* 监听新的链接信息 */
          while (1)
          {
            if (SMPL_SUCCESS == SMPL_LinkListen(&sLID[sNumCurrentPeers]))
            {
              break;
            }
            /*一直处于监听状态,直到建立链接,链接成功 */
          }
          sNumCurrentPeers++;
          BSP_ENTER_CRITICAL_SECTION(intState);
          sJoinSem--;
          BSP_EXIT_CRITICAL_SECTION(intState);
        }
        /*不断轮询,判断是否收到 ED 的帧信息 */
        if (sPeerFrameSem)
        {
```

```
    uint8_t     msg[MAX_APP_PAYLOAD], len, i;
    /* 处理所有的帧信息 */
    for (i = 0; i<sNumCurrentPeers; ++i)
    {
      if (SMPL_SUCCESS == SMPL_Receive(sLID[i], msg, &len))
      {
        processMessage(sLID[i], msg, len);
        BSP_ENTER_CRITICAL_SECTION(intState);
        sPeerFrameSem--;
        BSP_EXIT_CRITICAL_SECTION(intState);
      }
    }
  }
  if (BSP_BUTTON1())
  {
    SPIN_ABOUT_A_QUARTER_SECOND;  /* debounce */
    changeChannel();
  }
  else
  {
    checkChangeChannel();
  }
  BSP_ENTER_CRITICAL_SECTION(intState);
  if (sBlinky)
  {
    if (++sBlinky >= 0xF)
    {
      sBlinky = 1;
      toggleLED(1);
      toggleLED(2);
    }
  }
  BSP_EXIT_CRITICAL_SECTION(intState);
 }
}
void toggleLED(uint8_t which)
{
  if (1 == which)
  {
    BSP_TOGGLE_LED1();
  }
  else if (2 == which)
```

```
  {
    BSP_TOGGLE_LED2();
  }
  return;
}
/* 读取帧信息,进行相应操作 */
static uint8_t sCB(linkID_t lid)
{
  if (lid)
  {
    sPeerFrameSem++;
    sBlinky = 0;
  }
  else
  {
    sJoinSem++;
  }
  return 0;
}
static void processMessage(linkID_t lid, uint8_t *msg, uint8_t len)
{
  if (len)
  {
    toggleLED(*msg);
  }
  return;
}
static void changeChannel(void)
{
#ifdef FREQUENCY_AGILITY
  freqEntry_t freq;
  if (++sChannel >= NWK_FREQ_TBL_SIZE)
  {
    sChannel = 0;
  }
  freq.logicalChan = sChannel;
  SMPL_Ioctl(IOCTL_OBJ_FREQ, IOCTL_ACT_SET, &freq);
  BSP_TURN_OFF_LED1();
  BSP_TURN_OFF_LED2();
  sBlinky = 1;
#endif
  return;
```

```
}
/* 自动频率捷变 */
static void  checkChangeChannel(void)
{
#ifdef FREQUENCY_AGILITY
  int8_t dbm, inARow = 0;
  uint8_t i;
  memset(sSample, 0x0, SSIZE);
  for (i = 0; i<SSIZE; ++i)
  {
    /* quit if we need to service an app frame */
    if (sPeerFrameSem || sJoinSem)
    {
      return;
    }
    NWK_DELAY(1);
    SMPL_Ioctl(IOCTL_OBJ_RADIO, IOCTL_ACT_RADIO_RSSI, (void *)&dbm);
    sSample[i] = dbm;
    if (dbm > INTERFERNCE_THRESHOLD_DBM)
    {
      if (++inARow == IN_A_ROW)
      {
        changeChannel();
        break;
      }
    }
    else
    {
      inARow = 0;
    }
  }
#endif
  return;
}
```

(2) 终端设备的主程序 EedDevice

```
#include <string.h>
#include "bsp.h"
#include "mrfi.h"
#include "bsp_leds.h"
#include "bsp_buttons.h"
#include "nwk_types.h"
```

```
#include "nwk_api.h"
#include "nwk_frame.h"
#include "nwk.h"
#include "app_remap_led.h"                        //声明包含文件
#ifndef APP_AUTO_ACK
#error ERROR: Must define the macro APP_AUTO_ACK for this application.
#endif
void toggleLED(uint8_t);                          //声明触发 LED 函数
static linkID_t sLID[NUM_CONNECTIONS] = {0};  //开辟存储空间便于存储终端链接 ID
static uint8_t  sNumCurrentPeers = 0;            //定义当前节点数,初始化为 0
static uint8_t sCB(linkID_t);                     //声明处理函数
static void processMessage(linkID_t, uint8_t *, uint8_t);  //声明接收消息处理函数
static void   checkChangeChannel(void);           //声明频率捷变辅助功能函数
static void    changeChannel(void);               //声明改变频点(通道数)函数
static volatile uint8_t sPeerFrameSem = 0;
static volatile uint8_t sJoinSem = 0;
#ifdef FREQUENCY_AGILITY
#define INTERFERNCE_THRESHOLD_DBM (-70)
#define SSIZE    25
#define IN_A_ROW  3
static int8_t  sSample[SSIZE];
static uint8_t sChannel = 0;
#endif  /* FREQUENCY_AGILITY */
/*当通道改变时触发 LED 闪烁*/
static volatile uint8_t sBlinky = 0;
#define SPIN_ABOUT_A_QUARTER_SECOND   NWK_DELAY(250)
void main (void)
{
  bspIState_t intState;
  memset(sSample, 0x0, sizeof(sSample));
  BSP_Init();
#ifdef I_WANT_TO_CHANGE_DEFAULT_ROM_DEVICE_ADDRESS_PSEUDO_CODE
  {
    addr_t lAddr;
    createRandomAddress(&lAddr);
    SMPL_Ioctl(IOCTL_OBJ_ADDR, IOCTL_ACT_SET, &lAddr);
  }
#endif /* I_WANT_TO_CHANGE_DEFAULT_ROM_DEVICE_ADDRESS_PSEUDO_CODE */
  SMPL_Init(sCB);
  if (! BSP_LED2_IS_ON())
  {
    toggleLED(2);
```

```
}
if (! BSP_LED1_IS_ON())
{
  toggleLED(1);
}
while (1)
{
  if (sJoinSem && (sNumCurrentPeers < NUM_CONNECTIONS))
  {
    /* 监听新的链接信息 */
    while (1)
    {
      if (SMPL_SUCCESS == SMPL_LinkListen(&sLID[sNumCurrentPeers]))
      {
        break;
      }
    }
    sNumCurrentPeers++;
    BSP_ENTER_CRITICAL_SECTION(intState);
    sJoinSem--;
    BSP_EXIT_CRITICAL_SECTION(intState);
  }
  if (sPeerFrameSem)
  {
    uint8_t     msg[MAX_APP_PAYLOAD], len, i;
    /* process all frames waiting */
    for (i = 0; i<sNumCurrentPeers; ++i)
    {
      if (SMPL_SUCCESS == SMPL_Receive(sLID[i], msg, &len))
      {
        processMessage(sLID[i], msg, len);
        BSP_ENTER_CRITICAL_SECTION(intState);
        sPeerFrameSem--;
        BSP_EXIT_CRITICAL_SECTION(intState);
      }
    }
  }
  if (BSP_BUTTON1())
  {
    SPIN_ABOUT_A_QUARTER_SECOND;  /* debounce */
    changeChannel();
```

```
    }
    else
    {
      checkChangeChannel();
    }
    BSP_ENTER_CRITICAL_SECTION(intState);
    if (sBlinky)
    {
      if (++sBlinky >= 0xF)
      {
        sBlinky = 1;
        toggleLED(1);
        toggleLED(2);
      }
    }
    BSP_EXIT_CRITICAL_SECTION(intState);
  }
}
void toggleLED(uint8_t which)
{
  if (1 == which)
  {
    BSP_TOGGLE_LED1();
  }
  else if (2 == which)
  {
    BSP_TOGGLE_LED2();
  }
  return;
}
static uint8_t sCB(linkID_t lid)
{
  if (lid)
  {
    sPeerFrameSem++;
    sBlinky = 0;
  }
  else
  {
    sJoinSem++;
  }
  return 0;
```

```
}
static void processMessage(linkID_t lid, uint8_t *msg, uint8_t len)
{
  if (len)
  {
    toggleLED(*msg);
  }
  return;
}
static void changeChannel(void)
{
#ifdef FREQUENCY_AGILITY
  freqEntry_t freq;
  if (++sChannel >= NWK_FREQ_TBL_SIZE)
  {
    sChannel = 0;
  }
  freq.logicalChan = sChannel;
  SMPL_Ioctl(IOCTL_OBJ_FREQ, IOCTL_ACT_SET, &freq);
  BSP_TURN_OFF_LED1();
  BSP_TURN_OFF_LED2();
  sBlinky = 1;
#endif
  return;
}
static void  checkChangeChannel(void)
{
#ifdef FREQUENCY_AGILITY
  int8_t dbm, inARow = 0;
  uint8_t i;
  memset(sSample, 0x0, SSIZE);
  for (i=0; i<SSIZE; ++i)
  {
    if (sPeerFrameSem || sJoinSem)
    {
      return;
    }
    NWK_DELAY(1);
    SMPL_Ioctl(IOCTL_OBJ_RADIO, IOCTL_ACT_RADIO_RSSI, (void *)&dbm);
    sSample[i] = dbm;
    if (dbm > INTERFERNCE_THRESHOLD_DBM)
    {
```

```
        if ( ++ inARow ==  IN_A_ROW)
        {
          changeChannel();
          break;
        }
      }
      else
      {
        inARow = 0;
      }
    }
#endif
  return;
}
```

10.9.3 AP作为轮询

这个例程介绍了 Sender 发送消息到 AP,经过 AP 的存储转发到 Receiver,Receiver 是一个轮询设备,这种类型的网络 Sender 并不需要知道 Receiver 是一个轮询设备。开始,Receiver 加入网络并等待一个链接消息,接着 Sender 加入网络并发送一个链接消息。建立网络后,Sender 定期向 Receiver 发送消息,该消息由 AP 存储,当 Sender 轮询 AP 时就转发该消息。

1. 文件架构

Polling_with_AP 同样是 TI 官方提供的一个轮询传输例程,整个网络中有 Sender,Receiver,AP 还有 Range Extender,可以根据通信距离决定是否需要 Range Extender。打开工程结构如图 10.8 所示。

2. Polling_with_AP 的工作过程

操作过程如下:

● 分别将 Sender,Receiver,Access Point,下载到 3 个板子中,上电后,所有的 LED 都将点亮。

● 按 Receiver 的 button2,(没有 button2,就按键 button1 超过 3 s),加入网络,接收来自 AP 的 link token 搜索 AP 的地址,向 AP 发送轮询请求。成功后只有 LED1 亮。

● 按 Sender 的 button1 大于 3 s,加入网络,加入成功后所有的灯将熄灭,包括 Receiver 和 Sender。

● 网络建立后,每隔 3～6 s Sender 向 Receiver 发送一个 2 B payload 并触发 Sender 的 LED1 亮,消息内容包含 Receiver 所要触发的 LED 数目以及一个 transaction ID，每一个新消息中的 transaction ID 都会递增，每 8 个消息就触发 LED1 亮，否则就触发 LED2 亮。每隔 1s Receiver 轮询 AP，假如 AP 的 reply message 是一个有效的负载，Receiver 就会检查 LED 数量和 transaction ID，如果都存在并且有效，就执行并触发相应的 LED 亮。

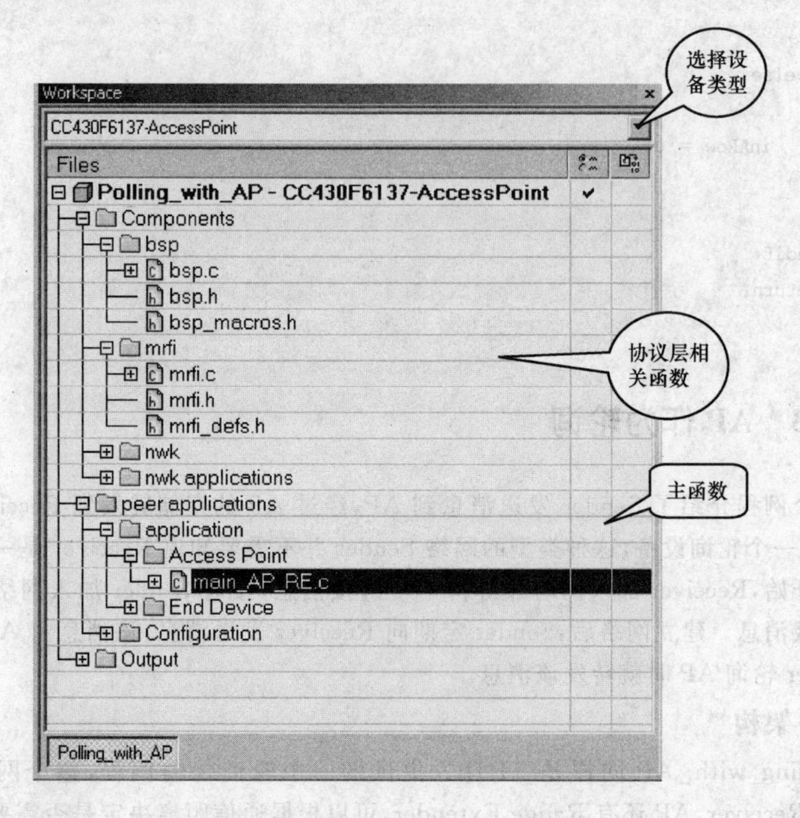

图 10.8 Polling_with_AP 工程结构

3. 工作流程图

AP 轮流查询两个终端设备的网络结构以及它们之间的通信关系如图 10.9 所示。

4. 主函数编译和执行

(1) AcessPoint 主函数(main_AP_RE.c)

```
#include "bsp.h"                    //关于板级的头文件
#include "mrfi.h"                   //包含所有关于最小 RF 接口的头文件
#include "bsp_leds.h"               //板级 LED 接口定义头文件
#include "nwk_types.h"              //网络层定义头文件
#include "nwk_api.h"                //网络应用层头文件
#include "app_remap_led.h"          //LED 接口映射头文件
#define SPIN_ABOUT_A_SECOND   NWK_DELAY(1000)
void toggleLED(uint8_t);            //声明亮灯函数
```

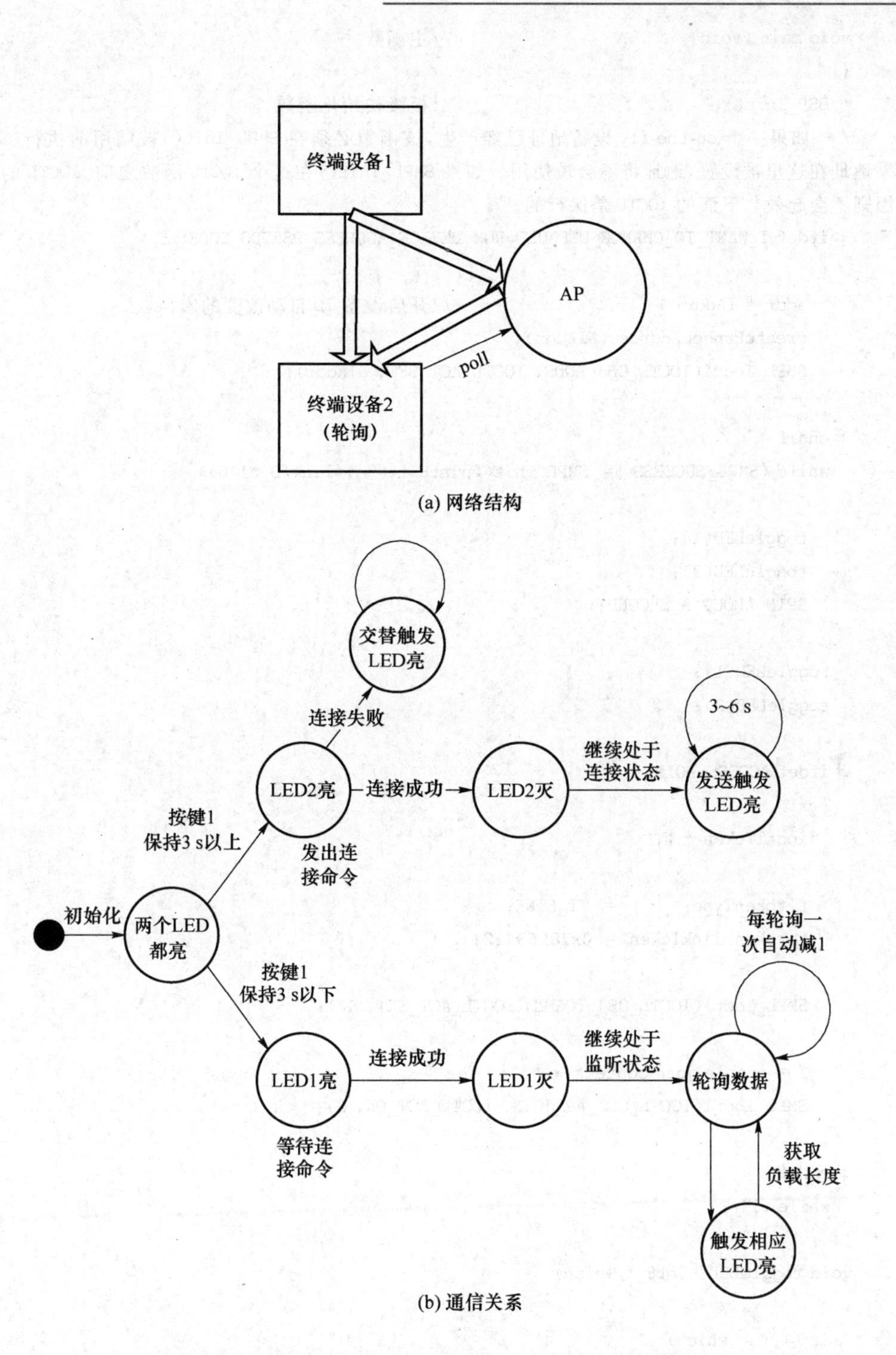

图10.9 AP轮流查询两个终端设备的网络结构和通信关系

```
void main (void)                          //主函数
{
  BSP_Init();                             //板级初始化函数
```

/* 如果一个on-the-fly设备地址已经产生，该函数必须在SMPL_Init()被调用前执行。如果地址在这里被设置，地址将不会被使用。如果SMPL_Init()在这个IOCTL函数之前，IOCTL的调用则不会起效。下面的IOCTL是保行的。*/

```
#ifdef I_WANT_TO_CHANGE_DEFAULT_ROM_DEVICE_ADDRESS_PSEUDO_CODE
  {
    addr_t lAddr;                         //开启设备ID自动改变的宏
    createRandomAddress(&lAddr);
    SMPL_Ioctl(IOCTL_OBJ_ADDR, IOCTL_ACT_SET, &lAddr);
  }
#endif
  while (SMPL_SUCCESS != SMPL_Init((uint8_t (*)(linkID_t))0))
  {
    toggleLED(1);
    toggleLED(2);
    SPIN_ABOUT_A_SECOND;
  }
  toggleLED(1);
  toggleLED(2);

#ifdef ACCESS_POINT
  {
    ioctlToken_t t;

    t.tokenType        = TT_LINK;
    t.token.linkToken = 0x78563412;

    SMPL_Ioctl(IOCTL_OBJ_TOKEN, IOCTL_ACT_SET, &t);

    /* enable join context */
    SMPL_Ioctl(IOCTL_OBJ_AP_JOIN, IOCTL_ACT_ON, 0);
  }
#endif
  while (1) ;
}
void toggleLED(uint8_t which)
{
  if (1 == which)
  {
    BSP_TOGGLE_LED1();
```

```
  }
  else if (2 == which)
  {
    BSP_TOGGLE_LED2();
  }
  return;
}
```

(2) 终端设备 Sender 和 Receiver 的主程序(main_2EDOnePolls.c)

```
#include "bsp.h"
#include "mrfi.h"
#include "nwk_types.h"
#include "nwk_api.h"
#include "bsp_leds.h"
#include "bsp_buttons.h"
#include "app_remap_led.h"                          //声明包含文件
static void linkTo(void);                           //声明链接的函数
static void linkFrom(void);
void toggleLED(uint8_t);                            //声明亮灯函数
static uint8_t sTid = 0;
#define SPIN_ABOUT_A_SECOND   NWK_DELAY(1000)
#define SPIN_ABOUT_3_SECONDS  NWK_DELAY(3000)
void main (void)                                    //主函数
{
  uint8_t button = 0;
  BSP_Init();                                       //板级初始化
/* 如果一个 on-the-fly 设备地址已经产生,该函数必须在 SMPL_Init()被调用前执行。如果地址在这里被设置,地址将不会被使用。如果 SMPL_Init()在这个 IOCTL 函数之前,IOCTL 的调用则不会起效。下面的 IOCTL 是保行的。 */
#ifdef I_WANT_TO_CHANGE_DEFAULT_ROM_DEVICE_ADDRESS_PSEUDO_CODE
  {
    addr_t lAddr;                                   //开启设备 ID 自动改变的宏
    createRandomAddress(&lAddr);
    SMPL_Ioctl(IOCTL_OBJ_ADDR, IOCTL_ACT_SET, &lAddr);
  }
#endif
  /*一直申请加入网络,直到加入网络成功,成功就点亮 LED   */
  while (SMPL_SUCCESS != SMPL_Init((uint8_t (*)(linkID_t))0))
  {
    toggleLED(1);
    toggleLED(2);
    SPIN_ABOUT_A_SECOND;
```

```
  }
  BSP_TURN_ON_LED1();
  BSP_TURN_ON_LED2();
#if ! defined( BSP_BOARD_EZ430RF ) && ! defined( BSP_BOARD_RFUSB ) && ! defined( BSP_
BOARD_CC430EM )
  /* 检测按键以进行相应的操作 */
  do {
    if (BSP_BUTTON1())
    {
      button = 1;
    }
    else if (BSP_BUTTON2())
    {
      button = 2;
    }
  } while (! button);
#else
  button = 1;
  while (! BSP_BUTTON1()) ;
  SPIN_ABOUT_3_SECONDS;
  if (! BSP_BUTTON1())
  {
    button = 2;
  }
#endif
  switch(button)
  {
    case 1:
      /* 链接发起方 */
      toggleLED(1);
      linkTo();
      break;
    case 2:
      /* 监听方 */
      toggleLED(2);
      linkFrom();
      break;
    default:
      break;
  }
  while (1) ;
}
```

```
/********************************************************
函数名称:linkFrom
功    能 :链接接收方函数定义
参    数 :无
返回值 :无
********************************************************/
static void linkFrom()
{
  linkID_t          linkID1;
  uint8_t           msg[2], len, ltid;
  /* listen for link forever... */
  while (1)
  {
    if (SMPL_SUCCESS == SMPL_LinkListen(&linkID1))
    {
      break;
    }
    /* 接收成功运行至此结束,否则继续监听 */
  }
  toggleLED(1);
  while (1)
  {
    /* 睡眠 */
    SMPL_Ioctl(IOCTL_OBJ_RADIO, IOCTL_ACT_RADIO_SLEEP, 0);
    SPIN_ABOUT_A_SECOND;  /* emulate MCU sleeping */
    SMPL_Ioctl(IOCTL_OBJ_RADIO, IOCTL_ACT_RADIO_AWAKE, 0);
    while ((SMPL_SUCCESS == SMPL_Receive(linkID1, msg, &len)) && len)
    {
      /* 检查应用层的系列号来检查收到的帧是否正确 */
      if ((ltid = (*(msg + 1))))
      {
        /* 加入收到的 ID 号不是 0 并且下一个数据时所要指明的下一个收到的数据 */
        if (sTid < ltid)
        {
          /* 判断下一帧是否丢失 */
          if ((*msg == 1) || (*msg == 2))
          {
            /* 接收完整,触发 LED 亮 */
            toggleLED(*msg);
          }
          /* 保存最后的 TID */
          sTid = ltid;
```

```
          }
        }
        else
        {
          if ((*msg == 1) || (*msg == 2))
          {
            /* we're good. toggle LED */
            toggleLED(*msg);
          }
          /* remember last TID. */
          sTid = ltid;
        }
      }
    }
}
/*************************************************************
函数名称:linkTo
功  能  :链接发起方函数定义
参  数  :无
返回值  :无
*************************************************************/
static void linkTo()
{
  linkID_t linkID1;
  uint8_t  msg[2], wrap = 0;
  toggleLED(2);
  /*一直尝试链接,持续发送链接命令*/
  while (SMPL_SUCCESS != SMPL_Link(&linkID1))
  {
    toggleLED(1);
    toggleLED(2);
    SPIN_ABOUT_A_SECOND;
  }
  if (BSP_LED2_IS_ON())
  {
    toggleLED(2);
  }
#ifdef FREQUENCY_AGILITY
  SMPL_Ioctl( IOCTL_OBJ_RADIO, IOCTL_ACT_RADIO_RXON, 0);
#endif
  msg[0] = 2;
  msg[1] = ++sTid;
```

```
  while (1)
  {
    /* 每隔 5 s 发送一个唤醒信息 */
#ifndef FREQUENCY_AGILITY
    SMPL_Ioctl(IOCTL_OBJ_RADIO, IOCTL_ACT_RADIO_SLEEP, 0);
#endif
    SPIN_ABOUT_A_SECOND;
    SPIN_ABOUT_A_SECOND;
    SPIN_ABOUT_A_SECOND;
    SPIN_ABOUT_A_SECOND;
    SPIN_ABOUT_A_SECOND;
#ifndef FREQUENCY_AGILITY
    SMPL_Ioctl(IOCTL_OBJ_RADIO, IOCTL_ACT_RADIO_AWAKE, 0);
#endif
    if (SMPL_SUCCESS == SMPL_Send(linkID1, msg, sizeof(msg)))
    {
      /* 触发 LED1 亮,表明发送数据 */
      toggleLED(1);
            msg[0] = (++wrap & 0x7) ? 2 : 1;
      msg[1] = ++sTid;
    }
  }
}
/****************************************************************
函数名称:toggleLED
功    能 :触发 LED 程序
参    数 :无
返回值   :无
****************************************************************/
void toggleLED(uint8_t which)
{
  if (1 == which)
  {
    BSP_TOGGLE_LED1();
  }
  else if (2 == which)
  {
    BSP_TOGGLE_LED2();
  }
  return;
}
```

10.9.4　ED 中继级联

中继级联建立在没有明确的主从关系两个或两个以上的 ED 上。目的是增加传输距离。

1. 文件架构

Cascading_End_Devices 是中继器的程序，利用中继器可以增加传输距离，打开的文件结构如图 10.10 所示。

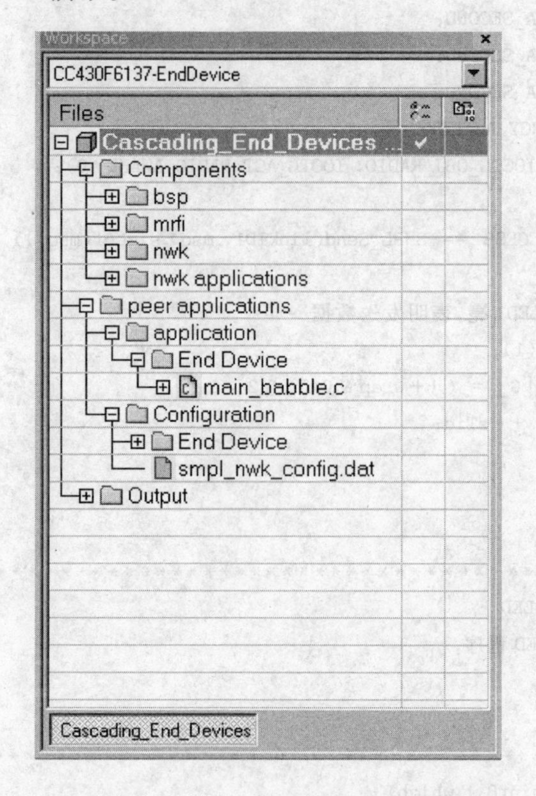

图 10.10　Cascading_End_Devices 文件结构图

2. Cascading_End_Devices 的工作过程

每个 ED 都用 LED 显示当前状态，模拟了阵列烟雾报警器或类似的感应器。最初，每个设备"睡"了一段时间(约 5 s)，然后被唤醒，并检查其传感器(例子中用按键表示，按键表示有情况)。如果传感器没有被激活，设备保持清醒的时间很短，主要检查是否收到另一台设备的消息。如果没有收到消息，触发 LED1 并继续进入到睡眠状态。如果设备检测到传感器被激活或接收一个"坏消息"的消息，则它的声音报警(切换 LED2)，然后"babbles"对发出该"坏消息"的消息，提醒其他设备。

操作过程：

将程序 End-Device 分别下载到 3 个板子中，上电后所有的 LED 都被点亮，按 ED1 的按键，两个 LED 都将熄灭，进入循环，睡眠 5 s，然后唤醒检测环境，LED1 亮。同理对 ED2，ED3 进行同样的操作。

如果任意一个板子检测到"坏消息"就会向其他设备"广播"一个字节的"坏消息"通过一个无链接数据极文发送，并触发 LED2 亮，100 ms 后继续进入睡眠状态。若没有检测到坏消息（即没有按键）则会有 250 ms 的时间检查其他设备是否发出"坏消息"，若有收到就将其广播，没有的话就触发 LED1 亮，在进入"sleep"大约 5 s。如果已经有"坏消息"就按住该 ED 的按键，此时 LED2 会闪烁。

3. 工作流程图

Cascading_End_Devices 程序的工作流程图如图 10.11 所示，例程中所涉及的设备分别依靠按键和 LED 的闪烁来确定工作情况。

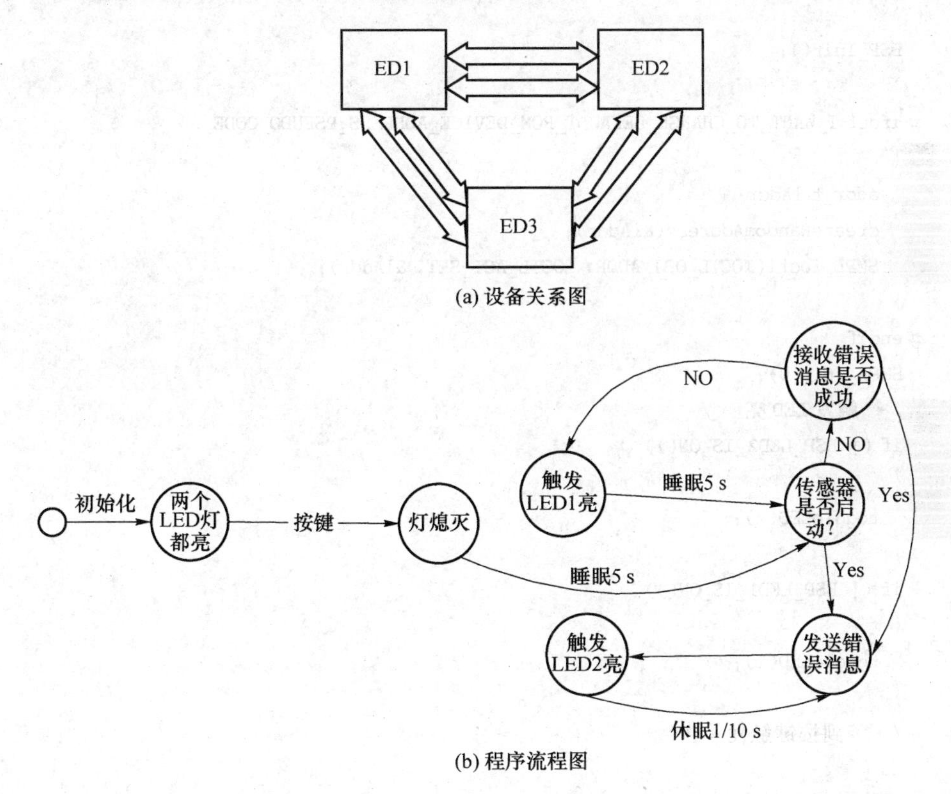

图 10.11 设备关系图和程序流程图

4. 主函数编译和执行

```
#include "bsp.h"
#include "mrfi.h"
#include "nwk_types.h"
```

```
#include "nwk_api.h"
#include "bsp_leds.h"
#include "bsp_buttons.h"
#include "nwk.h"
#include "app_remap_led.h"                //声明包含的头文件
static void monitorForBadNews(void);
void toggleLED(uint8_t);
static void start2Babble(void);
#define SPIN_ABOUT_A_SECOND               NWK_DELAY(1000)
#define SPIN_ABOUT_A_QUARTER_SECOND    NWK_DELAY(250)
#define BAD_NEWS   (1)
#define CHECK_RATE (5)
void main (void)
{
  BSP_Init();

#ifdef I_WANT_TO_CHANGE_DEFAULT_ROM_DEVICE_ADDRESS_PSEUDO_CODE
  {
    addr_t lAddr;
    createRandomAddress(&lAddr);
    SMPL_Ioctl(IOCTL_OBJ_ADDR, IOCTL_ACT_SET, &lAddr);
  }
#endif
  SMPL_Init(0);
  /* 触发 LED 亮 */
  if (! BSP_LED2_IS_ON())
  {
    toggleLED(2);
  }
  if (! BSP_LED1_IS_ON())
  {
    toggleLED(1);
  }
  /* 等到按键触发 */
  do {
    if (BSP_BUTTON1() || BSP_BUTTON2())
    {
      break;
    }
  } while (1);
  monitorForBadNews();
  while (1) ;
```

```
}
static void monitorForBadNews()
{
  uint8_t i, msg[1], len;
  toggleLED(2);
  toggleLED(1);
  SMPL_Ioctl( IOCTL_OBJ_RADIO, IOCTL_ACT_RADIO_SLEEP, 0);
  while (1)
  {
    for (i = 0; i<CHECK_RATE; ++i)
    {
      SPIN_ABOUT_A_SECOND;
    }
    toggleLED(1);
    /*检查按键判断是否报警*/
    if (BSP_BUTTON1() || BSP_BUTTON2())
    {
      start2Babble();
    }
    SMPL_Ioctl( IOCTL_OBJ_RADIO, IOCTL_ACT_RADIO_AWAKE, 0);
    /* 打开接收,默认情况下 RX 关闭 */
    SMPL_Ioctl( IOCTL_OBJ_RADIO, IOCTL_ACT_RADIO_RXON, 0);
      SPIN_ABOUT_A_QUARTER_SECOND;
    SMPL_Ioctl( IOCTL_OBJ_RADIO, IOCTL_ACT_RADIO_SLEEP, 0);
    /*判断是否收到信息 */
    if (SMPL_SUCCESS == SMPL_Receive(SMPL_LINKID_USER_UUD, msg, &len))
    {
      /*判断收到的信息是否是可用信息*/
      if (len && (msg[0] == BAD_NEWS))
      {
        start2Babble();
      }
    }
  }
}
/*******************************************
函数名称:toggleLED
功    能:LED 触发程序
参    数:无
返回值  :无
*******************************************/
void toggleLED(uint8_t which)
```

```
{
  if (1 == which)
  {
    BSP_TOGGLE_LED1();
  }
  else if (2 == which)
  {
    BSP_TOGGLE_LED2();
  }
  return;
}
static void start2Babble()
{
  uint8_t msg[1];
  /* 无线模块醒来 */
  SMPL_Ioctl( IOCTL_OBJ_RADIO, IOCTL_ACT_RADIO_AWAKE, 0);
  msg[0] = BAD_NEWS;
  while (1)
  {
    /* 延时 */
    NWK_DELAY(100);
      SMPL_Send(SMPL_LINKID_USER_UUD, msg, sizeof(msg));
    toggleLED(2);
  }
}
```

10.10　SimpliciTI 协议的移植

■ SimpliciTI 协议栈包括 4 层:BSP,MRFI,NWK 和 NWK_APPLICATION,其中 BSP 是最基础的板级硬件,包括一些 MCU 相关的函数以及 LED、按键之类的基础器件驱动;MRFI 是射频接口层,提供射频芯片的选择,参数配置,驱动以及通信接口;NWK 和 NWK_APPLICATION 是网络层和网络应用层,属于 SimpliciTI 协议栈的内容,包括网络的建立,网络地址的分配,网络数据帧结构、数据消息队列,数据消息处理和网络通信安全加密等一系列复杂机制。

■ 用户一般只需要修改 BSP 和 MRFI 层即可实现 SimpliciTI 协议的移植和使用,BSP 层要注意初始化时钟,选择 LED 数目和接口,按键数目和接口等,一般修改的比较多,主要是要和自己的板子相适应,MRFI 层涵盖芯片的初始化函数,发送函数和接收函数等,这里一般要有一点经验,不然很难注意到需要选择射频 IC(这里选的是 CC1101),配置射频芯片(采用 433 MHz),以及修改配置文件。选择 CC1101 这个宏定义比较隐蔽，需要修改 IAR，如图 10.12 所示。

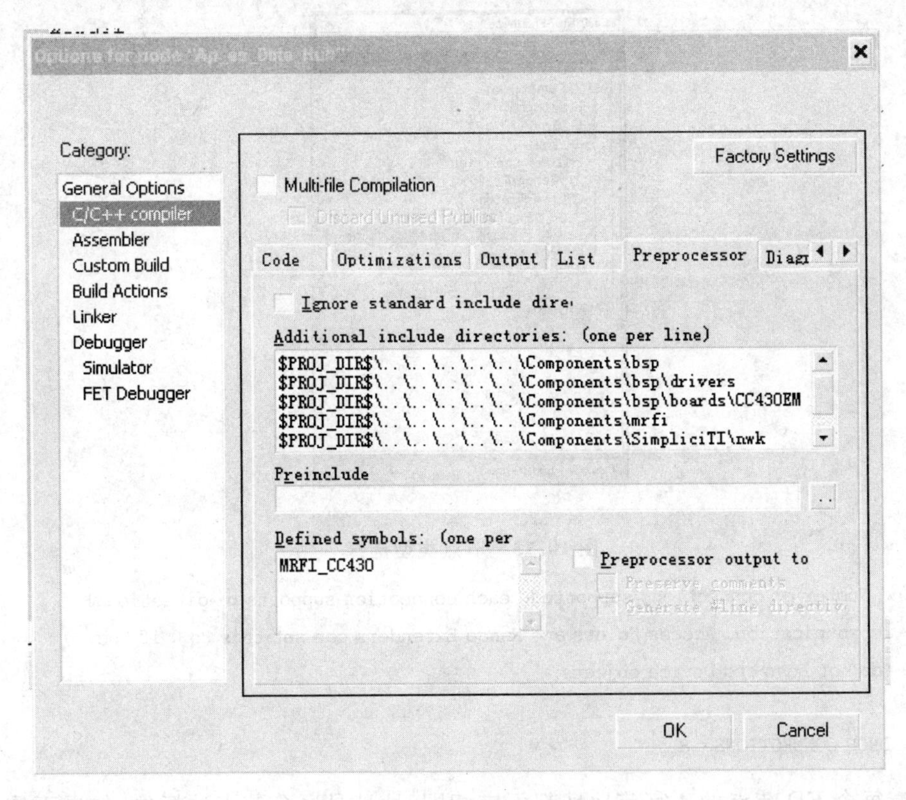

图 10.12 修改 IAR 的配置文件

■ SimpliciTI 一般有 4 种类型的节点：AP、ED、RE。AP，也就是 Access Pointer；ED，也就是 End Device；RE，也就是 Range Extemder。其中 AP 就是常说的路由，网关，集线器和数据中心，无线传感网要确保 AP 电力，一般不采用干电池，不考虑 AP 功耗。ED 就是节点，通常是带各种传感器的节点，低功耗，一般用电池供电。RE 是为了距离扩展才引入的，用于远距离中转，另外一种不常用。如果直接使用 TI 的工程，则需要选择节点类型，如图 10.13 所示。

■ 采用 AP 和 ED 组网时，多个 ED 节点和 AP 正确建立通信链接后，AP 都会给 ED 分配一个地址。当某个 ED 出现意外，比如电源问题，和 AP 断开链接后，AP 并不会将该 ED 节点的地址消除。当该 ED 恢复正常，重新申请加入网络时，AP 会检测该 ED 并给其分配原来的地址继续使用，如果是新 ED 申请加入网络，则会分配一个新的网络地址。SimpliciTI 协议也并非支持无限多个节点，肯定不会超过 256 个，因为 AP 为 ED 分配标号的 Tid 变量是 8 位的，官方数据说可以挂载 30 多个节点，作者试验挂载过 8 个，改变个数限制可以修改 smpl_config. dat 中的 NUM_CONNECTIONS 值。

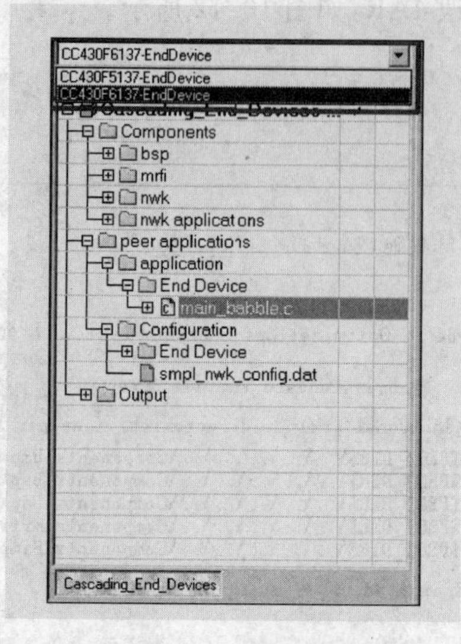

图 10.13 节点类型选择


```
/* Number of connections supported. each connection supports bi-directional
 * communication. Access Points and Range Extenders can set this to 0 if they
 * do not host end Device objects.
 */
- DNOH CONNECTIONS = 8
```

■ 每个 ED 节点的 4 字节地址都不应相同，地址是区分节点的标志，如果不使用软件自动分配节点地址，则应该修改 smpl_config. dat 中的 THIS_DEVICE_ADDRESS 值，特别是网络中含多个 ED 节点时，默认使用的都是同一个地址，不修改的话除第一个节点外其他节点都加入不了网络的。也可以读取 Flash 地址作为本节点的地址，或者使用随机函数参数，则无需修改。如果使用随机地址作为节点地址，则在 SimpliciTI 协议栈中必须要开启 I_WANT_TO_CHANGE_DEFAULT_ROM_DEVICE_ADDRESS_PSEUDO_CODE 宏，如下所示。

```
/* This device's address. The first byte is used as a filter on the cc1100/cc2500
 * radios so THE FIRST BYTE MUST NOT BE either 0x00 or 0xFF. Also, for these radios
 * on End Devices the first byte should be the least significant byte so the filtering
 * is maximally effective, Otherwise the frame has to be processed by the HCU before it
 * is recognized as not intended for the device. Aps and REs run in promiscuous mode so
 * the filtering is not done. This macro intializes a static const array of unsigned
 * characters of length NET_ADDR_STZE (found in nwk_types.h). The quotes (") are
 * necessary below unless the spaces are removed.
 */
- DTHTS_DEVICE_ADDRESS…" { 0x78, 0x56, 0x34, 0x12 }"
```

■ SimpliciTI协议组成网络的实现过程一般是：AP先启动，初始化协议栈后，处于接收状态，等待ED加入网络和接收数据；ED启动后，向AP发送建立网络请求，然后一直处于建立网络状态，直到建立正常的网络链接为止。

■ 在协议初始化时，AP会引入一个函数指针到协议初始化函数SMPL_Init(sCB)中；sCB就是这个函数指针，指向SimpliciTI中断回调函数，sCB中断回调函数在无线收发的接收中断服务函数中会被调用一次。sCB中断回调函数是个非常重要的函数，收到的数据分为节点加入网络请求数据和节点发送普通数据，通过lid识别区分，如果是加入网络请求，sJoinSem++；也就是SimpliciTI网络加入帧加一，AP在主函数中检测sJoinSem是否为0，不为0说明有节点请求加入网络，如果没有达到最大节点限制数目，AP就一直处于和该ED建立网络链接，直到建立正常网络链接为止。如果是普通数据，sPeerFrameSem++；也就是SimpliciTI网络节点数据帧加一，AP在主函数中检测sPeerFrameSem是否为0，不为0说明有节点发送数据包，就接收处理一下数据包，以前不用协议栈时也大致是这样处理的。

■ 在协议初始化时，ED不会引入一个函数指针到协议初始化函数SMPL_Init(0)中；没有中断回调函数，只是一直向AP发送网络请求帧，直到成功。这时链接指示标号lid变量就变为1，这个1指AP、ED以后的通信参数lid都为1，不会变；而AP通信lid这个参数不一定为1，是几就表示第几个加入网络的节点。一般为了保证通信可靠性，ED发送数据之前都会和AP链接一次，确保自己处于网络中。

■ 每个ED节点的4字节地址都不相同，地址是节点区分的标志，如果不使用软件自动分配节点地址，那么则应该修改smpl_config.dat中的THIS_DEVICE_ADDRESS值，特别是网络中含多个ED节点，默认都使用同一个地址，不修改的话除第一个外是加入不了网络的。程序员也可以读取Flash地址作为本机节点的地址，或者使用随机函数参数，则无需修改，如果使用随机地址作为节点地址，在SimpliciTI协议栈中必须要开启I_WANT_TO_CHANGE_DEFAULT_ROM_DEVICE_ADDRESS_PSEUDO_CODE宏，试验中需要将-DTHIS_DEVICE_ADDRESS="{0x79, 0x56, 0x34, 0x12}"中的0x79改动，不同ED对应不同的地址，地址范围是0x79～0x97。个数限制可以修改smpl_config.dat中的NUM_CONNECTIONS值，有几个NUM_CONNECTIONS的值就是几，但是AP不算。出自EDSimpliciTI Sample Application User's Guide文档。NUM_CONNECTIONS的个数设置，每个设备都支持双向链接，Access Points and Range Extenders在没有ED时可设置为0。-DSIZE_INFRAME_Q=2低水平队列发送和接收帧的大小会影响RAM使用，如果是支持存储和转发的ED，那么等于2时字节已经足够了。-DSIZE_OUTFRAME_Q=2输出帧的队列可以是小Tx是同步完成其实1可能已经足够。如果AP也承ED发送sleeping peer则输出队列应该更大，等待这种情况下的帧都在这里执行。此时，输出帧队列会更大，所以取2。

第 11 章 无线传感器网络协议的应用

无线传感网络是由大量的传感器以自组织和多跳方式组成的无线网络，用于协作的感知、采集、处理和传输感知对象的监测信息，并报告给用户。同时无线传感网络又是物联网的重要组成部分，其应用领域广泛，发展前景可观。本章主要介绍基于Simplici TI 协议的相关应用。

11.1 无线传感网络介绍

无线传感网络通常包含了传感器节点、汇聚节点和管理节点，总体系统框图如图11.1 所示。在传感器布设区域内分布有大量的各种无线传感器节点，它们通过特定的协议(规则)在彼此之间建立联系，构建无线传感网络。一旦网络建立后，传感器节点就会利用自身传感器对周围的环境信息进行采集、处理，处理后通过网络将数据发

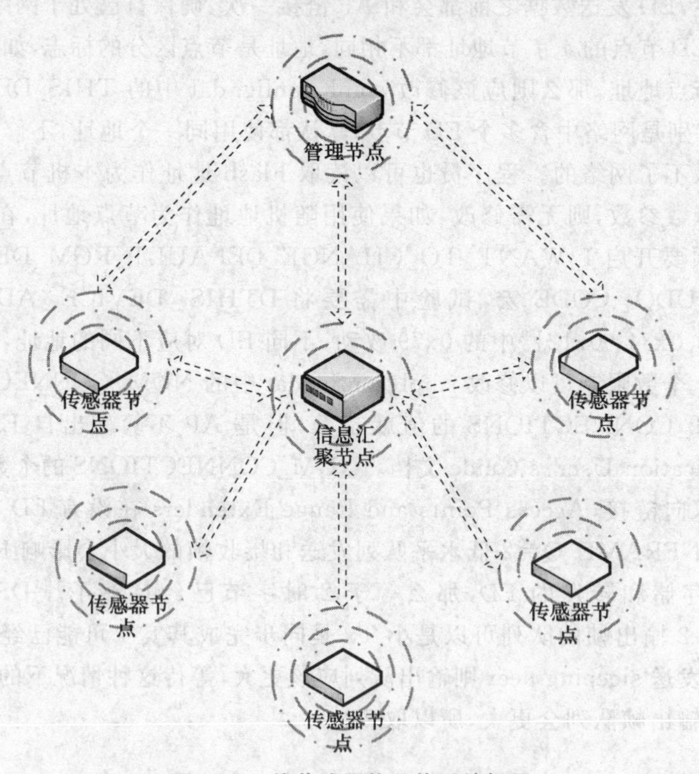

图 11.1　线传感网络总体系统框图

送到汇聚节点，在远距离传输时汇聚节点可以当作中继，近距离传输时，汇聚节点也可以当作基站，基站通过串口、卫星、互联网等有线或者无线方式传送到管理中心，并呈现到用户面前。这样，用户就可以通过管理节点盘点各种传感器节点，对布设范围内的传感器节点进行配置和数据接收处理等操作。

11.2　无线传感网络到物联网

随着计算机技术、嵌入式技术、网络技术与无线电通信技术等关键技术的迅速发展，近来，在国内，一个新概念——物联网被炒得沸沸扬扬，一时间“物联网概念”满天飞。物联网是在无线传感网络的基础上提出的，它是新一代信息技术的重要组成部分。物联网是通过各种信息传感设备，如传感器、射频识别(RFID)技术、全球定位系统、红外感应器、激光扫描器、气体感应器等实时采集任何需要监控、连接、互动的物体或过程，采集其声、光、热、电、力学、化学、生物、位置等各种需要的信息，与互联网结合，形成的一个巨大网络。其目的是实现物与物、物与人，所有的物品与网络的连接，方便识别、管理和控制。和传统的互联网相比，物联网有其鲜明的特征：首先，它是各种感知技术的广泛应用。物联网上部署了海量的多种类型传感器，每个传感器都是一个信息源，不同类别的传感器所捕获的信息内容和信息格式不同。传感器获得的数据具有实时性，按一定的频率周期性地采集环境信息，不断更新数据。其次，它是一种建立在互联网上的泛在网络。物联网技术的重要基础和核心仍旧是互联网，通过各种有线和无线网络与互联网融合，将物体的信息实时准确地传递出去。物联网上的传感器定时采集的信息需要通过网络传输，由于其数量极其庞大，形成了海量信息，在传输过程中，为了保障数据的正确性和及时性，必须适应各种异构网络和协议。还有，物联网不仅仅提供了传感器的连接，其本身也具有智能处理的能力，能够对物体实施智能控制。物联网的系统示意图如图11.2所示。

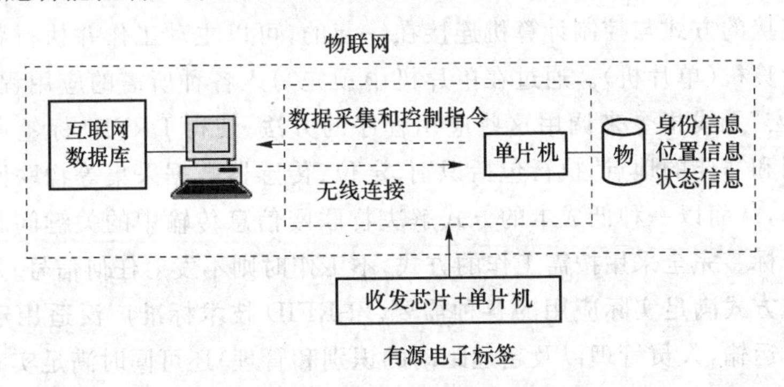

图11.2　物联网系统示意图

从图11.2可以看到，物联网中关键的信息传输通道是PC与单片机之间的无线连接。而这一部分是由一个单芯片无线微功率收发机和一个单片机组成。要将“物”联系到网络中，必须通过信息传感设备，例如传感器等，将物的各种信息转换成电信号，在此处，物的含义必须具备以下几个特点：要有数据传输通路、要有一定的存储功能、要有CPU；要有操作系统、要有专门的应用程序、遵循物联网的通信协议、在世界网络中有可被识别的唯一编号，只有满足了这几方面的要求才能被纳入物联网的范畴。物联网的行业特性主要体现在其应用领域内，目前绿色农业、工业监控、公共安全、城市管理、远程医疗、智能家居、智能交通和环境监测等各个行业均有物联网应用的尝试，某些行业已经积累一些成功的案例。

11.3　物联网当前市场应用

目前物联网主要应用于智能家居、智能交通、智能医疗、智能电网、智能物流、智能农业、智能电力和智能工业8个领域。例如，物联网传感器产品已在上海浦东国际机场防入侵系统中得到应用，系统铺设了3万多个传感节点，覆盖了地面、栅栏和低空探测，可以防止人员的翻越、偷渡、恐怖袭击等攻击性入侵；智能交通系统(ITS)以现代信息技术为核心，利用先进的通信、计算机、自动控制和传感器技术，实现对交通的实时控制与指挥管理。交通信息采集被认为是ITS的关键子系统，是发展ITS的基础，成为交通智能化的前提。无论是交通控制还是交通违章管理系统，都涉及交通动态信息的采集，因此交通动态信息采集是交通智能化的首要任务。

成都西谷曙光所做的有源电子标签就是针对物联网而设计的，涉及微功率近距离无线通信技术，无线定位技术及其公网以下的低功耗低成本无线接入系统的研发及其应用，独创了具有完全自主知识产权、经济实用、低功耗、低成本的无线接入系统(I-RFID)，解决了当今有源电子标签及物联网应用中的几个关键技术难题。I-RFID拓展系统如图11.3所示。I-RFID系统是将现有的有源电子标签提升到一种以超低功耗无线连接的方式与控制计算机连接在一起的，可以主动工作并执行各种相关程序的微型计算机(单片机)。通过在单片机中预先写入各种所需的应用程序，并在需要时通过“宏”无线指令来调用这些应用程序的方法，使得I-RFID标签可以在任何需要的时间和需要的地点，执行包括识别、定位、传感器数据采集等物联网应用所需的各种工作，从而以一种低成本的方式解决物联网信息传输中的关键问题。I-RFID技术的电子标签完全采用按需工作的方式，不工作时则不发射任何信号；并能以灵活多样的工作方式满足实际应用的各种需要。I-RFID技术标准广泛适用于各种应用场景(盘点，运输，人员管理以及超远距离的识别和管理)还可同时满足实时定位的需要，以及传感器数据采集和物联网应用的需要。

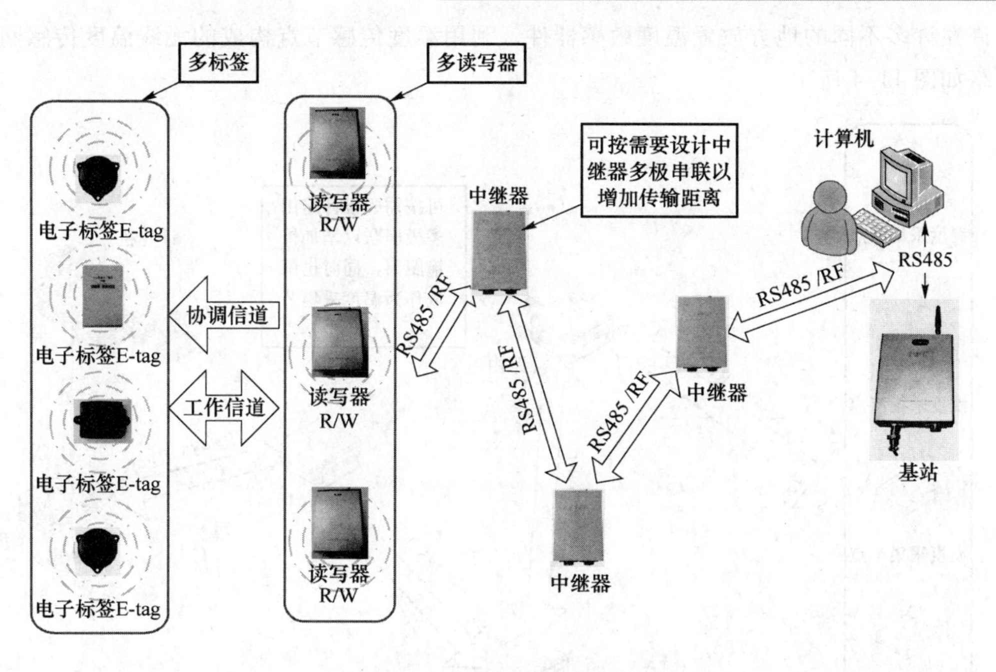

图 11.3　I-RFID 拓展系统

11.4　SimpliciTI 协议的应用

采用 SimpliciTI 无线网络协议组织网络节点，节点采集的温度、烟雾等信息通过无线网络传至数据中心节点，由数据中心节点对数据进行处理，处理完成的数据传送至 PC 监控。一个典型的传感器网络的体系结构包括分布式的传感器节点、网关节点、互联网和用户界面等。在传感器网络中，节点布置在被监测区域内。每个传感网络装备有一个连接到传输网络的网关。网关通过传输网络把被测数据从传感区域传到提供远程连接和数据处理的基站，基站再通过 Internet 连到远程数据库。最后采集到的数据经分析、挖掘后通过界面提供给终端用户。

11.4.1　温度传感器网络的应用

1. 无线温度传感网络的介绍

温度传感器网络可以选用的传感器比较多，一般选用数字传感器，DS18820 数字温度计提供 9 位（二进制）温度读数，指示器件的温度信息经过单线接口送入 DS18820 或从 DS18820 送出，因此从主机 CPU 到 DS18820 仅需一条线。DS18820 的电源可以由数据线本身提供，而不需要外部电源。因为每一个 DS18820 出厂时已经给定了唯一的序号，因此任意多个 DS18820 可以存放在同一条单线总线上，这允许在许多不同的地方放置温度敏感器件。利用温度传感节点构成的无线温度传感网络如图 11.4 所示。

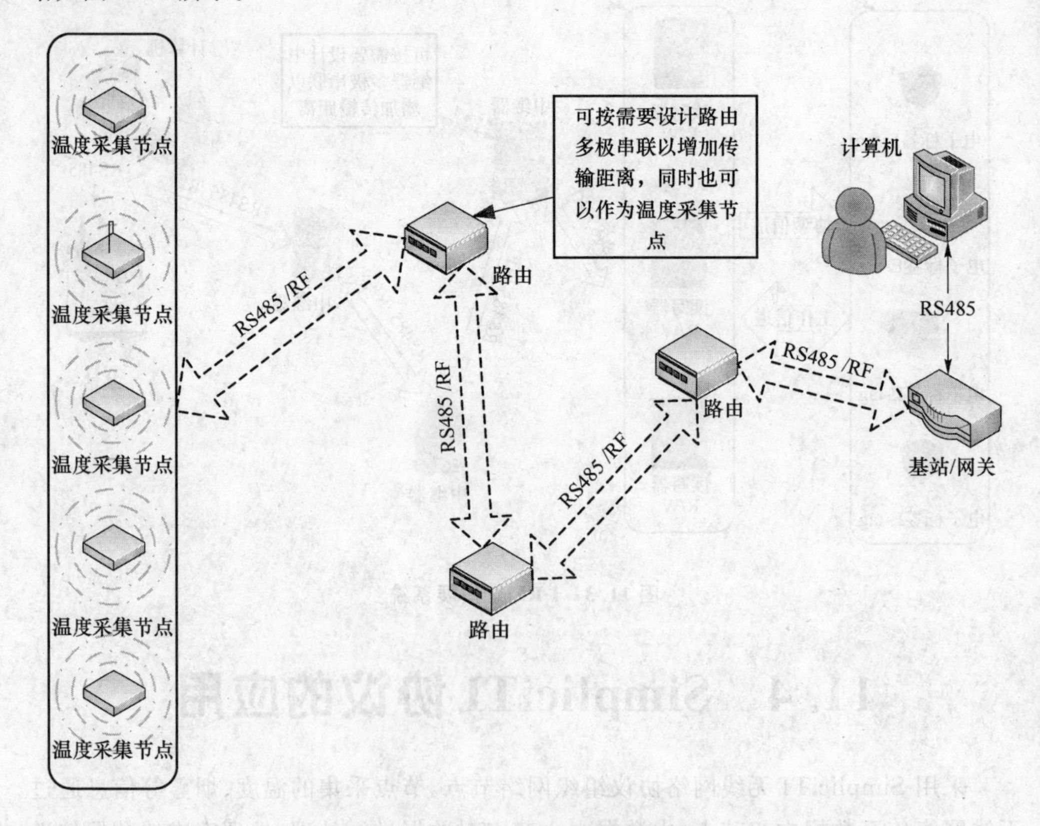

图 11.4 无线温度传感网络结构图

在网络中,每个节点都有一个固定的地址。连接于监控主机的传感器节点是一个特殊的节点,它采用串行接口与监控主机通信。数据的传送采用主从站方式,与监控主机连接的节点作为主站,控制网络内的通信时序;其他节点作为从站,可以被主站寻址。主节点采集各从节点数据,并进行预处理;从节点则完成各种传感器原始数据的采集工作。

2. 无线温度传感网络的软件设计

利用 Simplici TI 构建的无线温度传感器网络的传感器节点监测温度程序流程图如图 11.5 所示,节点定时扫描温度传感器,当温度值超过系统所设的上限值时,发出报警,同时向网关或路由节点报告,网关收到报警信息时通过串口传到上位机处理,系统工作流程图如图 11.6 所示。

DS18B20 的驱动程序见第 8 章,系统程序只需要根据第 10 章介绍的 Simplici TI 协议,将里面的报警信号改为温度传感器报警信号即可。

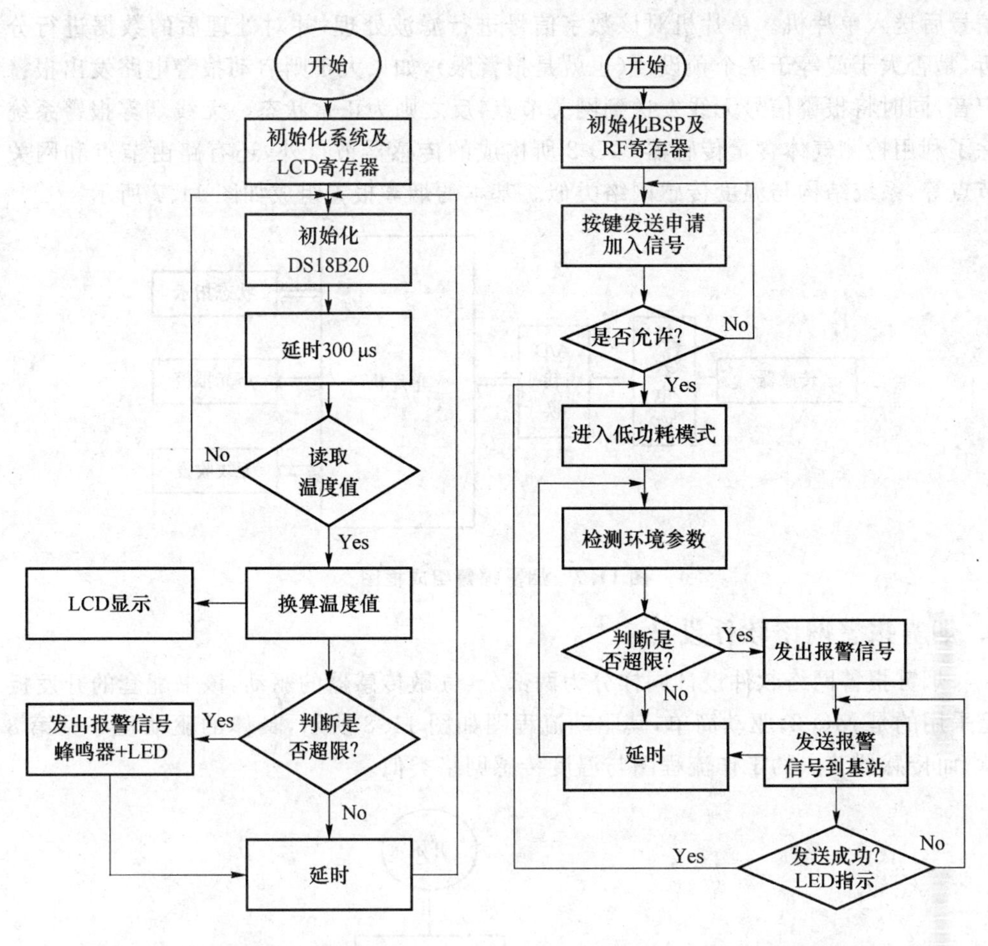

图 11.5 温度检测程序流程图　　　　图 11.6 系统工作流程图

11.4.2 烟雾报警器网络应用

在监测到烟雾浓度超标时，无线烟雾探测器立即声光报警，并发出无线电编码信号，遥控无线报警主机鸣笛报警，报警主机可显示报警的位置。增配无线红外探测器后，可实现防火防盗等功能，无线烟雾探测器与无线报警主机之间采用无线遥控技术连接，不需要施工布线，不会破坏现有墙体的美观，可降低安装成本，还可以根据使用需要随时移动，安装快捷方便。

1. 烟雾报警网络介绍

烟雾报警利用气敏传感器实现，能够检测环境中的烟雾浓度，并具有报警功能，最基本的组成部分包括：烟雾信号采集电路、模数转换电路和单片机控制电路。烟雾信号采集电路一般由烟雾传感器和模拟放大电路组成，将烟雾信号转化为模拟的电信号。模数转换电路将从烟雾检测电路送出的模拟信号转换成单片机可识别的数字信号后送入单片机。单片机对该数字信号进行滤波处理，并对处理后的数据进行分析，是否大于或等于某个预设值（也就是报警限），如果大于则启动报警电路发出报警声音，同时将报警信号无线发送到网关节点，反之则为正常状态。无线烟雾报警系统除了利用检测气体含量传感器 MQ-2 所构成的传感器节点外，还有路由节点和网关节点等，系统结构与温度传感网络类似。基本的烟雾报警组成如图 11.7 所示。

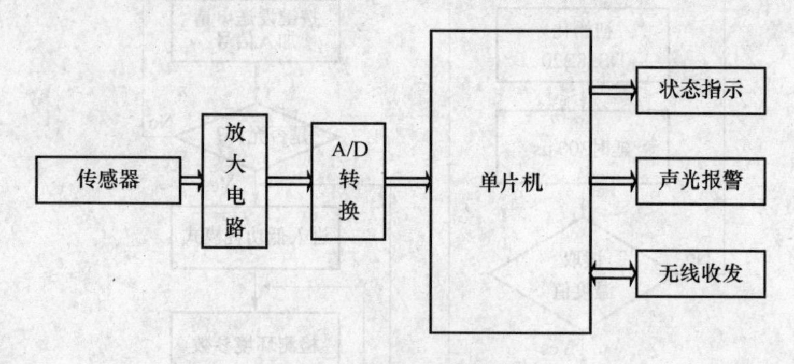

图 11.7　烟雾报警组成框图

2. 烟雾报警网络软件设计

烟雾报警网络软件设计同样分为两部分：气敏传感器的驱动，该书配套的开发板上采用的是 MQ-2，驱动简单，其驱动流程图如图 11.8 所示，具体的驱动程序见第 8 章；而传感器节点的工作流程图与温度传感网络类似。

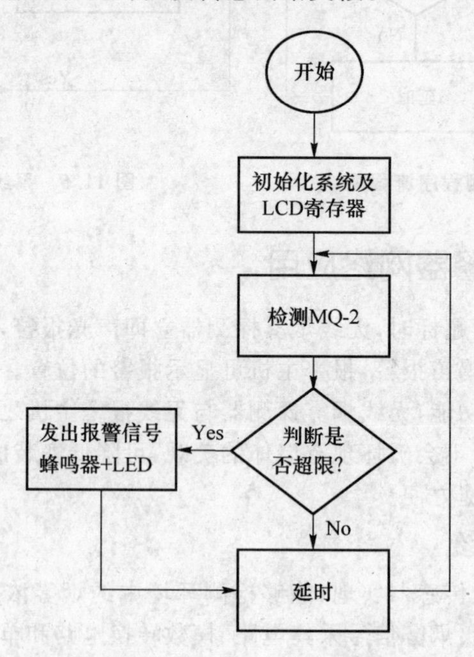

图 11.8　MQ-2 工作流程图

11.4.3　无线温湿度监测系统

1. 无线温湿度监测系统介绍

在现代工农业生产中，环境温湿度检测是必不可少的内容。传统的检测方法不仅消耗大量人力、物力，而且适用范围小，效率很低，不能满足工农业现代化机械大生产的要求。利用 CC430F6137 实现的无线温湿度监测，工作于免授权的 433MHz 频段，成本低，功耗小，适用于电池长期供电，具有硬件加密安全可靠，组网灵活，抗毁性强等特点，为无线传感网络的广泛应用提供了理想的解决方案。无线温湿度监测系统只需要在被测地点放置一个温湿度传感器节点，就可以快速形成网络。无线温湿度监测系统结构如图 11.9 所示。

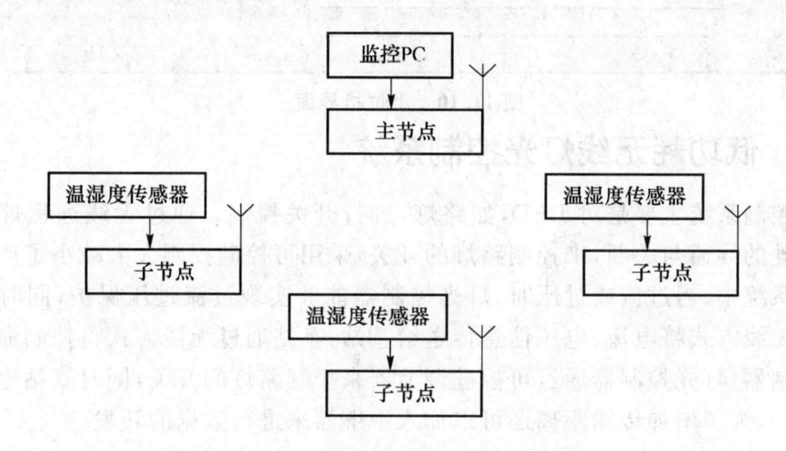

图 11.9　无线温湿度监测系统组成

2. 无线温湿度监测系统软件设计

与该书配套的开发板采用的是数字温湿度传感器 DHT11，该传感器只需要一根线即可与单片机通信，其驱动方法与 DS18B20 类似。

将温度、湿度、安防信息传送至上位机，在上位机上处理、显示。通过串口将网关节点收集到的数据传给上位机，上位机软件实时记录串口接收到的数据，并显示在界面上，同时将温度和相对湿度绘制成相应的变化曲线，上位机软件界面采用 HTML 应用程序设计，生成的 HTA 脚本文件只要将后缀改成.htm，就可以在网页中打开，从而也可以实现服务器远程监控。实验及监测结果如图 11.10 所示。

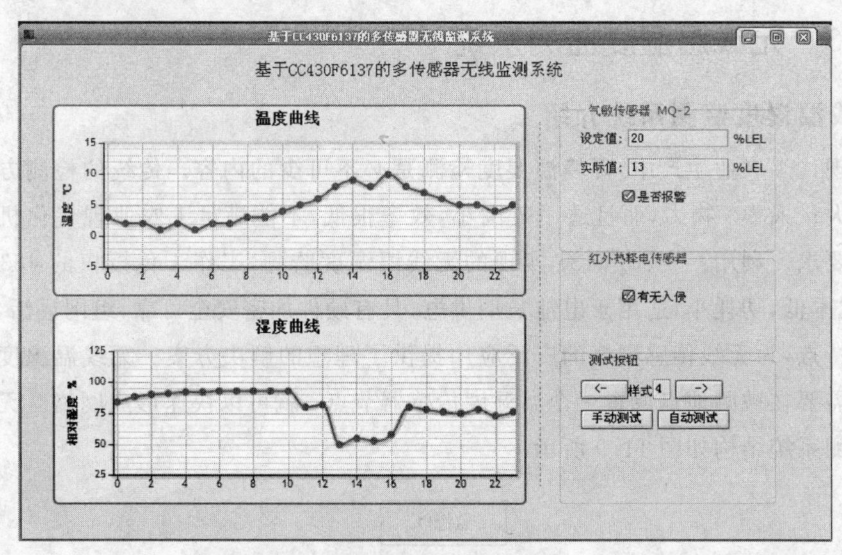

图 11.10　上位机界面

11.4.4　低功耗无线灯光控制系统

灯光控制系统主要是对 LED,如路灯,进行开关控制。通过无线远程灯光控制器中可控硅的导通与关断,来控制路灯的开关,采用可控硅控制大大减小了产品的体积。在该系统中,当过流或过压时,灯光控制器能够实现过流过压保护,同时灯光控制器通过无线方式将电流、电压信息传送给基站;基站通过无线方式将控制命令传送给灯光控制器,灯光控制器通过可控硅调节器来控制路灯的开关,同时基站也可以读取节点数据,为了增加传输距离还可以加入中继器来进行数据的转发。

智能灯光控制系统由灯光控制器、中继器和基站构成,如图 11.11 所示。

1. 基站介绍

基站处于所有设备的最高位置,是网络的管理和控制设备。在控制系统中,所有的控制指令以及检测结果都通过基站返回 PC 或控制中心,它是本系统中公网以下的唯一节点,公网通过基站实现对灯光控制系统中所有设备的控制和检测。在无线传感器网中,基站相当于网关,网关节点的硬件设计也比较简单,采用 CC430F6137 的串口与 PC 相连。网关没有连接传感器,只需要组织管理网络和收集传感器节点采集的信息,并转发给 PC;或是接收 PC 的命令控制传感器节点和路由节点,进行无线数据采集。传感器节点在对传感器采集到的数据进行处理后,与路由节点和网关节点共同组建 SimpliciTI 网络,通过无线方式把检测到的数据传送至网关,再把信息传送到上位机。

基站的功能框图如图 11.12 所示。

2. 中继器

在灯光控制器组建网络时,中继器用于实现控制器和基站之间通信距离的延伸,

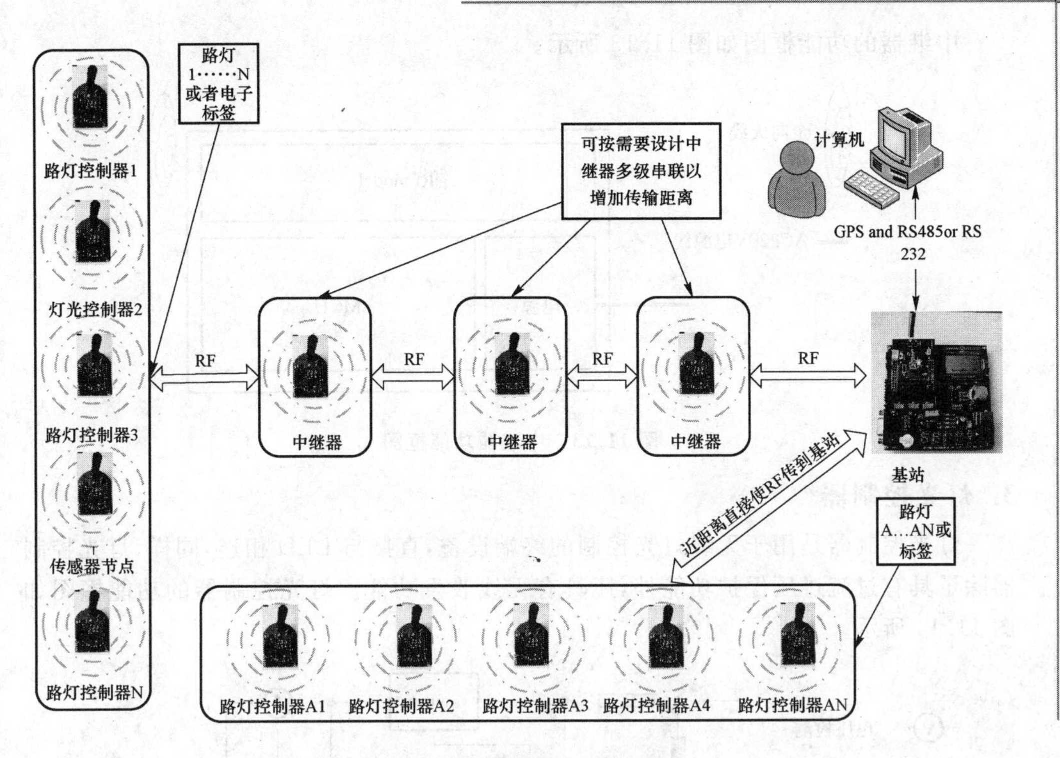

图 11.11　智能灯光控制系统

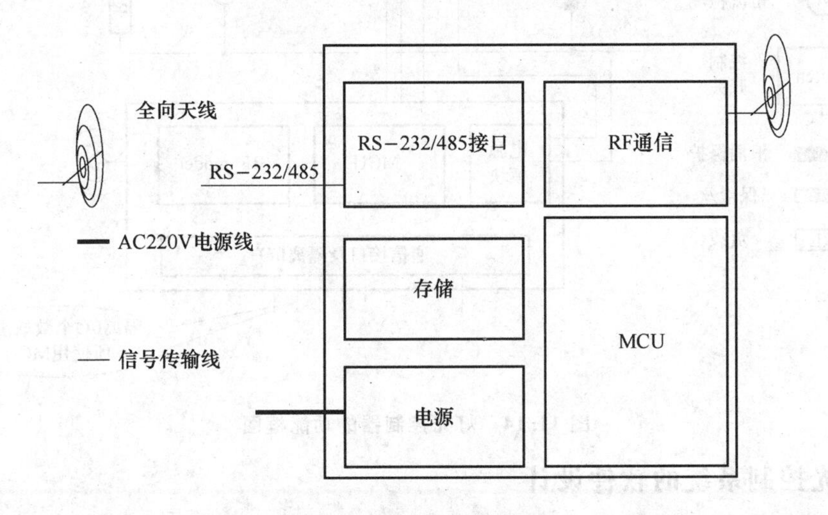

图 11.12　基站的功能框图

实现的主要功能是中继链路解析。中继器的功能与路由器类似，路由节点作为中介，负责转发接收到的数据，也可以在此加入传感器将其看作一个传感节点。同样采用 CC430F6137 作为控制中心，外围电路只需要配置最小系统和天线匹配电路即可工作，功耗极低，可以采用电池供电。

中继器的功能框图如图 11.13 所示。

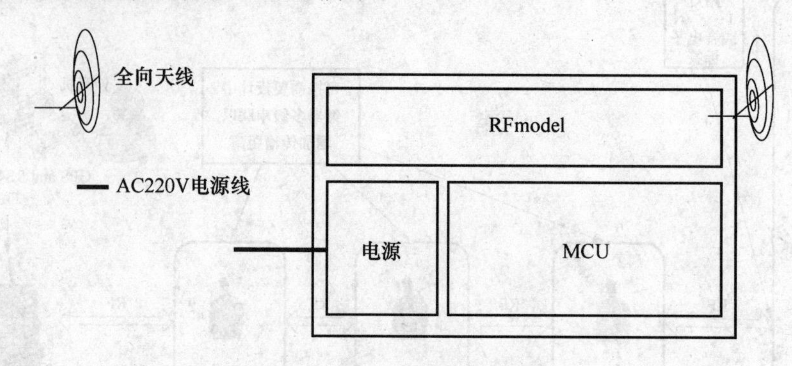

图 11.13　中继器功能框图

3. 灯光控制器

灯光控制器是用于无线灯光控制的终端设备,直接与 LED 相连,同样,灯光控制器除了具有过流过压保护功能外,还具有无线收发功能。灯光控制器的功能框图如图 11.14 所示。

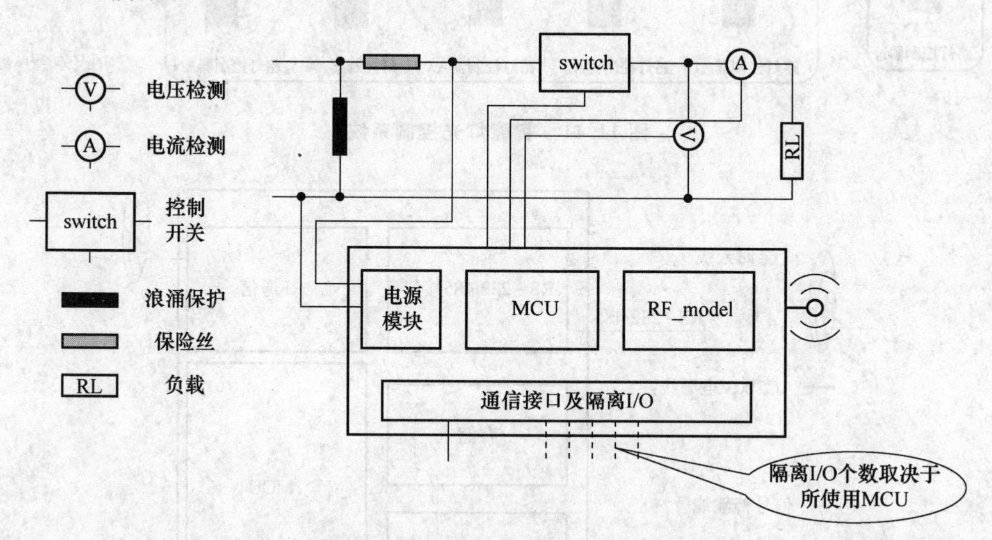

图 11.14　灯光控制器的功能框图

4. 灯光控制系统的软件设计

智能灯光控制系统的软件设计分为 3 部分,分别是基站的软件设计、中继器的软件设计和灯光控制器的软件设计。基站的程序流程图如图 11.15 所示。

中继器的程序流程图如图 11.16 所示。

灯光控制器的程序流程图如图 11.17 所示。

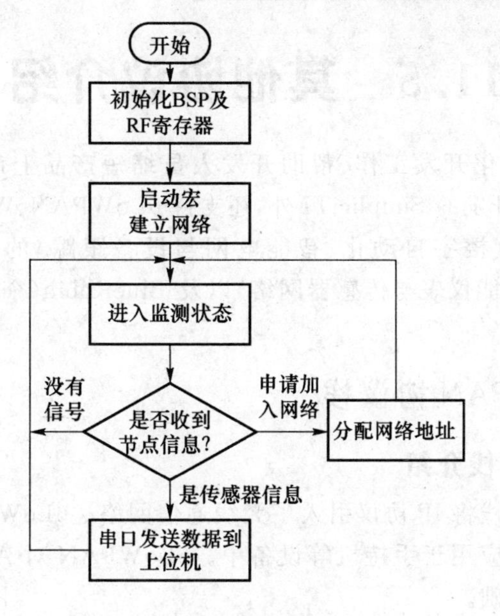

图 11.15 基站程序流程图

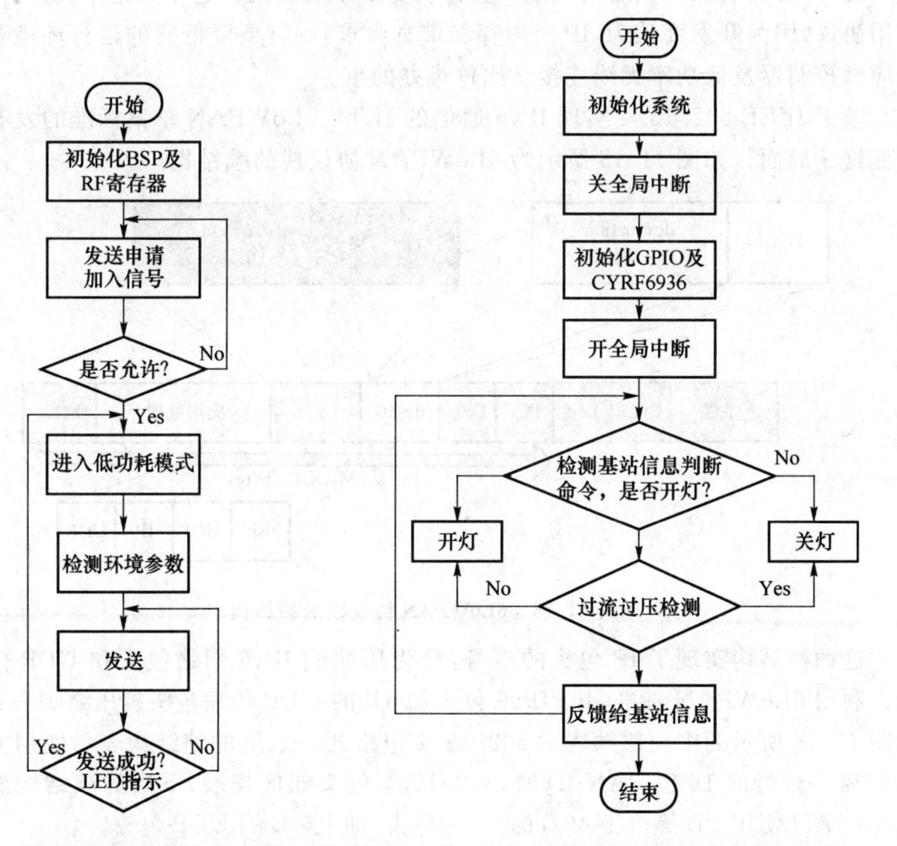

图 11.16 中继器的程序流程图

图 11.17 灯光控制器的程序流程图

11.5 其他协议介绍

软件协议栈是简化开发工作、帮助开发人员缩短产品上市时间的重要因素。CC430 除了支持 TI 开发的 SimpliciTI 外，还支持 6LoWPAN、Wireless MBUS（智能仪表）、面向 DASH7（楼宇自动化、智能电网与设备跟踪）的开源固件 Opentag、VEmesh（无线网状智能仪表与传感器网络）以及 BlueRobin（个人保健与健身）等软件协议。

11.5.1 6LoWPAN 协议栈

1. 6LoWPAN 协议栈介绍

6LoWPAN 协议栈将 IP 协议引入了无线通信网络。6LoWPAN 具有的低功率运行潜力使它很适合应用于手持机等设备中。6LoWPAN 对 AES-128 加密技术的内置安全性打下了基础。

将 IP 协议引入无线通信网络一直被认为是不现实的。迄今为止，无线网只采用专用协议，因为开发商认为，IP 对内存和带宽要求较高，要降低它的运行环境要求以适应微控制器及低功率无线连接是比较难办的事。

基于 IEEE 802.15.4 实现 IPv6 通信的 IETF 6LoWPAN 草案标准的发布有望改变这一局面。如图 11.18 所示为 6LoWPAN 协议栈的帧结构。

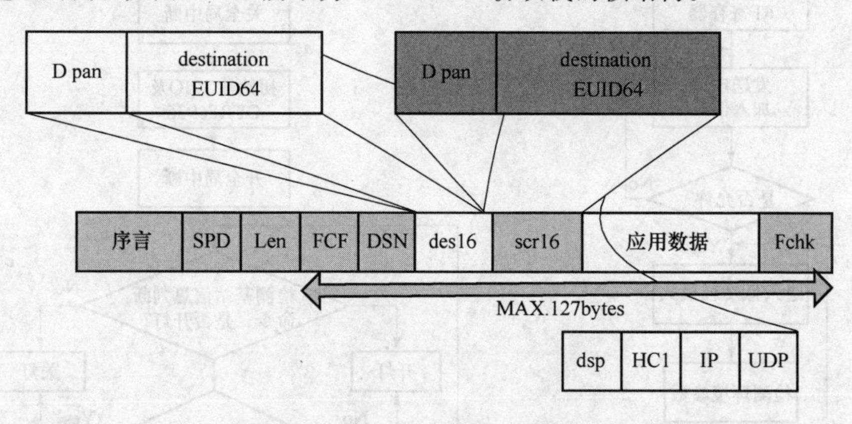

图 11.18 6LoWPAN 协议栈的帧结构

这种帧结构实现了 IP 包头的瘦身，分为压缩的 IPv6 网络包头和 UDP 传输包头。利用 6LoWPAN 标准，40 BIPv6 包头加 8 B 的 UDP 传输包头被压缩到只有 7 B，如图 11.18 所示的中间层帧表示 802.15.4 包格式。上层的帧结构表示使用完整的 64 位唯一地址或 16 位 PAN-ID 时，802.15.4 包头如何拓展，下层的帧结构显示了 6LoWPAN 使用 3 B 等价于 40 B 的 IPv6 包头，加上 4 B 的 UDP 包头。

6LoWPAN 的最大优点是低功率支持，几乎可运用到所有设备，包括手持设备和高端通信设备；它内置 AES-128 加密标准，支持增强的认证和安全机制。

目前，IETF 6LoWPAN 工作组正计划将 IEEE 802.15.4 完善为支持 IP 通信连接，使其成为一类真正开放标准，最终完全实现与其他 IP 设备的互操作。实现后，能消除复杂的网关支持（只需一道本地 802.15.4 协议网关），解决应用单一及网关安全问题，简化管理进程。

IP 目前仅限于有线网，因为它的地址及标题信息量过大，要将这些信息"填入"小得多的 802.15.4 包中进行传输是很困难的。6LoWPAN 工作组的任务就是解决这一难题，采用方式是：将 IP 标题进行压缩，只承载有效数据信息。它采用的是一种"所见即所得"的标题压缩方式，消除了 IP 标题中多余（或说不必要）的网络层信息，即借用链路层 802.15.4 标题域信息模式。

802.15.4 技术的最大优势是设备间通信高效。完整的 40 B IPv6 标题被简化为一个标题压缩字节（HC1），以及 1 B 的"跳跃保留"值，源及目标 IP 地址（共一字节）可由链路层 64 位唯一 ID（EUID 64）或 802.15.4 中采用的 16 位短地址生成；8 B 的 UDP 传输标题也被压缩为 4 B。总共为 7 B。

6LoWPAN 针对日趋复杂的通信业务设计。嵌入式网络以外设备间的通信仍然离不开大型 IP 地址。当所有交换数据量小到足以压缩基本的信息包，就不会出现超负荷问题；对于大型数据传输，分割后的标题可确保对分段信息的跟踪。如果一次单一 802.15.4 跳跃能将包传送至目标，就不会出现传输超载；多跳跃通信需要网状路由标题支持。

IETF 6LoWPAN 的突破口在于实现了 IP 紧凑、高效应用，消除了此前 ad hoc 标准和专有协议过于混杂的情形。这对相关产业协议发展的意义尤其重大，如 BACNet、LonWorks、通用工业协议（CIP）、数据采集与监控系统（SCADA），此前的设计都用于特定、专门产业总线及连接中，从控制器区域网络总线（CAN-BUS）到 AC 电源线路。数年前，这些协议的开发人员为人们基于现代网络技术（如以太网）提供了更多 IP 应用选项。

2. 6LoWPAN 技术的应用前景

随着嵌入式系统和下一代互联网的广泛使用，必将有越来越多的电子产品组网甚至接入互联网，6LoWPAN 必将在工业、办公以及家庭自动化、智能家居、环境监测等多个领域得到广泛应用。CC430 支持 6LoWPAN 协议栈，也拓宽了该协议栈的应用领域。

在工业领域，将 6LoWPAN 网络与传感器结合，使得数据的自动采集、分析和处理变得更加容易，可以作为决策辅助系统的重要组成部分。例如危险化学成分的检测，火警的早期预报，高速旋转机器的检测和维护，这些应用所需的数据量小，功耗低，可以最大程度地延长电池寿命，减少网络的维护成本。

在办公自动化领域，可以借助 6LoWPAN 传感器进行照明控制，当有人来的时候才将照明开关打开。同时还可以通过网络进行集中控制，或者通过接入互联网进行远程控制和管理。

在家庭自动化领域，目前发展比较迅速的信息家电技术，也在很大程度上依赖于 6LoWPAN 技术，同时 6LoWPAN 节点可用于安全系统、温控装置和家电上网等方面。

在智能家居中，可将 6LoWPAN 节点嵌入到家具和家电中。通过无线网络与因特网互联，实现智能家居环境的管理。该设计主要可用于楼宇控制、照明控制以及智能电网等。

在不同的领域，各种不同的技术都有发挥的空间。作为短距离、低速率和低功耗的无线个域网的新兴技术，6LoWPAN 凭借其特有的富裕的地址空间，自动地址配置技术，将会展现出其强大的生命力。特别是在那些要求设备具有价格低、体积小、省电、分布密集，而不要求设备具有很高传输率的领域，6LoWPAN 将会很好的实现设备的互联和智能通信。

11.5.2　Wireless MBUS 协议栈

仪表总线(meter bus，MBus)是一种新型总线结构，而 Wireless MBUS 协议栈主要应用于无线远程抄表系统，利用 CC430 也能实现该功能。

利用 Wireless MBUS 构成的无线抄表系统的特点有：(1)网络支持多跳拓扑结构，每个集抄器同时具有集抄数据和路由中继功能；(2)采用多信道、时间同步、冗余路径传输技术，支持双向数据传输，保证通信的高可靠性；(3)每个集抄器可连接多达 100 只 M-BUS 仪表，且支持 RS-232 协议，方便与任何支持 RS-232 协议的设备连接；(4)每个网络标准模式下可容纳多达 40 个集抄器；(5)工作在工业、科学、医用(ISM)频段，无需申请许可证，可根据实际无线环境选择 2.4 GHz/900 MHz/433 MHz 频段；(6)精准传输：无线传感网络在无需接线的情况下即可有效、可靠地传输工业数据，实现现场监控、数据透明传输等工业数据传输要求。

每个无线网络由一个基站、若干路由器和多达 40 个集抄器组成。每个集抄器兼有中继多跳路由和集抄数据、传输功能，每个集抄器均有 RS-232 接口和 M-BUS 透传功能，在不使用无线传输的情况下，可方便与任何支持 RS-232 的设备连接。每个集抄器可连接多达 100 个 M-BUS 仪表。多个集抄器组成多跳的无线网络，集抄器到网关之间可以自动形成两条以上的路径，并利用冗余路径传输技术保证数据传输的高可靠性。当集抄器到基站之间有障碍物或者距离过远时，可以部署专用的路由器节点绕过障碍物并增加网络覆盖面积。

网关是无线网络到上位机和有线网络的接入点。网关存储并控制整个网络的配置，所有无线集抄器的数据均传送到网关。每个网络配置一个网关。网关与上位机通过 RS-232 接口传输数据。网关在收到上位机数据后会下发给网络中所有的集抄器，遍历下发，所以当网络中的集抄器数目越多时，数据返回所需的时间就会越长。

一个网络可包含多达 40 个无线集抄器。集抄器接收网关数据并通过 M-BUS

下发给所连接的仪表，下发数据后再接收返回的数据并传送到网关。节点同时具有路由中继功能，可以转发其他采样节点的数据，有效地扩展了网络的覆盖范围。

11.5.3　DASH7 协议栈

DASH7 是一种无线传感器网络标准，是对近场通信的补充，它将推动高级定位服务，远距离移动广告和移动优惠券的发展。DASH7 是由美国国防部及北约组织共同致力推广的新一代无线传输科技，其主要技术架构是以 ISO 18000-7 为主的 RFID 技术，搭配温度、湿度、压力等传感器技术，实现环境信息的智能监控，从而更好地展示了无线传输技术。在数据传输部分采用操作频率为 433 MHz 的主动式 RFID 技术，其速率可高达 27.77 Kbps（最高可达 250 Kbps）。由于 DASH7 包含主动式 RFID 技术所具备的长距离资料传送特性及温度、湿度、压力即时感应传输的特性，所以美国国防部及北约组织的相关后勤补给监控设备都以 DASH7 为其制定规范。DASH7 除了适合在军事补给上应用，亦可广泛运用于物流、仓管和其他供应链的应用情境。DASH7 联盟目前加盟的企业包含 Analog Devices、Dow、Evigia Systems、Hi-G-Tek、IDENTEC SOLUTIONS、KPC，Inc.、Lockheed Martin、Michelin、Northrop Grumman、RFind、Savi Technology、SRA、ST Microelectronics、Texas Instruments，及 Unisys Corporation。

CC430 所支持的 VEmesh 协议主要应用于无线网状智能仪表与传感器网络；BlueRobin 协议主要用于个人保健与健身；在此就不再介绍。

附录 原理图

开发板主板原理图：

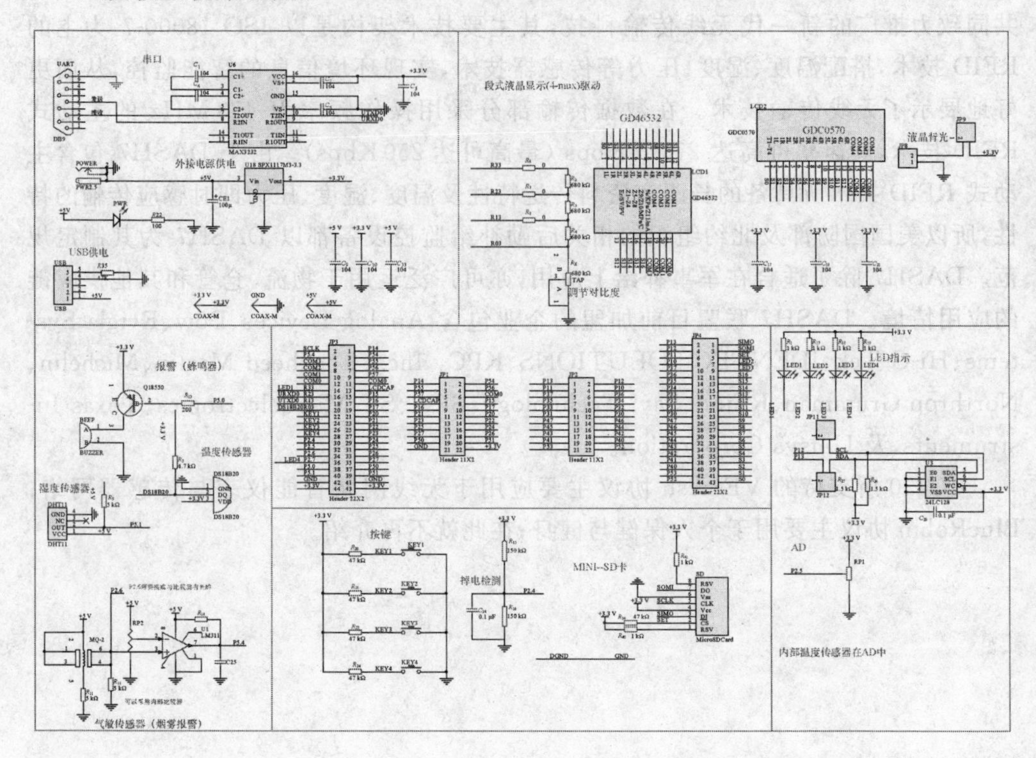

核心板原理图：

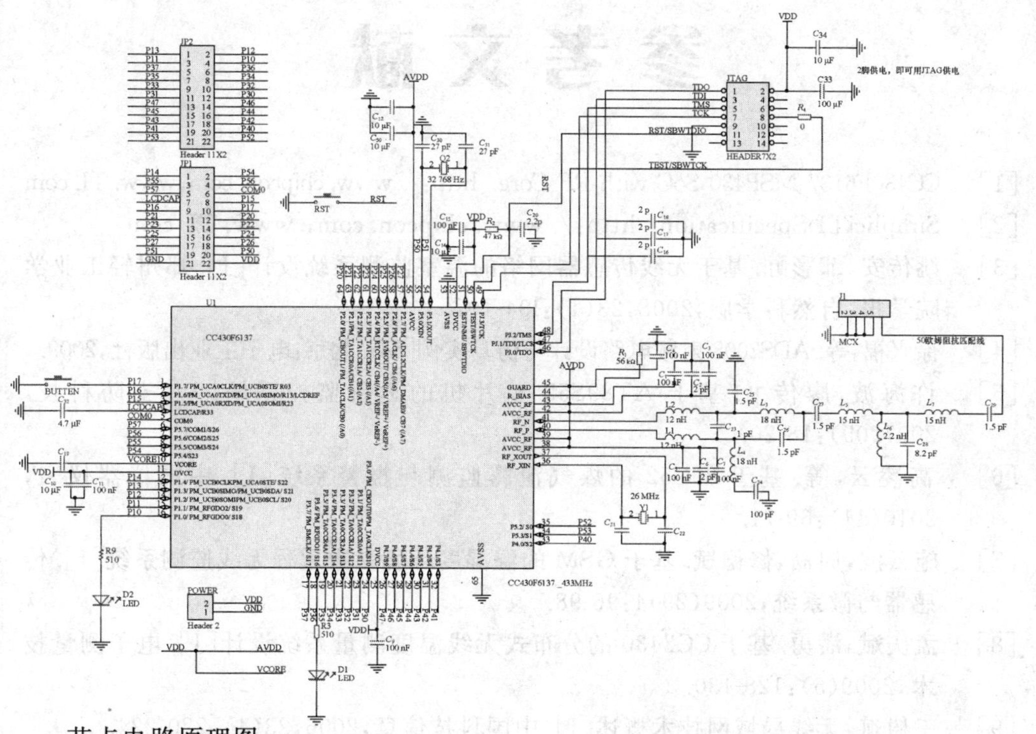

节点电路原理图：

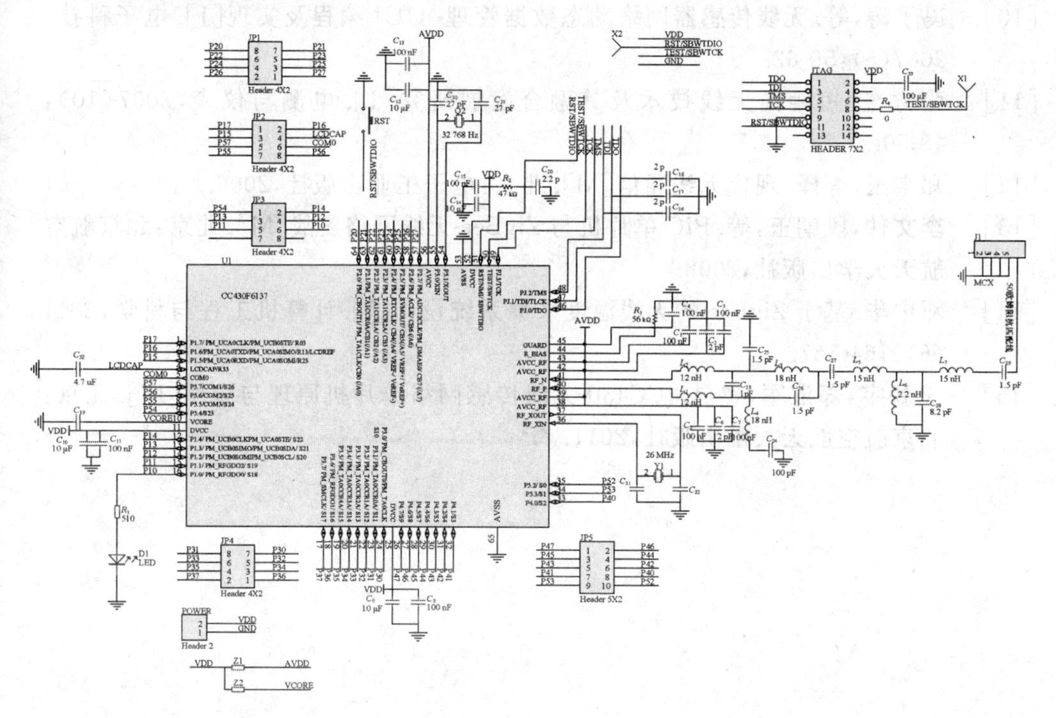

参考文献

[1] CC430F6137 MSP430 SoC with RF Core. http://www.chipcon.com;www.TI.com

[2] SimpliciTI Specification. http://www.chipcon.com; www.TI.com

[3] 姚传安,邹彩虹.基于无线传感器网络的温室监测系统设计[J].郑州轻工业学院学报:自然科学版,2008,23(1):104-107.

[4] 徐兴福,等.ADS2008射频电路设计与仿真实例[M].北京:电子工业出版社,2009.

[5] 许海波,廖传书.基于AT89S52单片机的远程监控系统[J].安防科技,2007(09):18-20.

[6] 高凌云,等.基于89C52的煤气泄露监测与报警系统[J].中国仪器仪表,2010(11):69-71.

[7] 施云波,周磊,修德斌.基于GSM的温湿度环境参数远程无线监测系统[J].传感器与微系统,2009(29)4:96-98.

[8] 孟庆斌,潘勇.基于CC2430的分布式无线温度测量系统设计[J].电子测量技术,2009(5):128-130.

[9] 王树斌.无线局域网技术概述[J].中国科技信息,2006,23(4):220-224.

[10] 冯子涛,等.无线传感器网络动态数据管理--GUI编程及实现[J].电子科技,2007(6):59-62.

[11] 张方奎.短距离无线技术及其融合发展研究[J].电测与仪表,2007(10):48-50.

[12] 郑宝玉,等译.现代无线通信[M].北京:电子工业出版社,2006.

[13] 李文仲,段朝玉,等.PIC单片机与ZigBee无线网络实战[M].北京:北京航空航天大学出版社,2008.

[14] 邓中华.基于ZigBee的无线温度采集系统设计[J].计算机工程与科学,2011(6):164-167.

[15] 王薪宇,郑淑军,贾灵.CC430无线传感网络单片机原理与应用[M].北京:北京航空航天大学出版社,2011.